学术引领系列

地球科学学科前沿丛书

深部地下生物圈

中国科学院"深部地下生物圈"项目组 著

科学出版社

北 京

内 容 简 介

深部地下生物圈（深地生物圈）代表着地球深部极端环境下的生命，对深地生物圈的研究将提高我们对地球生命-环境-资源相互作用的认识，对生命起源及火星等外星体的生命探索也具有重大意义，是实现向地球深部进军的科技战略的重要内容之一。

本书首先对深地生物圈基本概念和特征、研究现状、研究平台建设与装备、微生物基本情况做了介绍，然后对陆地和海洋深地生物圈做了典型研究，其次对深地微生物能量来源和物质循环、深地微生物资源开发与应用做了分析，最后提出政策建议。

本书适合生物和地质相关领域的高等院校师生、研究机构的研究人员和高层次的战略和管理专家阅读，是科技工作者洞悉学科发展规律、把握前沿领域和重点方向的重要指南。

图书在版编目（CIP）数据

深部地下生物圈 / 中国科学院"深部地下生物圈"项目组著.
—北京：科学出版社，2020.6
　（地球科学学科前沿丛书）
　ISBN 978-7-03-062253-2

　Ⅰ.①深…　Ⅱ.①中…　Ⅲ.①地下 - 生物圈 - 研究
Ⅳ.①Q148

中国版本图书馆 CIP 数据核字（2019）第 190840 号

责任编辑：杨婵娟 / 责任校对：韩　杨
责任印制：师艳茹 / 封面设计：有道文化

科 学 出 版 社 出版
北京东黄城根北街16号
邮政编码：100717
http://www.sciencep.com

中国科学院印刷厂 印刷
科学出版社发行　各地新华书店经销

*

2020 年 6 月第 一 版　开本：720×1000　1/16
2020 年 6 月第一次印刷　印张：20 3/4
字数：370 000

定价：168.00 元
（如有印装质量问题，我社负责调换）

地球科学学科前沿丛书
编委会

地球科学学科前沿丛书·深部地下生物圈

项 目 组

组　　长：殷鸿福

成　　员（以姓氏拼音为序）：

邓子新	董海良	方家松	黄　力	焦念志
刘双江	刘　羽	鲁安怀	陆现彩	牟伯中
潘永信	邵宗泽	石　良	束文圣	王成善
王凤平	王红梅	谢树成	徐　恒	张传伦
张玉忠	赵国屏	郑承纲	钟　扬	

秘　　书：龚剑明　蒋宏忱

工 作 组

组　　长：董海良

成　　员（以姓氏拼音为序）：

方家松	黄　力	林　巍	刘翠艳	鲁安怀
陆现彩	牟伯中	潘永信	邵宗泽	石　良
束文圣	唐春安	王凤平	王红梅	谢树成
徐　绯	徐　恒	殷鸿福	张传伦	张更新
张玉忠				

秘　　书：蒋宏忱

丛 书 序

随着经济社会及地球科学自身的快速发展,社会发展对地球科学的需求越来越强烈,地球科学研究的组织化、规模化、系统化、数据化程度不断提高,研究越来越依赖于技术手段的更新和研究平台的进步,地球科学的发展日益与经济社会的强烈需求紧密结合。深入开展地球科学的学科发展战略研究与规划,引导地球科学在认识地球的起源和演化及支撑社会经济发展中发挥更大的作用,已成为国际地学界推动地球科学发展的重要途径。

我国地理环境多样、地质条件复杂,地球科学在我国经济社会发展中发挥着日益重要的作用,妥善应对我国经济社会快速发展中面临的能源问题、气候变化问题、环境问题、生态问题、灾害问题、城镇化问题等的一系列挑战,无一不需要地球科学的发展来加以解决。大力促进地球科学的创新发展,充分发挥地球科学在解决我国经济社会发展中面临的一系列挑战,是我国地球科学界责无旁贷的义务。而要实现我国从地球科学研究大国向地球科学强国的转变,必须深入研究地球科学的学科发展战略,加强地球科学的发展规划,明确地球科学发展的重点突破与跨越方向,推动地球科学的某些领域率先进入国际一流水平,更好地解决我国经济社会发展中的资源环境和灾害等问题。

中国科学院地学部常委会始终将地球科学的长远发展作为学科战略研究的工作重点。20世纪90年代,地学部即成立了由孙枢、苏纪兰、马宗晋、陈运泰、汪品先和周秀骥等院士组成的"中国地球科学发展战略"研究组,针对我国地球科学整体发展战略定期开展研讨,并在1998年5月经地学部常委会审议通过了《中国地球科学发展战略的若干问题——从地学大国走向地学强国》

研究报告，报告不仅对我国地球科学相关学科的发展进行了全面系统的梳理和回顾，深入分析了面临的问题和挑战，而且提出了 21 世纪我国地球科学发展的战略和从"地学大国"走向"地学强国"的目标。

"21 世纪是地学最激动人心的世纪"，正如国际地质科学联合会前主席 R. Brett 在 1996 年预测的那样，现代基础科学和关键技术的突破极大地推动了地球科学的发展，使得地球科学焕发出新的魅力。不仅人类"上天、入地、下海"的梦想变为现实，而且诸如生命的起源、地球形成与演化等一些长期困扰科学家的问题极有可能得到答案，地球科学各个学科正以前所未有的速度发展。

为了更好地前瞻分析学科中长期发展趋势，提炼学科前沿的重大科学问题，探索学科的未来发展方向，自 2010 年开始，中国科学院学部在以往开展的学科发展战略研究的基础上，在一些领域和方向上重点部署了若干学科发展战略研究项目，持续深入地开展相关学科发展战略研究。根据总体要求，中国科学院地学部常委会先后研究部署了 20 余项战略研究项目，内容涉及大气、海洋、地质、地理、水文、地震、环境、土壤、矿产、油气、空间等多个领域，先后出版了《地球生物学》《海洋科学》《海岸海洋科学》《土壤生物学》《大气科学》《环境科学》《板块构造与大陆动力学》等学科发展战略研究报告。这些战略研究报告深刻分析了相关学科的发展态势和发展现状，提出了相应学科领域未来发展的若干重大科学问题，规划了相应学科未来十年的优先发展领域和发展布局，取得了较好的研究成果。

为了进一步加强学科发展战略研究工作，2012 年 8 月，中国科学院地学部十五届常委会二次会议决定，成立由傅伯杰、焦念志、穆穆、杨元喜、翟明国、刘丛强、周忠和等 7 位院士组成的地学部学术工作研究小组，在地学部常委会领导下，小组定期开展学科研讨，系统梳理学科发展战略研究成果，推动地球科学的研究和发展。根据地学部常委会的工作安排，自 2013 年起，在继续出版学科发展战略研究报告的同时，每年从常委会自主部署的学科发展战略项目中选择 1～2 个关注地球科学学科前沿的战略研究成果，以"地球科学学科前沿丛书"形式公开出版。这些公开出版的学科战略研究报告，重点聚焦于一些蓬勃发展的前沿领域，从 21 世纪国际地球科学发展的大背景和大趋势出发，从我国地球科学发展的国家战略需求着眼，深刻洞察国际上本学科发展的特点与前沿趋势，特别关注相应学科领域和其他学科领域的交叉融合，规划提出学科发展的前沿方向和我国相应学科跨越发展的布局建议，有力推动未来我国相应学科的深入发展。截至 2016 年年底，《土壤生物学前沿》《大气科学和全球气候变化研究进展与前沿》《矿产资源形成之谜与需求挑战》等"地球科学学科前沿丛书"已正式出版，及时将国际最新学科发展前沿态势介绍给国内同行，为国内地球科学研究人员跟踪国际同行研究进展提供了学习和交流平台，得到了地球科学界的一致好评。

2016 年 8 月，在十六届常委会二次会议上，新一届地学部常委会为继续秉承地学部各届常委会的优良传统，持续关注地球科学的发展前沿，进一步加强对地球科学学科发展战略系统研究，成立了由焦念志、陈发虎、陈晓非、龚健雅、刘丛强、沈树忠 6 位院士组成的学科发展战略工作研究小组和由郭正堂、崔鹏、舒德干、万卫星、王会军、郑永飞 6 位院士组成的论坛与期刊工作研究小组。两个小组积极开展工作，在学科调研和成果出版方面做出了大量贡献。

地学部常委会期望通过地球科学家们的不断努力，通过学科发展战略研究，对我国地球科学未来 10~20 年的创新发展方向起到引领作用，推动我国地球科学相关领域跻身于国际前列。同时期望"地球科学学科前沿丛书"的出版，对广大科技工作者触摸和了解科学前沿、认识和把握学科规律、传承和发展科学文化、促进和激发学科创新有所裨益，共同促进我国的科学发展和科技创新。

中国科学院地学部主任　傅伯杰

2017 年 1 月

前　言

　　深部地下生物圈（简称深地生物圈）是指陆地及海底表面以下，不以阳光为能量来源的生物圈，主要由微生物组成，俗称黑暗世界生物圈。深地生物圈代表着地球早期极端环境下的生命，对于生命起源及火星等外星体的生命探索有重大意义。它们生物量巨大，种类繁多，代谢途径多样，对油气及矿产资源的形成、元素地球化学循环与气候变化起着重要的调控作用；同时它们也是潜在的微生物资源，有望在医学、环保和能源资源等领域发挥重要作用。因此对深地生物圈的研究将大大提高我们对地球生命－环境－资源相互作用的认识，是地球系统科学不可缺少的组成部分，也是实现向地球深部进军的"深地"科技战略的重要内容之一。

　　但是，目前人们对深地生物圈知之甚少，对其生物量的时空分布、多样性（多数是不可培养的）及功能的了解还十分有限，对深地生命的生存方式、繁殖和进化，以及能量代谢和物质循环等根本问题还知之甚微。为了分析当前深地生物圈的发展特征、动向和趋势，提炼深地生物圈的重大科学问题及符合我国发展需求的战略研究方向，经中国科学院地学部批准，"深部地下生物圈发展战略研究"项目于 2016 年 12 月正式立项。殷鸿福院士担任该项目的负责人。为了推进战略研究工作的进行，成立了项目组和工作组（编写组），后者由董海良教授任组长；各组的成员见本书编委会。

　　两年来，本书项目组在北京、武汉和上海等地组织了 5 次项目组会议、3 次国际学术研讨会（The 4th International Conference of Geobiology，2017.6.15～2017.6.18，武汉；International Workshop of Geomicrobiome：Subsurface Microbial Composition and Function and Microbial Interactions with Subsurface Environment, 2017.10.13～2017.10.15，武汉；

"地下深部生物圈"国际学术研讨会，2018.3.17~2018.3.18，北京）及 1 次以项目组成员为核心的国内学术讨论会（第七届地质微生物学学术研讨会，2018.6.9~2018.6.10，上海）。汪品先、殷鸿福、赵国屏、邓子新、谢和平、周忠和、沈树忠和潘永信等院士先后参加了这些会议的讨论，他们为推进我国深地生物圈研究特别是本书一些关键内容的撰写提出了许多建设性意见，在很大程度上提高了本书的前瞻性。在此期间，由项目组专家（董海良、谢树成和王风平）推动并以项目组成员为主体，先后成立了中国微生物学会地质微生物分会（2018 年6 月）、中国古生物学会地球生物学分会（2018 年 9 月）和中国深部地下生物圈观测研究委员会（2018 年 10 月）。国内深地生物圈研究蓬勃发展。2018 年6 月召开的中国科学院第十九次院士大会地学部工作报告对本项目进展作了肯定。

本书是在项目执行过程中，在各种讨论会的基础上，组织地球生物学相关领域的专家编写而成。地球科学和生命科学两个领域的专家都参与了编写。全书共九章，第一章由石良和董海良编写；第二章由董海良编写；第三章由邵宗泽、方家松、潘永信、束文圣、王风平、徐恒、徐绯、林巍、卢春华、董海良、严成增、吴世军、纪润佳、唐旭、任伟、张弛、田军、蔺知潜、拓守廷、张维佳和周扬凯编写；第四章由方家松、黄力、刘翠艳、张传伦、刘芳华和连宾编写；第五章由王红梅、牟伯中、张更新、刘翠艳和何环编写；第六章由王风平、邵宗泽、张玉忠、方家松、牛明杨、陈云如和杨娜编写；第七章由陆现彩、石良、谢树成、鲁安怀、赵良和李子波编写；第八章由黄力、牟伯中、石良、邵宗泽、赵良、李子波和董海良编写；第九章由殷鸿福和董海良编写。全书由董海良、殷鸿福和蒋宏忱整体修改和统稿。

深地生物圈涉及地学（地质、地球化学、地球物理和资源环境）、生物学（特别是微生物学）及技术和信息科学，是一门多学科交叉的研究。本书不仅从研究现状与展望、基本概念和特征、能源与循环、开发与利用及平台与技术等多角度、全方位介绍深地生物圈研究，而且力图从中提炼出中国深地生物圈研究的中期和近期目标及主要科学和技术问题，从而明确今后突破的方向。项目组基本上囊括了国内深地生物圈研究的知名专家，其两年来的活动推动了国内深地生物圈研究的学术交流。本项目结束后，由中国科学院地学部与国家自然科学基金委员会联合支持的"极端地质环境微生物"项目将接续启动。新项目将极端环境微生物研究加深，并扩展至地史和地表极端地质环境微生物及外星体生命。期待地质微生物的研究在国家自然科学基金委员会与中国科学院地学部及生命科学和医学部的联合支持下，有一个迅猛发展的未来，为我国科技和社会发展做出更大的贡献。

本项目的立项与各项活动得到中国科学院地学部常务委员会、战略研究项目组及学部工作局的支持和指导；项目执行过程得到许多院士、专家及同行的大力支持和帮助；从 2016 年年底立项开始，项目组成员兢兢业业，克服时间仓促、任务繁重和经费到位不及时等多重困难，有声有色地组织了多项活动，按时完成了本报告。在此谨向他们的大力支持和辛勤劳动致以衷心的敬意。深地生物圈是一个基本上未经开发的科学宝藏；希望本书的出版能引起高校师生、研究人员和社会公众的兴趣，并共同推动这一学科发展，使之发扬光大。本书涉及一个全新领域，难免挂一漏万，不当之处，敬请批评指正。

殷鸿福

2018 年 12 月 25 日

摘　要

　　深地生物圈是指陆地及海底表面以下、不以光合作用为能量来源的黑暗生物圈，主要由微生物构成。这些微生物主要生活在岩石空隙与地下流体环境，从岩石中摄取营养成分，从水岩反应中获取能量进行生长。地下微生物的总量可与地表生物量相匹敌，但是其分布不均匀，主要受地质条件控制，也与岩石和流体的物理化学性质相关。地下的极端环境造就了地下微生物独一无二的生理生态特征，如厌氧（包括兼性厌氧）、自养、嗜热、嗜压、寡营养、耐辐射、耐干旱等。尽管深地微生物个体细小、生长缓慢（细胞分裂一次需要一个世纪甚至更长时间），但是它们的物种多样、功能丰富，在矿物岩石风化、元素循环、油气与金属矿产资源的形成和迁移、有机污染物的降解等方面起着至关重要的作用，从地下深部分离到的微生物通常具有一些独特的习性，可以广泛地应用于环境修复、提高石油采收率。有些深地微生物本身能产特殊的抗生素、耐高温的生物酶等物质，在生物工程上具有广阔的应用前景。与地质学和微生物学的其他分支学科不同，因为其样品获取困难、费用高、学科高度交叉等特点，深地微生物的研究起步较晚，发展历史短、速度慢，人才队伍少。但近20年以来，这一学科得到了一定程度的发展。

　　深地生物圈的研究既有理论意义，又有实际应用价值。理论意义包括人们对生命的起源及其他星球是否有生命等科学问题的探索。在地球形成早期，地表环境非常极端，几乎不可能存在任何生命，但是深地环境相对温和，有利于生物生存和繁衍。因此，对深地生物的探索有助于揭示早期地球生命的起源和进化。同样，现在火星、木卫二、土卫六等星体表面也不适合生命的生存，但在其深部可能因为有液态水而孕育生命。因此，对地球深地生命的探索有助于揭示火星等星体深部生命存在的可能性。从地下深部分离到的微生物通常具有一些独特的习性，可以广泛地应用于环境修复、提高石油采收率，在生物技术和生物能源方面有着广泛的实际应用前景。

一、与深地生物圈研究相关的战略背景

深地生物圈的研究需要多学科的交叉和专门的采样方法。深地生物圈是一个复杂的生态系统，只有使用地球科学、化学、微生物学等学科的综合研究手段，才能对其丰度、分布、多样性、生态功能等进行综合研究。由于地下深部处于厌氧、高温、高压、缺水、寡营养、低孔隙度、高盐度、高或低 pH 等极端条件，人类只有通过钻探或开发深地实验室才能接触到这些极端环境。超深钻孔或者深地实验室在全世界为数不多、钻孔深度不同。早期的陆地钻探计划往往由单个国家的科研部门或者石油公司来实施。近十几年以来，国际大陆钻探计划（International Continental Drilling Program，ICDP）资助了一些综合性钻探计划，深地微生物作为钻探计划的一部分展开了一些研究。最近由于深地页岩气的开发，人们也开始关注地层水中的微生物群落、功能，以及地表微生物带入高温、高压、高盐等极端地下环境以后的适应过程与机理。与 ICDP 相呼应的是国际大洋发现计划（IODP[①]），用来做微生物研究的深海钻探主要集中在太平洋、大西洋、白令海等，也打到了一些洋壳，研究对象主要是深海沉积物。现在微生物学家们参加 IODP 航次已经成为常态，这些航次带来了有关深部生物圈全新的甚至是颠覆性的认识。

与深地钻探工程不同，深地实验室可以为研究地下生物圈提供更直接有效的手段。尽管在世界范围内已建立了许多深地实验室，用于研究粒子物理学和天体物理学，但是利用这些设施研究深地生物圈还是一个相对较新的思路。研究工作主要集中在生物量、分布、多样性、活性，以及微生物和金属（尤其是含放射性的）之间的相互作用，也包括微生物处理核燃料废物和微生物降解烃类污染物等应用研究。

二、主要研究进展

深地微生物的主要研究进展体现在生物量多样性与地质条件之间的关系、能量来源、环境适应策略、深地微生物特征等几个方面。在浅层，由地表带

---

　　① 2013年以前称为综合大洋钻探计划（Integrated Ocean Drilling Program，IODP），2013年以后称为国际大洋发现计划（International Ocean Discovery Program，IODP）。

入的有机质可作为微生物主要的碳源与能量来源进入地下，但是随着深度的增加，有机质含量与生物可利用性降低，异养微生物的丰度与活性也随之降低。在深部环境，岩石孔隙度减小，有机质含量低，微生物总量也随之降低，但是来自于水岩反应的 H_2 浓度升高，可以为微生物的活动提供能量，用来维持深地微生物的代谢。

1. 生物量、多样性与地质环境之间的关系

大陆深地总生物量为 $2 \times 10^{29} \sim 6 \times 10^{29}$ 细胞，海洋深地总生物量为 5×10^{29} 细胞，全球深地生物总量为 $7 \times 10^{29} \sim 11 \times 10^{29}$ 细胞。陆地沉积物与岩石中的生物量随着深度变深而降低，与海洋沉积物的生物量递减趋势基本一致，但是与岩石类型或者空隙水的多少没有关系。在陆地环境，生物量与总有机碳的相关性只体现在表层 $1 \sim 2m$ 处；随着温度和盐度的升高，生物量快速降低，表明在深地环境，温度、盐度是深地微生物的主要限制因素。在 300m 以上，每立方厘米地下水中的生物量要低于每克岩石中的生物量，但是在 300m 以下，两者的生物量相当。与岩石中的生物量不同，地下水中的生物量只与深度、温度相关，与 pH、盐度或者可溶性有机碳的多少无关。

随着深度的增加，微生物的多样性降低。深地环境以细菌为主，古菌较少。在浅层、低温、年轻、微氧的环境中以变形菌门（Proteobacteria）为主，在深部、高温、厌氧、古老的深地环境中以厚壁菌门（Firmicutes）为主。古菌中，产甲烷菌-甲烷微菌纲（Methanomicrobia）或者奇古菌门（Thaumarchaeota）较常见。深地环境的真核生物丰度较低，偶尔能有原生动物、真菌、线虫等出现。病毒比较常见，有些环境病毒丰度比原核生物要高1个数量级。深地微生物的基因组当中也有检测到病毒的序列，表明深地环境确实有病毒的存在，并且有可能调控深地微生物的数量与水平基因转移。

2. 深地微生物的能量来源与地质环境之间的关系

在以沉积岩为主的深地环境，因为有一定的孔隙度与渗透率，所以由地表或者深部带入的有机碳可以为深地微生物提供碳源与能量；但是在其他岩石当中，有机质非常稀少，深地微生物的主要能量来自于地质成因的氢气与甲烷。氢气能为微生物生长和代谢提供能量和电子。在深地环境，甲烷的厌氧氧化古菌往往与其他菌共生。通过共营养代谢的方式将海底 75% 的甲烷转化为大量碳酸盐沉积。另外，硫驱动的反硝化作用与铁的氧化驱动的 CO_2 固定也是深地微生物常见代谢方式。

总体来讲，氢驱动、S-N 耦合、共营养代谢等过程相互交织，构成了深地

生物圈的主要代谢类型。深地微生物的种类与功能和地下环境能量的多少直接相关，在浅部的地下环境，细菌占主导，这些细菌可能从硫与氢气的氧化和反硝化耦合过程中获取能量；但是在中深部环境，以铁氧化为主；在更深的环境，微生物群落以古菌为主，其能量代谢机制尚不清楚。

3. *深地微生物的环境适应策略*

由于地下环境往往是高温、高压，因此深地微生物往往能适应高温、高压环境。另外，由于深地环境盐度较高，嗜盐微生物也较常见。地下高盐环境能降低 DNA 的分解速率，因此有利于深地微生物的生存。对地下极端环境的适应还体现在细胞质膜上，因为建立跨膜离子的浓度梯度需要消耗能量，所以，一旦离子的浓度梯度建立，微生物就会极力调整细胞膜的成分来降低离子的丢失或者降低离子的跨膜扩散速度。

另外，微生物对深地极端环境的适应还体现在代谢调控机制方面。复杂的代谢调控途径会消耗较高的能量，深地微生物为了生存，需要尽量降低能耗，因而会采用简单的代谢调控策略，但是简单的调控策略与缓慢的生长速率也会降低基因突变速率，从而降低进化速率。病毒在深地微生物环境适应性方面可能也会起到一定作用，因为深地环境宿主稀少，裂解性噬菌体会比较少，但是溶原性病毒可能会常见，并且会对宿主的代谢基因起到抑制作用，所以有利于宿主在低能环境下生存。在这种条件下，病毒与宿主是一种互利关系。

4. *特有的深地微生物*

深地特殊的环境是否孕育特有的微生物？从目前的研究来看，只有一个硫酸盐还原菌（*Candidatus* Desulforudis audaxviator）可能是深地环境特有的。这种菌在南非地下金矿发现，占整个生态系统群落的 99% 以上，其基因组显示其具有嗜热、产孢子、硫酸盐还原、碳氮固定等特征，因此这个菌本身是一个完整的生态系统。除硫酸盐还原菌以外，深地环境还发现有杆状、横断面现 5 角或者 6 角星状的原核生物。其他的细菌或者古菌，馨深古菌门（Bathyarchaeota）、曙古菌门（Aigarchaeota）、哈迪斯古菌（Hadesarchaea）等往往在地下或者地表环境都能出现，因此无法判断是否来自于深地环境，但是地表与深地来源的菌在生理生态上是否有区别还不得而知，深地极端环境选择的可能是特有的功能，而不是特有的物种。

三、科学目标与关键问题

地球生物圈包括大量未知的深地生命形式，对深部生物圈的深入研究将提高对地球生命过程的整体认知，同时有利于理解深地生命在地表生物地球化学循环和气候变化的作用。

（一）科学研究目标

深部生物圈的总体研究目标包括：①探索深地生物的多样性、代谢特性、进化历史和环境适应特征；②阐明地球深部生物圈和表层生物圈之间的关系；③研究生物可利用的碳库与通量；④对比不同深度的生物过程和非生物过程；⑤带动教育、公共服务并训练新一代的青年科学家。

具体目标包括：①对比大陆和海洋深地生境；②确定限制生命存在的边界条件（温度、压力、营养、空间分布、能量来源等）；③确定微生物在地壳矿物岩石风化中的作用；④探讨深部生物圈与全球碳循环的关系。

（二）关键科学问题

1. 深地微生物的起源、生存与代谢活性

了解深地微生物的起源、生存、繁殖和进化，需要回答一系列基本的生物学问题。譬如，深地微生物来自何处？如何到达地下深部？这些微生物如何适应深地环境？微生物细胞模型在地下深部是否依然有效？由于深地微生物的代谢极其缓慢，检测单个细胞代谢速率会有一定的挑战，一个微生物群落甚至更大空间尺度的代谢速率是否更有意义？如果在人类时间尺度无法直接测定代谢速率的话，是否可以通过自然过程积累的生物标志化合物来反推深地微生物的代谢速率？有些保存在岩石流体包裹体的生物已经生活了万年乃至亿年的时间，是否可以通过这些活化石来推测深地微生物的代谢速率？

地表生境常见的生物膜在深地环境生命活动中扮演什么样的角色？深部环境和微生物种群存在高度异质性，因此应注意空间尺度和微生物的存在状态（浮游的或是附着在矿物表面），在缺少连通的深地世界，微生物个体之间的独立意识是否更强？地表微生物群体行为的调控机制是否适用于深地环境？个体之间是否存在新的能量传递方式？微生物个体之间的共营养是否是深地生物应对极端环境的一种生存方式？由细胞正常凋亡和病毒侵染介导的细胞衰亡和基

因漂移在深地微生物群体进化中的重要性如何？

2. 深地生物圈的生存边界

温度可能是决定生物圈边界一个最重要因素。虽然已知微生物的最高生长温度在常压下为121℃，但是在油藏环境，往往温度在85℃以上就没有微生物了。因此，深地微生物的最高承受温度可能由生物维持代谢所需要的能量与化学反应能提供的能量相对大小所决定。温度越高，氨基酸消旋作用（racemization）的速率越快，微生物需要不断地合成新的蛋白质才能维持生命，所需要的能量也就越高，因此需要那些高能的化学反应才能维持这样的生态系统。在寡营养的环境，化学反应所产生的能量比较低，因此只有低温微生物才能生存，但是在富营养环境，孕育高温微生物的概率就会比较高。目前嗜热微生物（90℃）都来自富能量的热泉环境。从以上分析可以看出，深地微生物生存的最高温度可能不是恒定的，而是随着其他条件的变化而变化。与温度比起来，深地微生物的压力承受范围要更大一些。在深海环境，由于有几千米的上覆水体，深海沉积物与海洋地壳的微生物承受的压力很高，譬如在最深的海沟，压力可以达到100 MPa，但是在大陆深部，压力相对较低。目前压力对微生物影响的认知主要集中在深海环境；高压对陆地微生物的影响目前知之甚少。

3. 深地微生物的全球分布

综上所述，全球尺度的深地微生物有着许多共性，如细菌大多以变形菌门（Proteobacteria）和厚壁菌门（Firmicutes）为主，这些共性出现在海洋或者地表环境可以理解，因为微生物可以随着海水或者空气扩散，所以会分布到全球。但是在深地环境由于岩石的不连通性，微生物扩散应该是比较困难的，也许地下类似的极端环境造就了类似的微生物；也许处于不同深地环境的微生物开始都来自于同一个地表环境，具有相同的群落结构，尽管已经搬运到地下，但是它们进化速度极慢，因此也保留了原先的物种？或者地下极端环境病毒非常活跃，能够杀死宿主释放DNA，加速基因的重新组合，从而使得深地微生物有足够的机会发生水平基因转移？深地微生物有可能在物种上类似，但是在功能上差别巨大，因此需要从功能上对深地微生物进行全球对比研究。

4. 深地环境的生物地球化学元素循环

地表环境元素地球化学循环的引擎为太阳能，然而，在漆黑的地下深部并没有太阳能，必然有其他类型的能量代谢与生物活动来驱动元素循环。例如，由放射性元素（K、U、Th）产生的辐射将水分解而产生H_2、O_2和H_2O_2，以及这些物质对元素氧化还原反应的调控。只要有化学反应，深地微生物就可以从中获取能量。深地环境的碳可能来源于地表或深部。在海洋环境，地表来源的有机物经过沉积埋藏，其分子和同位素组成会经历较大的变化，只有0.1%~0.5%有机物被埋藏到地下。其间有机物的转化过程大多数由微生物参与。最后埋藏的有机物很难被深地微生物所利用。随着埋藏时间的加长，经过多次热转化之后，有些有机物可以分解成生物可利用物质，碳也可以从地壳甚至地幔进入地下生物圈。由化学过程合成的长链有机物也可给地下生物圈提供有机碳。这些深部来源碳的成分和通量可能会影响微生物的生理多样性和群落结构。研究深地生物圈的一个主要目标就是要研究微生物的群落结构、生理生态特征、功能多样性对不同碳组分与通量的响应。

5. 地下生物圈的能量来源

目前，人们对深地微生物的能量来源有了一定的了解，但是还存在许多尚未解决的问题。一系列地质过程（包括水热水岩反应、构造活动等）会产生氢气、甲烷，深地微生物可以利用这些物质进行氧化还原反应获取能量。热液水岩相互作用（如蛇纹石化）可合成有机物并迁移至地下生境，为地下生态系统提供能量与碳源。另外，地下深部的岩石经历放射性衰变而产生氧化还原活性物质，从而进行氧化还原反应，释放能量，也为地下生态系统提供能量来源。

为了进一步理解这些机制的重要性，深地微生物研究必须分析地球化学背景并了解微生物代谢途径，确定微生物生长及个体间相互作用所需要的最小能量。通过这些相互作用来确定水圈、岩石圈与大气圈之间相互依存关系。目前有许多尚未解决的问题，如地下微生物群落规模和碳与能量之间的不匹配性。也就是说，在深地环境虽然能源极其匮乏，但是仍然有微生物活动。此外，很有必要开发新的实验方法来精确测定化学元素的生物利用规律及对有毒元素的去除机制。通过比较化学物质与生物体内的同位素组成，可以鉴定生物元素的来龙去脉（也就是常说的同位素示踪）。

6. 深部生物圈的营养物质循环

生物活动依赖于大约30种元素。生物体对碳、氮、磷的需求及生物与环境之间的作用构成了我们熟知的营养物质循环。然而，至今仍不清楚哪一些元素限制了深部微生物的生存。在很多深部环境，除氮气以外，溶解态的磷和氮含量都低于检测限。而在另一些深部环境，氮元素至少以三种形式保持较高的浓度。这些发现说明在某些深部环境中，除常规元素外，微量元素可能也限制着生命过程。代谢产物的积累有可能对养分循环产生抑制作用。微生物是否从各种岩石矿物风化过程中获取种类繁多的微量元素，包括合成生物酶所需要的过渡金属元素，这些元素的循环途径又是怎样，目前根本不清楚，对这些元素循环的深入研究将有助于理解地表与深部环境元素之间的耦合关系。

7. 人类活动与深地生物圈的相互作用

目前 CO_2 封存、页岩气开发、核废料处置等一系列人类活动对深地环境与深地生物圈产生了干扰，但是也为研究人类活动与深地生物圈的相互作用提供了一个很好的机遇。

将超临界态的 CO_2 注入地下环境是降低温室气体浓度的一种有效途径，但是目前对捕获的 CO_2 在深地环境的归宿还认识不足。对 CO_2 如何进入地层，如何与矿物、有机物及微生物相互作用尚不清楚。CO_2 在不同时间尺度如何影响深部碳循环及生物圈，科学家对此还知之甚少。这些问题的解决有待于对生物地球化学、地球物理、水文学和微生物学过程的原位观察，以及三维时间序列模型的开发，这些研究可为未来预测碳循环和气候变化提供崭新的视野。

最近几年，页岩气的开发已经在全球兴起，开采过程带来了一系列的环境问题，也为深地微生物的研究提供了机会。但是其间发现的深部微生物绝大部分是从地表带下去的，只是在经历了地下的极端环境和有毒的钻井液双重影响之后，微生物的多样性普遍降低，最终富集了一些嗜盐的细菌与产甲烷古菌，也孕育一些新的属，这些微生物能吸收或者降解钻井液的化学添加剂。地下的病毒非常活跃，能够杀死细菌从而加快元素循环。但是目前还有许多问题尚未解决，一旦页岩气开采结束，受到扰动的深地生态系统能否回到初始状态？地表微生物到深地环境以后适应速率有多快？对这些问题的回答有助于预测我国地下城市空间开发带来的一系列环境健康问题。

核能的开发产生了许多核废料，核废料往往储存在地下，但是深地微生物会影响核废料储存库的可靠性和安全性。例如，金属的厌氧腐蚀会释放氢气，从而增加储存库的压力，危及其结构完整性；而氢气能为许多微生物提供能量和电子，增加其活性，从而对核废料储存库的长期稳定性产生影响。这些影响应该是多方面的，包括参与核素的氧化还原反应、络合作用，对存储容器的风化、腐蚀作用，对周围环境介质孔隙度、渗透率的改造作用等。

四、深地微生物的采样与研究方法

深地微生物的特殊性决定了科学家必须用全新的思维来采样，以鉴定物种与功能。同位素示踪与成像技术为深地微生物研究提供了有力的技术支撑。高精度质谱仪也将成为研究深部微生物的一项重要工具。所有实验数据最后需要通过模型整合，预测深地环境的生物地球化学过程。

1. 深地微生物的采样方法

尽管地下深部微生物总量巨大，但是单位体积的生物量还是很低的，因此研究深地生物圈的关键是要避免地表生物的污染。为了保证深地微生物的活性，必须在采样与分析过程中尽量保持深地的原位条件。这就要求采用特殊的取样方法，采用无菌、封闭、无氧、低压的泥浆循环系统。封闭的循环体系可以控制原位样品的氧化还原状态，使用无氧的泥浆可以避免把氧气带入井孔，泥浆的低压可以保证泥浆不会入侵深地微生物样品。在循环泥浆中加入荧光小球或 Br 离子作为示踪剂用来示踪样品的污染状况。

2. 深地环境的表征

深地环境的表征是指对深地微生物赖以生存的环境条件进行分析，通过现场与室内观察，测定岩石的孔隙度、渗透率、电导率、化学成分、矿物组分、元素价态、有机质含量与成分等，鉴定生物可利用的电子供体与受体。测定地下流体成分，包括与生物活动有关的元素及同位素成分。列出各种深地环境有可能发生的地球化学反应，与生物量、多样性、功能基因进行相关分析，从而推测深地微生物调控的生物地球化学反应。

3. 深地微生物丰度、种群结构、基因与潜在功能的分析测试方法

微生物丰度用细胞计数法或实时定量聚合酶链式反应（polymerase chain reaction，PCR）的方法进行定量，最新发展起来的荧光成像方法可以对地下岩石中的微生物进行直接观察。微生物多样性可用分子微生物学方法，直接从地质样品提取 DNA 或者 RNA 片段，用 PCR 扩增，再进行高通量 16S rRNA 基因分析。微生物多样性还可以通过脂类分析来协助判别。细菌和古菌细胞膜具有特征脂类化合物，不同功能和种属的微生物也具有特征脂类图谱，因此采用脂类图谱可以快速判别样品之间的微生物种群差异。

微生物的功能多样性可以通过单细胞组学、宏基因组学、宏转录组学、功能基因芯片等最新技术进行分析。单细胞基因组学技术可以快速地从复杂环境中获取单个细胞的基因组，研究其代谢潜能，这项技术对挖掘地下功能微生物并研究其生态功能具有得天独厚的优势。宏基因组学与宏转录组学分析可以从深地样品中获得微生物遗传组成及其群落功能等信息，识别未知功能基因，以便充分认识和开发深地微生物资源。功能基因芯片涵盖了几十万个基因探针，

这一技术能够快速检测深地环境中微生物介导的地球化学过程及功能微生物的基因表达程度，可以将微生物种群、生态功能及地球化学过程有机结合起来。

4. 深地微生物功能测定

深地微生物活性与功能的测试主要采用化学与同位素标定的方法，通过标定碳源或者氮源来确定在一个复杂的群落结构中，特定功能微生物的代谢活性与途径。当同位素标定技术与原位成像技术相结合，则可以确定某一类微生物的特定功能及其与环境的相互作用，其中最著名的技术是纳米-二次离子质谱仪成像技术（nano-SIMS）。如果把这项技术与微生物荧光杂交技术结合起来，那么可以在原位条件下，确定在一个微生物群落里面，哪一类微生物吸收了同位素标定的底物及吸收的速度有多快，这对鉴定深地微生物的活性与功能至关重要。

5. 深地微生物的分离培养

根据地球化学监测、微生物种群构成及功能基因多样性分析结果，设计选择性培养基，可以有针对性地对参与碳、氮、硫元素循环的功能微生物，进行原位富集、现场及室内分离培养和生态功能鉴定，对具有潜在应用价值的酶进行开发。地下深部流体往往含有丰富的营养成分，地下流体是微生物活动的"热点区"，因此可以在含有流体的地下孔道进行原位富集培养，将地下流体直接用来作为培养基，或者对深地微生物进行一定程度的扰动以观察微生物的响应。

五、资助机制及战略建议

（一）资助机制

1. 国家深地科技战略向深地生物圈研究提出的挑战与机遇

向地球深部进军是我国的科技战略。科技部已建立了国家重点研发计划"深地资源勘查开采"重点专项（2017～），自然资源部实施了"一核两深（深地、深海）三系"为主体的重大科技创新战略（2018～），国家自然科学基金委员会地球科学部实行了"三深（深地、深海、深空）一系统"发展战略（2019～）。最近，根据习主席指示，已将生物安全列入国家安全体系，要系统规划和建设国家生物安全风险防控和治理体系。这些无疑将大大推动深地生物圈的研究。我国地球深部探测担负着透视地球、探采资源、拓展空间和绿色利用四大任务，要求达到 4000～6000m 或更大深度，这都在深地生物圈范围之内，也就是说深地生物圈研究是向地球深部进军的重要组成部分。我们目前对深地生物圈知之甚少，也就不知道其对国家深地战略会产生怎样的影响。因此，国家深地科技战略对深地生物圈的研究提出了迫切的挑战。另外，深地科技战略必然会向深地微生物研究提供绝佳的发展机会，能够向它提出许多科学问题，为它获取许多难能可贵的样品和技术，使这门交叉学科通过承担重要任务，迅速发展起来。

2. 预期深地生物圈研究可能创建中国特色

陆地深地生物圈研究取得突出成果：国际上海洋研究起步早，研究方法先进，成果突出，陆地深地生物圈研究相对较弱，我国若在以下两方面加大投入，有可能做出突出成果。一是科学考察超深钻工程，它将包括数口万米超深钻和少量 1.5 万米超深钻，其目的之一是探测深地生物圈。二是深部地下实验室，如中国锦屏地下实验室，其 2010 年在四川雅砻江锦屏水电站投入使用。除研究暗能量、暗物质外，建议它也开展黑暗生物圈研究。这两者将为本报告提及的深地生物圈诸关键科学问题做出贡献。陆地深地生物圈与海洋深地生物圈的地质环境不同，因此其碳源、能源、组成、演化等有明显区别。国际先进的陆地深地生物圈研究将是我国深地生物圈研究的特色之一。

与极端地质环境微生物的研究结合紧密：深地生物圈研究的一大瓶颈在于研究十分费钱费力，只能限于数量较少且有高额经费和技术保障的研究平台和群体，限制了它的发展。为此，今后应同时发展与之配套而经费及技术门槛相对较低的学科，即极端地质环境的微生物研究。两者具有下列共性：①生物的生活环境条件比较恶劣或极端，如高温、高压、低能量、寡营养、高辐射等；②新陈代谢缓慢乃至处于休眠状态，生物多样性较低，代表了比较原始的微生物类型。对这些极端地质环境微生物的研究与深地微生物不是相互割裂，而是相互关联、相互借鉴的。这样，几个不同学科可以组合成更大的研究群体，采用更适宜的技术方法，借鉴更新的科学思想，以加快各自学科发展。

（二）战略建议——走创新、交叉、支撑、联合的道路

1. 发扬基础研究的创新思维和平台创建的工匠精神

深部地下生物圈的研究大部分属于基础研究。与暗能量及暗物质一样，黑暗世界生物的研究成果具有很大的不确定性。但这个占生物圈很大份额的生物

界研究也同样有原始创新的巨大潜力。它们将大大增加我们对地球和生命科学的认识，并在长期产生重大的实用价值。深地生物圈大部分属于未知的领域，而且每一步科学实践往往都是史无前例，创新思维就成为研究的必要前提；创建深部技术和平台也如此，每一步都需要具备既创新又严谨的工匠精神。

2. 建设地球科学与生命科学交叉的专业、平台和人才体系

深地生物圈的研究属于地球科学与生命科学的交叉学科，需要地质学、地球物理学、地球化学、有机化学、生物化学、分子生物学与微生物学等学科的综合手段，才能对其丰度、分布、多样性、生态功能等进行综合研究。要培养出既有地球科学知识又了解生命科学知识的人才，需要建设学科交叉的专业，如地球生物学专业，建立地球科学与生命科学的交叉研究平台。

3. 提前部署，在服务和支撑国家深地战略中推动自身发展

黑暗世界生物圈和暗物质、暗能量一样，是一个很大程度上未知的领域，我们不知道打开潘多拉宝盒后里面藏着什么，往往措手不及。例如，2020 年肆虐全球的新型冠状病毒，其源可能来自洞穴蝙蝠，可能是与深地环境有关的微生物。它在爆发为全球瘟疫之前，经历了数十年的适应变异酝酿过程。因此，目前要对深地生物圈领域提前做出战略规划和部署，了解并预测该领域的科学动态，以及时支撑我国的深地科技战略，并在此过程中推动自身的发展。

4. 联合国内力量、加强国际联系，尽快从跟跑进展到并跑

我国深地生物圈研究起步晚、人才少、与国际差距不小，总体还处于跟跑阶段，但是发展速度很快。以近两年为例，除本项目组织和参与组织了 3 次国际学术会议和 1 次国内学术会议外，我国科学家先后成立了中国微生物学会地质微生物分会、中国深部地下生物圈观测研究委员会、微生物组计划，参加了 IODP、ICDP、深部碳观测计划（Deep Carbon Observatory，DCO）的多项活动，这些联合和参与大大加强了国内深地生物圈的研究势头。目前国内有国家级和部委级的重大深地项目，国家自然科学基金委员会、中国科学院特别是地学部已设立了多项微生物研究计划，国外有国际科学深钻计划等研究计划及有关学术组织、专业会议等。我们要联合国内力量、加强国际联系，尽快从跟跑进展到并跑。

Abstract

The deep subsurface biosphere is mainly composed of microorganisms, which resides below the terrestrial and seafloor surface and does not depend on photosynthesis as the energy source. These microorganisms live in rock pore space and underground fluid environments, acquire nutrients from rocks, and obtain energy from water-rock reactions for survival and growth. The biomass hidden beneath the surface is comparable to the total biomass on Earth's surface, but its distribution is uneven, mainly controlled by the geological conditions and physicochemical properties of the rock/water host. The extreme subsurface environments have successfully shaped the unique physio-ecological characteristics of subsurface microorganisms, such as anaerobic (including facultative anaerobic), autotrophic, thermophilic, barophilic, oligotrophic, radiation-resistant, and drought-resistance. Although microorganisms in the subsurface are small in size and slow in growth rate (cell division may take one century or longer), they are diverse in species and rich in functions. Microorganisms isolated from the deep subsurface biosphere are generally identified with unique capabilities, and can be widely used to remediate polluted environments, promote oil recovery, etc. They are of great importance in the weathering process of minerals and rocks, elemental circulation, the formation and migration of oil, gas and metal mineral resources, and the degradation of organic pollutants. Some subsurface microorganisms can yield antibiotics and/or high-temperature resistant biological enzymes, possessing a high potential for application in bioengineering. Unlike other branches of geology and microbiology, research in deep subsurface biosphere is characterized with a late start, a short development history, slow progress and staff shortage, due to lack of sample accessibility, high scientific input and interdisciplines demand. However, significant advances have been made over the past 20 years.

Research in Earth's deep subsurface biosphere is of great essence in both theoretical value and practical application. It satisfies people's curiosity about those scientific issues, like the origin of life and the likelihood of finding life on other planets. In the early days of Earth's formation, the surface environment was so extreme and inhospitable that almost no life could exist. But the deep subsurface environment was relatively mild, which was beneficial for the survival and reproduction of early living organisms. Therefore, research in deep subsurface biosphere helps to reveal the origin and evolution of early life on Earth. Similarly, the surfaces of Mars, Europa and Titan nowadays are not habitable, whereas in their deep part, it may be possible to breed life because of the possible presence of liquid water. Subsurface environments on Earth thus serve as analogs to explore the possibilities of subsurface life on Mars, Europa and Titan.

1. Overview of deep subsurface biosphere research related deep drilling projects and deep underground laboratory

The deep subsurface biosphere is a complex ecosystem that requires interdisciplinary research methods, including earth sciences, chemistry, and microbiology, to conduct a comprehensive study on its abundance, distribution, diversity, and ecological functions. Due to extreme conditions such as anaerobic condition, high temperature, high pressure, water scarcity, lack of nutrients, low porosity, high salinity and extreme pH, humans can only reach these deep subsurface environments through drilling or deep underground laboratory. There are only a few ultra-deep boreholes or deep underground laboratories worldwide with different depths. Early continental drilling programs were often implemented by national agencies or oil companies in individual countries. Over the past decade or so, the International Continental Drilling Program (ICDP) has funded a few comprehensive drilling programs, and research in deep subsurface biosphere has been included. Recently, due to the development of deep subsurface shale gas, people began to focus on microbial community and function in formation water, and the adaptation process and mechanism of surface microorganisms that are brought into extreme subsurface environments with high temperature, high pressure and high salinity. Corresponding to ICDP is the Integrated Ocean Drilling Program（IODP）. The deep-sea drilling used for microbial research is mainly distributed in the Pacific, Atlantic, and Bering Seas. These researches mainly focused on deep-sea sediments, and some oceanic crusts have also been collected. Now microbiologists participating in IODP voyages have become norm, bringing new and even substantial knowledge about the deep subsurface biosphere.

Unlike deep-hole drilling projects, deep underground laboratories can provide a more direct and effective means for research in the deep subsurface biosphere. Although many underground laboratories have been established worldwide to study particle physics and astrophysics, it is a relatively new idea to use these facilities to study the deep subsurface biosphere. Researches mainly focus on biomass, distribution, diversity, activity, and the interaction between microorganisms and metals（especially radioactive metals）, as well as applied research on microbial remediation of nuclear fuel waste and microbial degradation of hydrocarbon pollutants.

2. Research progress in deep subsurface biosphere

The major progress of the deep subsurface biosphere is reflected in the relationship between biomass, diversity and geological conditions, material and energy metabolism, and metabolic rate. In the shallow layer, the organic matter from the surface is introduced into the underground as the main carbon and energy source of microorganisms, but with increased depth, the organic matter content and bioavailability decrease, so the abundance and activity of heterotrophic microorganisms diminish. At greater depths, with the porosity of the rock and the organic matter content decreasing, the biomass decreases, but the H_2 level generated from the water-rock reaction increases, which can provide energy for the activities of microorganisms.

2.1 The relationship between biomass, biodiversity and geological environment

The total biomass of the continental deep subsurface is $2\text{-}6 \times 10^{29}$ cells. The total biomass of the oceanic deep subsurface is 5×10^{29} cells. The global deep subsurface biomass is thus about $7\text{-}11 \times 10^{29}$ cells. The biomass of terrestrial sediments and rocks decreases with depth, which is consistent with that of marine sediments, but has no relation with the types of rocks or the amounts of pore water. The correlation between biomass and total organic carbon（TOC）is only reflected in the shallowest 1 to 2 meters. With the increase of temperature and salinity, biomass decreases rapidly, indicating that temperature and salinity are the main limiting factors of microorganisms living in deep subsurface environments. Above 300 meters, the biomass per cubic centimeter of groundwater is lower than that per gram of rock, but blow 300 meters, the biomass of the two is approximately equal. Unlike biomass in rocks, the biomass in groundwater is only related to depth and temperature but not to pH, salinity, or dissolved organic carbon（DOC）.

With increased depth, the diversity of microorganisms decreases. The deep subsurface environment is dominated by bacteria with fewer archaea. Proteobacteria are dominant in shallow, low-temperature, young, and micro-aerophilic environments. Firmicutes are dominant in the deep, high-temperature, ancient, and anaerobic environments. Methanogens-Methanomicrobia or Thaumarchaeota are the main archaea in these environments. The abundance of eukaryotes in the deep subsurface environments is relatively low, certain protozoa, fungi, and nematodes may exist in these environments. Besides, viruses are common in such environments. In some environments, the abundance of viruses is one order of magnitude higher than that of prokaryotes. Viral sequences have also been detected in the genomes of deep subsurface microorganisms, indicating that there are indeed viruses in the deep environments. Thus, it is possible to regulate the number and horizontal gene transfer of deep subsurface microbes by viruses.

2.2 The relationship between energy sources of deep subsurface microorganisms and geological environments

In the deep subsurface environment dominated by sedimentary rocks, because of certain porosity and permeability, organic carbon, which can provide carbon source and energy for deep subsurface microorganisms, could be brought in from the surface or deeper subsurface. But in other rocks, the organic matter is scarce, and the primary energy of the deep subsurface microbes comes from the geogenic hydrogen and methane. Hydrogen can provide energy and electrons for the growth and metabolism of microorganisms. In the deep subsurface environments, anaerobic methane-oxidizing archaea often co-exist with other bacteria, which can convert 75% of the methane in the sea into large amounts of carbonate deposits by syntrophic metabolism. In addition, sulfur-driven denitrification and CO_2 fixation by Fe（II） oxidation are also common metabolisms of deep subsurface microorganisms.

In general, the hydrogen-driven, S-N coupling, and syntrophic processes are intertwined and constitute the main metabolic types of the deep subsurface biosphere. The species and functions of deep subsurface microorganisms are directly related to the amount of energy in the subsurface environment. In the shallow subsurface environment, bacteria are dominant. These bacteria may obtain energy from coupling the process of sulfur and hydrogengas oxidation and denitrification. Iron-oxidizing microorganisms dominate in the intermediate depth of the subsurface environment. In the deeper environments, the microbial community is often dominated by archaea. Their mechanisms of energy metabolism are still unclear.

2.3 Environmental adaptation strategies of deep subsurface microorganisms

Because of the high temperature and pressure in the subsurface environments, the deep subsurface microorganisms can adapt to high-temperature, high pressure environments. Moreover, due to the high salinity of the deep subsurface environment, halophilic microorganisms are ubiquitous. Subsurface high-salinity environment is able to decrease the rate of DNA decomposition, so such environment is conducive to the survival of deep subterranean microorganisms. Because the establishment of a concentration gradient of transmembrane ions requires energy consumption, the adaptation to the extreme subsurface environment is also reflected in the cell lipid membrane. Therefore, once the concentration gradient of ions is established, microorganisms will try their best to adjust the composition of the cell membrane to reduce the loss of ions or the diffusion rate of ions across the membrane.

The adaptation of microorganisms to the extreme deep subsurface environment is reflected in the mechanism for metabolic regulation. Because complex metabolic regulation pathways will consume higher energy, deep subsurface microorganisms need to reduce energy consumption as much as possible in order to survive so that simple metabolic regulation strategies are often used. But simple regulation strategies and slow growth rates will also decrease the mutation rate of genes, thus reducing the rate of evolution. Viruses may play a role in the adaptability of deep subsurface microorganisms to the environments. Because of the scarcity of hosts in deep subsurface environments, the amount of lytic phage is relatively small. However, lysogenic viruses may be ubiquitous and inhibit the metabolic genes of the host, which is beneficial for the host to survive in a low-energy environment. Under such conditions, the virus and the host are in a mutually beneficial relationship.

2.4 Unique deep subsurface microorganisms

Does the deep subsurface special environment breed unique microorganisms? From current studies, only one sulfate-reducing bacterium (*Candidatus* Desulforudis audaxviator) may be indigenous to the deep subsurface environment. This bacterium was found in underground gold mines in South Africa, accounting for more than 99% of the entire ecosystem community. The analysis of the genome indicates that it is capable of thermophilic growth,spore forming, sulfate reduction, and carbon and nitrogen fixation, so it is a complete ecosystem itself.

In addition to *Candidatus* Desulforudis audaxviator, rod-shaped prokaryotes with 5 or 6-angled star-shaped in cross-section are also found in the deep subsurface environment. Other bacteria or archaea, such as Bathyarchaeota, Aigarchaeota, and Hadesarchaea, often appear in both subsurface and surface environments, so it is impossible to judge whether it comes from the deep subsurface environments. However, it is unknown whether there are any differences between the physiology and ecology of bacteria from the surface and the deep subsurface environments. The selection of deep subsurface extreme environments may be a specific function rather than an individual species.

3. Scientific goals and key issues of deep subsurface biosphere

The biosphere of the Earth includes a large number of unknown deep subterranean life forms. An in-depth study of the deep subsurface biosphere will improve the overall understanding of the life processes of the Earth. Meanwhile, it is helpful to investigate the role of deep subsurface lives in the biogeochemical cycle and climate change.

3.1 Scientific research goals

The overall research objectives of the deep subsurface biosphere include: ① Explore the diversity, metabolic characteristics, evolutionary history and environmental adaptation; ② Elucidate the relationship between the deep subsurface and the surface biosphere; ③ Study the bioavailable carbon stocks and fluxes; ④ Compare the biological and abiotic processes at different depths; ⑤ Promote education and public service while training new generations of young scientists. Specific objectives include: ① Contrast the deep continental and oceanic subsurface habitats; ② Identify the boundary conditions (temperature, pressure, nutrients, spatial distribution, energy sources, etc.) that limit the existence of subsurface life; ③ Determine the role of microorganisms in weathering of minerals and rocks; ④ Explore the relationship between the deep subsurface biosphere and the global carbon cycle.

3.2 Key scientific issues

3.2.1 Origin, survival, and metabolic activity of the deep subsurface microorganisms

To understand the origin, survival, reproduction, and evolution of the deep subsurface microbes, a series of fundamental biological questions need to be answered. For example: Where do the deep subsurface microbes come from? How do they reach the deep subsurface? How do they adapt to the extreme deep subsurface environment? Are the microbial cell models still valid for the deep subsurface microbes? Since the metabolism of deep subsurface microorganisms is extremely slow, there are challenges to detect the metabolic rate of a single cell. Could the metabolic rate of a microbial community or of an even larger spatial scale make more sense? If metabolic rates cannot be measured directly on a human time scale, can biological markers that have been accumulated by natural processes be used to infer the metabolic rates of deep subsurface microorganisms? Some organisms preserved in fluid inclusions have been living for tens of thousands of years, can these living fossils be used to infer the metabolic rates of deep-subsurface microbes?

What role do biofilms, which are common in the Earth surface habitats, play in biological activities in the deep subsurface environment? The deep subsurface environment and microbial populations are highly heterogeneous, hence attention should be paid to the spatial scale and the metabolic state of microorganisms (floating or attached to mineral surfaces) . Relative to surface microbes, is there a stronger sense of individualism among microbial species in the deep subsurface, where the microbial connectivity is deficient? Are the regulatory mechanisms of surface microbial population applicable to the deep subsurface environment? Are there any new modes of energy transfer among microbial individuals? Is co-metabolism among deep subsurface microbes a way to respond and adapt the extreme environments? How important are cell decay and gene drift mediated by normal cell apoptosis and viral infection in the evolution of deep subsurface microbial populations?

3.2.2 Survival boundary of the deep subsurface biosphere

Temperature is probably the most important factor in determining the bottom limit of the biosphere. Although the maximum growth temperature of microorganisms is known to be 121 ℃ at atmospheric pressure, in the oil reservoir environment, there are no microorganisms above 85 ℃ in general. Therefore, the maximum temperature at which deep subsurface microbes can tolerate may be determined by the relative amount of energy needed to maintain their metabolism and the amount of energy provided by chemical reactions. As the temperature increases, the faster the rate of racemization of amino acids is, the higher energy is required for the microbes to continuously synthesize new proteins to sustain life, so those chemical reactions which release high energy are needed to maintain such an ecosystem. In oligotrophic environments where energy produced by chemical reactions is very low, only cryogenic microorganism can survive, but in eutrophic environments, the probability of incubating hyperthermophilic microbes is higher. At present, all thermophilic microorganisms (90℃) come from thermal springs that are rich in energy. From the analysis above, it can be seen that the maximum temperature for the survival of deep subsurface microorganisms may not be constant, but varies with other factors. Compared with temperature, the pressure range that deep subsurface microbes can tolerate is larger. In the deepsea environment, where the overlying water is thousands of meters, the deepsea sediments and the microorganisms in the oceanic crust are under high pressure. For example, in the deepest ocean trenches, the pressure can reach 100 MPa, but the pressure is relatively low in the deep continental subsurface. The current understanding of the pressure effects on microorganisms is limited the deep-sea environment, but little is known about the effects of high pressure on terrestrial microbes.

3.2.3 Global distribution of deep subsurface microorganisms

In summary, the deep subsurface microorganisms have many common characteristics. For example, most bacteria in the deep subsurface are Proteobacteria and Firmicutes. It is straightforward to understand these common characteristics in the ocean and surface environments, because microorganisms can disperse along with water and air. However, microbial diffusion is more difficult in the deep subsurface because of their isolation by solid rocks. Perhaps, the subsurface microbes have common characteristics because the similar extreme conditions in the deep subsurface have shaped similar microbes? Or microbes from different deep subsurface came from the same surface environment, due to their extremely slow evolution, the original species were retained? Or maybe because viruses are very active in the deep subsurface environments and can lyse microbial DNA so that microbes have enough opportunities for horizontal gene transfer. Deep subsurface microbes may be similar in species, but differ greatly in functions, therefore it is necessary to conduct a global comparative study on the functions of the deep subsurface microorganisms.

3.2.4 Biogeochemical circulation in deep subsurface environment.

The engine of biogeochemical cycling in Earth surface is solar energy. However, in the dark sunless subsurface environment, there must be other types of energy metabolisms to drive elemental cycles. For example, the energy produced by radioactive elements (K, U, Th) can decompose water to hydrogen, oxygen, and hydrogen peroxide, all of which can regulate redox reactions. Once exergonic chemical reaction occurs, subsurface microorganism can obtain the energy for metabolism. The carbon in the deep subsurface is probably derived from either the Earth surface or deeper Earth interior. In sub-seafloor environment, the structure, composition and isotopic composition of terrestrial organic matter change after sedimentation and burial. The organic matter reaching the sub-seafloor deep subsurface accounts for only 0.1% - 0.5% of total input. Transformation of organic matter is catalyzed by surface microorganisms; therefore, the ultimately buried organic matter cannot be further metabolized by microorganisms. With increased burial time, organic matter can be transformed by chemical processes to increase bioavailability. Subsurface carbon can also be derived from the crust and mantle. In this environment, long-chain organic carbon that is synthesized by chemical processes may also be used by microorganisms. The composition and flux of this form of carbon may control the physiological diversity and community structure. The current research is how microbial community structure, physiology, and functional diversity respond to different carbon composition and flux. How the subsurface heterotrophic organisms use this abiotically synthesized organic matter to support their metabolism is one of the current research focuses.

3.2.5 Energy source of the subsurface biosphere

In summary, there is a certain level of understanding of the energy source of deep subsurface microorganisms, but there are still many unresolved problems. A series of geological processes including hydrothermal water-rock reaction, tectonic activities will produce hydrogen gas and methane, and subsurface microorganisms can use these substances to carry out redox reactions to obtain energy. Hydrothermal water-rock interaction (such as serpentinization) can synthesize organic matter which can migrate to subsurface habitats, providing energy and carbon sources for subsurface ecosystems. In addition, deep rocks undergo radioactive decay to produce redox active substances, which drive redox reactions and release energy to fuel for subsurface ecosystems.

To further understand the significance of these mechanisms, deep subsurface microbial research must analyze the geochemical context and understand microbial metabolic pathways to determine the minimum energy requirement for microbial growth and interaction between individual species. Through these interactions can the interdependence between the hydrosphere, lithosphere and atmosphere be determined. There are many unresolved research questions, such as the mismatch between the size of the subsurface microbial community and the availability of carbon and energy. In other words, although energy is extremely scarce in the deep subsurface environment, there is still much microbial activity. In addition, it is necessary to develop new experimental methods to accurately determine the bioavailability of chemical elements and the removal mechanism of toxic elements. By comparing the isotopic composition of chemicals and organisms, it can be used to identify the ins and outs of biological elements (also known as isotope tracing).

3.2.6 Nutrient circulation in the subsurface biosphere

Biological activity depends on about 30 elements. The needs of organisms for carbon, nitrogen, and phosphorus and the interaction between organisms and the environment constitute the well-known nutrient cycle. However, it is still unclear which elements limit the survival of deep microorganisms. In many deep subsurface environments, except for nitrogen, the dissolved phosphorus and nitrogen contents are below the detection limit. In other deep subsurface environments, nitrogen is maintained at a relatively high concentration in at least three forms. These findings indicate that in some deep subsurface environments, in addition to conventional elements, trace elements may also limit life processes. The accumulation of metabolites may have an inhibitory effect on nutrient cycling. It is unknown if microorganisms obtain trace metals from rock weathering, including those required for the synthesis of biological enzymes. It is also unclear how these elements cycle in subsurface environments. In-depth study of these elemental cycles will help to understand the coupling between the surface and sub-surface environments.

3.2.7 Interaction between human activities and subsurface biosphere

Injecting supercritical CO_2 into the underground environment is an effective way to reduce the concentration of greenhouse gases, but the fate of the captured CO_2 in the deep subsurface environment is still poorly understood. It is unclear how CO_2 enters the rock formation and how it interacts with minerals, organic matter and microorganisms. Little is known about how CO_2 affects the deep carbon cycle and the biosphere at different time scales. The solution of these problems requires in situ observations of biogeochemistry, geophysics, hydrology and microbiology, and the development of a three-dimensional model. All these will eventually provide a new perspective for the prediction of the carbon cycle and climate change.

In recent years, the development of shale gas has risen all over the world. The mining process has brought a series of environmental problems, but also provides opportunities for the study of deep subsurface microbes. However, most of the deep subsurface microorganisms discovered were brought down from the surface. After experiencing the dual effects of extreme environment and toxic drilling fluid, the diversity of microorganisms generally decreases, but some halophilic bacteria and methanogenic archaea are enriched. Some new genera also emerge. These microbes can absorb or degrade chemical additives in drilling fluids. Underground viruses are very active and can kill bacteria to speed up the cycling of these added substances. There are still many unresolved questions. Once the shale gas production is over, can the deep-seated ecosystem return to its original state after disturb? How fast does the surface microorganism adapt to the deep subsurface environment? The answers to these questions may help to predict a series of environmental and health questions that arise during the development of underground cities.

The development of nuclear energy has produced many nuclear wastes. These wastes are often stored underground, but deep subsurface microorganisms will affect the reliability and safety of nuclear waste storage. For example, anaerobic corrosion of metals releases hydrogen gas, which increases the pressure on the storage and jeopardizes its structural integrity; while hydrogen gas can provide energy and electrons to many microorganisms and increase their activity, thereby affecting long-term stability of nuclear waste storage. These effects are multi-faceted, including their effects on redox reactions and complexation of nuclides, weathering and corrosive effects on storage containers, and modifying the porosity and permeability of the surrounding rocks.

4. Sampling and study methods of deep subsurface microorganisms

The particularity of the deep subsurface microbes determines that scientists must use brand-new thinking to sample and identify subsurface microbial species and functions. Isotope tracing and imaging technology provide a strong technical support for deep subsurface microbial research. High-precision mass spectrometry will also become an important technique for studying deep subsurface microorganisms. Finally, all the experimental data should be integrated into models to predict the biogeochemical processes of the deep subsurface environment. The essentials are to find out the relationship between biological factors such as microbial abundance, species, activity, metabolic pathways and environmental conditions such as temperature, pressure, rock physical properties, fluid chemical composition. The key environmental factors affecting microorganisms and the boundary conditions of the deep biosphere can then be determined.

4.1 Sampling methods of deep subsurface microorganisms

Although the total amount of microorganisms in the deep subsurface is huge, the biomass per unit volume is very low. So avoiding the pollution of surface organisms is important in studying the deep subsurface biosphere. To ensure the activity of deep subsurface microbes, the in-situ conditions of the deep subsurface must be maintained as much as possible during sampling and analysis, which requires special sampling and handling methods. Aseptic, closed, oxygen-free, low-pressure mud circulation system should be used. The closed circulation system can maintain the redox state of in-situ samples and oxygen-free mud can maintain situ-anoxic condition. Meanwhile, low pressure of the drilling mud can ensure that the mud will not invade deep subsurface microbial samples. Additionally, fluorescent beads or Br ions are added to the drilling mud as a tracer to trace the contamination level of subsurface samples.

4.2 Characterization of the deep subsurface environment

The in-situ and laboratory analyses are used to measure rock porosity, permeability, conductivity, chemical composition, mineral composition, the valence state of redox active elements, organic matter content and composition and to identify bioavailable electron donors and acceptors. Measurements of the composition and isotopic composition of subsurface fluids should be made, including elements relevant to biological activities. Various geochemical reactions can be constructed that may occur in the deep subsurface environment. Consequently, correlation analysis can be conducted between biological variables (biomass, diversity and functional genes) and geochemistry to speculate biogeochemical reactions that are regulated by deep subsurface microorganisms.

4.3 Analysis of microbial abundance, community structure, genes and potential functions of deep subsurface microorganisms

Microbial abundance is quantified by cell counting or quantitative polymerase chain reaction (qPCR) . Microorganisms in subsurface rocks can be directly observed by newly developed fluorescence imaging techniques. Microbial diversity can be analyzed by molecular methods, extracting DNA or RNA fragments directly from geological samples, amplifying by PCR and then conducting high-throughput 16S rRNA gene sequencing. Microbial diversity can also be assisted by lipid analysis. Bacterial and archaeal cell membranes have characteristic lipid compounds. Microbes of different species with different functions also have characteristic lipid profiles. So the lipid profiles can quickly identify the differences of microbial populations among different samples.

The functional diversity of microorganisms can be analyzed by the latest technologies such as single cell genomics, metagenomics, metatranscriptomics and functional gene chips. Single-cell genomics can quickly obtain the genome of a single cell from a complex environment and study its metabolic potential. This technology has a unique superiority for studying the subsurface microorganisms and their ecological functions. Metagenomics and metatranscriptomics can obtain microbial genetic composition and community function and identify unknown functions to fully recognize and exploit deep subsurface microbial resources. The functional gene chips cover hundreds of thousands of gene probes. This technology can quickly detect microbially-mediated geochemical processes and gene expression levels of functional microbes in the deep subsurface environment such that microbial populations, ecological functions and geochemical processes can be integrated.

4.4 Functional measurement of deep subsurface microbes

The activity and functional measurements of deep subsurface microbes mainly use chemical and isotope labelling techniques. By labelling carbon or nitrogen sources, it can determine the metabolic activity and pathways of specific functional microbes in a complex community structure. Combining isotope labelling technology with in-situ imaging technology, the specific function of a certain microorganism species and its interaction with the environment can be determined. One of the most famous is nano-secondary ion mass spectrometry imaging technology (nano-SIMS) . If combined with microbial fluorescence hybridization technology, it can determine which type of microorganism absorbs a specific isotopically-labelled substrate and how fast it absorbs under in-situ conditions, which is vital for the identification of activity and function of the deep subsurface microorganisms.

4.5 Isolation and cultivation of microorganisms

According to geochemical monitoring, microbial population and functional gene diversity analysis, a selective medium can be designed to perform in-situ enrichment, on-site and laboratory-basedcultivation and ecological functional identification for those microbes that participate in the carbon, nitrogen and sulfur cycles. Functional enzymes can be developed for some microbial strains to evaluate potential industrial applications. Because of rich nutrients in deep subsurface fluids, they become "hot spots" for microbial activity. So in situ cultivation can be carried out using pore fluids as basal medium. Alternatively, the subsurface environment can be perturbed to observe the response of subsurface microbes to such perturbation.

5. Supporting mechanism and strategy proposals for the future development of deep subsurface biosphere research (DSBR)

5.1 Enlist DSBR in the national deep subsurface science and technology strategy; establish the DSBR science and technology with Chinese characteristics

5.1.1 Opportunity and challenge for DSBR provided by the national deep subsurface strategy of science and technology

March toward Earth's deep subsurface is a national strategy of science and technology. The Ministry of Science and Technology established the national key research plan "Deep subsurface resource exploration and mining" (2017~) , the Ministry of Natural Resources (2018~) and likewise the Geoscience Department of NSFC (2019~) focused at deep subsurface research as one of their essential science and technology strategies. Recently according to instruction of Chairman Xi, biotic security has been added into the national security system, demanding systematic schedule and establishment of risk precaution, control and management of the national biotic security. These will certainly greatly promote the deep subsurface biosphere research. The four missions of the Earth's deep subsurface exploration of our country include transparentizing the Earth, prospecting resources, widening space and utilization in harmony. Demanded depths of these missions reach 4000-6000 m or more, all within the limit of deep subsurface biosphere. This implies that DSBR is an important part of our march toward deep subsurface. However, so far little has been known about this field. We don't know what positive or negative effects will the deep biosphere bring upon the deep subsurface strategy of our country. Thus the deep subsurface science and technology strategy raises urgent challenge to the DSBR. On the other hand, this strategy will inevitably provides excellent opportunities to DSBR, sets forth key scientific problems, supplies large amount precious samples and equipments, thus promotes rapid development of this interdisciplinary course through undertaking important missions.

5.1.2 Expected Chinese characteristics to be born through the DSBR

1) Outstanding achievements on the DSBR on land: International marine DSBR has an early setup and up-to-date techniques, thus boasts a majority of achievements, whereas DSBR on land is relatively weak. China has the chance to achieve outstanding results on land if we enlarge invests to the following two projects. One is the Super-deep drilling for scientific investigation scheduled to include several 10,000m and a few 15,000m super-deep drills, aiming at DSBR as one of their targets. The other is the deep subsurface laboratories. The China Jinping Laboratory (CJPL) at Jinping Hydro-electric Station, Yalongjiang, Sichuan has been running since 2010. It is proposed here that besides dark material and dark energy, this lab also takes part on researches of dark biosphere. These two projects will make great contributions to above-mentioned key scientific problems of DSBR. Due to disparate geologic environments between land and marine subsurface microbes, their carbon and energy sources, composition and evolution should also be disparate. Achievements in this direction should be internationally advanced and one of the Chinese characteristics.

2) Intimate integration with researches of microbes under extreme geologic environments: DSBR is expensive and strenuous. This bottle neck restricts its development that fewer platforms and groups can afford the high costs of budget and technique guarantees. Therefore, another discipline that supplement mutually with DSBR but costs lower in budget and technique guarantees should be supported simultaneously. This is the research of microbes under extreme geologic environments. Generalities between both include: ① Living conditions of these two microbial categories are very bad or extreme, such as high temperature, high pressure, low energy supply, oligotrophic, high radioactivity, etc; ② Their metabolism is very slow or even under dormancy, biodiversity is low, pertaining to relative primitive microbials. Based on these generalities, researches of the two microbial categories are not disintegrated, but interrelated and mutually referential. These different disciplines can be combined to form larger groups, adopting more suitable techniques and draw on more creative ideas, thus accelerating respective discipline.

5.2 Strategic proposals—innovation, interdisciplinary study, early information and unification

5.2.1 Foster innovation in basic research and workmanship in platform-building

Most of DSBR are basic researches. Like researches of dark material and energy, results of dark biosphere researches bear large uncertainty. However this dark part, occupying a large percentage of biosphere, also yields great potential of primary innovation, which will greatly increase our knowledge of geosciences and bioscience, and produce long-term important effects in application. Creative thinking is thus an indispensable premise because DSBR bears great uncertainty and result in every scientific step is unpredictable. Likewise, workmanship, both creative and meticulous, is necessary in platform and technique establishment, because every one of them is unprecedented. These two are the essential mental supports in future DSBR development.

5.2.2 Establish interdisciplinary specialities, platforms and cultivation system

Being an cross discipline of geosciences and bioscience, DSBR needs multidisciplinary methods, including geology, geophysics, geochemistry, organic chemistry, biochemistry, microbiology and molecular biology, to make comprehensive research on the abundance, distribution, diversity, ecology and functions of the dark biosphere. It is necessary to cultivate brains bearing knowledge of both geosciences and bioscience, establish interdisciplinary specialities such as the geobioscience speciality, and build interdisciplinary research platforms of geosciences and bioscience.

5.2.3 Schedule in advance to support the national strategy in time and be promoted through service

Like dark material and energy, the dark biosphere is basically an unknown field. We don't know what will happen when the Pandora Box opens, and thus will often be caught unprepared. The virus COVID-19 that wreaked havoc in 2020 is probably sourced from the cave bats, hence a microbe related to deep subsurface environment. Before it burst into global pandemic it underwent a brewing period of mutation and adaptation for dozens of years. This example teaches us that it is now time to schedule and arrange strategic research of DSBR in advance, keep informed and predicted about scientific trends in this field, and support our deep subsurface strategy in time. DSBR itself will be promoted through such services.

5.2.4 Unite with domestic forces, strengthen international exchanges, follow up and then run abreast

The DSBR of China, restricted by its late start, lack of talents and gap below the international level, is in general a follower in this field now. However we are catching up quickly. During the two latest years, our research group alone organized or co-organized 3 international and 1 domestic conferences, Chinese scientists gathered to establish sub-society of geo-microbes under the Microorganism Society of China, the Deep subsurface biosphere committee of China (DSB) , the Microbe Project and participated activities of IODP,ICDP, DCO etc. These activities greatly strengthened the research impetus of DSBR of China. Now there are at home state-level and ministry-level key deep subsurface programs, plus many microbial projects raised by NSFC, Academia Sinica and its Department of Geology, together with international projects like IODP etc and related academic organizations and special conferences. It is time for us to unite with domestic forces, strengthen international exchanges, and run from follow-up to abreast in the near future.

目　录

丛书序 / i

前言 / v

摘要 / ix

Abstract / xxi

第一章　深地生物圈基本概念和特征 ······························· 1

第一节　定义 ························· 1

第二节　地质环境及物理化学因素对深地生物圈的影响 ············ 2

第三节　能量及转换 ······················· 9

第四节　物种多样性及功能多样性 ··············· 12

本章参考文献 ······················· 19

第二章　深地生物圈研究现状及研究的必要性和紧迫性 ············29

第一节　深地微生物研究的国内外现状 ············· 29

第二节　我国提出深地生物圈研究的意义、必要性和紧迫性 ········· 38

本章参考文献 ······················· 40

第三章　深地生物圈研究的平台建设与装备 ···················45

　　第一节　深地钻井与掘进技术 ···························· 45

　　第二节　深地微生物样品的保真采样 ···················· 49

　　第三节　深地微生物原位观测和实验系统 ················ 53

　　第四节　深地微生物的实验室模拟培养 ·················· 56

　　第五节　单细胞微区分析及其他分析技术 ················ 60

　　第六节　组学和生物信息技术平台的建设 ················ 73

　　第七节　生物地球物理学实验观测系统 ·················· 83

　　本章参考文献 ··· 92

第四章　深地生物圈的微生物生物量、活性及微生物的相互作用··· 105

　　第一节　细菌和古菌 ·································· 105

　　第二节　内生孢子 ···································· 110

　　第三节　病毒 ·· 114

　　第四节　真菌 ·· 119

　　第五节　微生物的相互作用 ···························· 121

　　第六节　展望 ·· 124

　　本章参考文献 ·· 127

第五章　陆地典型深地生物圈 ···························· 133

　　第一节　油藏微生物 ·································· 134

　　第二节　煤层微生物 ·································· 145

　　第三节　大陆深地基岩与流体中的微生物 ·············· 149

　　第四节　陆地洞穴微生物 ······························ 157

本章参考文献 ·· 166

第六章 海洋深地生物圈的典型生态环境 ·········· 176

第一节 海洋沉积物生态系统 ················· 176

第二节 洋壳微生物 ······················· 182

第三节 热液生态系统 ····················· 187

第四节 冷泉生态系统 ····················· 195

第五节 海洋深地生物圈研究展望 ············ 202

本章参考文献 ··························· 204

第七章 深地生物圈的能量来源与物质循环 ········ 212

第一节 深地微生物介导的元素生物地球化学过程与循环 ··· 212

第二节 深地微生物 - 矿物相互作用 ··········· 219

第三节 深地微生物的成矿成藏作用 ··········· 225

本章参考文献 ··························· 229

第八章 深地微生物资源的开发与应用 ············ 237

第一节 深地微生物在生物技术中的应用 ········ 237

第二节 深地微生物对页岩气开采的影响 ········ 241

第三节 深地微生物与油气开采 ·············· 243

第四节 深地微生物与 CO_2 的地质封存 ········ 244

第五节 深地微生物与核废料的地质储存 ········ 246

第六节 深海极端环境微生物资源的开发应用 ····· 248

本章参考文献 ··························· 249

第九章　展望与建议 ·· 254

第一节　创建支撑国家深地战略的深地生物圈科学技术 ············ 254

第二节　政策建议和资助机制 ································ 264

本章参考文献 ································ 272

关键词索引 ·· 275

第一章
深地生物圈基本概念和特征

第一节　定　　义

　　目前国际公认的深地生物圈是指陆地及海底表面以下不直接以阳光为能量来源的黑暗生物圈，主要由微生物构成。最早系统地提出"深地生物圈"概念的是美国康奈尔大学天体物理学家 Thomas Gold。1992 年，Gold 在《美国国家科学院院刊》（PANS）上发表了一篇题为"既深又热的生物圈"（The deep, hot biosphere）的文章。在这篇文章及随后的同名书中（Gold，1992），Gold 认为微生物很可能广泛地生活在地下环境中，存在于岩石颗粒的孔隙中。此外，他推测，这种生命很可能存在于地下几千米的深地环境，直至地下温度太高无法生存为止。Gold 假设，深地生命的能量来源主要是化学能，而不是光合作用能量；支撑地下生命的营养物质和能量由深层水体和岩石（包括氧化和还原型的矿物）本身提供。Gold 推测，这种当时鲜为人知的深地生物圈，其生物总量与地表生物总量相当。他认为深地生物最可能生活在有（或产生）氢气（H_2）、甲烷（CH_4）和水（H_2O）的地方，这些地方是孕育生命最有利的场所（Gold，1992）。Gold 同时敏锐地意识到"这种类似深地生命可能广泛地分布在宇宙中"。此外，他也假设，用于支持深地环境生命活动的烃类和其衍生物均来源于地质过程（Gold，1992；Colman et al.，2017）。

第二节　地质环境及物理化学因素对深地生物圈的影响

一、微生物生境

地壳是覆盖于地幔上部的固体圈层，其中陆壳厚度为30～50km，而洋壳厚度为5～10km。陆壳由多种多样的岩浆岩、变质岩和沉积岩组成，这些岩石在几百万年至几十亿年的地质历史时期不断被风化和重塑。在地壳表层，风化的岩石矿物和有机物组成了多种类型的土壤，并为各种各样的微生物生长提供了合适的生境和空间。土壤层以下统称为地下（subsurface），这里曾经一度被认为没有微生物，但是目前估算其中的生物量已经达到10^{16}～10^{17}g，占地球生物总碳量的2%～19%（Whitman et al.，1998，Kallmeyer et al.，2012；McMahon and Parnell，2014；Magnabosco et al.，2018）。微生物广泛生存在地下多种生境中，从浅部疏松的沉积物到深部几千米高温高压的岩石裂隙都有存在。微生物的生理与代谢多样性使得它们可以利用各种化学能和碳源进行生长，进而驱动碳和其他元素的地球循环。例如，细菌在烃类的合成分解中都扮演重要角色，而烃类又是人类需要的重要能源，也是二氧化碳（CO_2）地质封存的潜在产物，其所在地下空间还是存储高辐射核废料的场所。虽然我们正在逐步刷新着对地下环境的认识，但是需要意识到人类所采集的样品和研究的范围只占深地微生物生境的一小部分。

二、陆地深地环境

前人对陆地深地环境进行了细致的分类，包括沉积盆地、冻土、盐类沉积、洞穴、冰盖和坚硬岩石等（Heim，2011）。所有这些环境中都发现了土著微生物，包括南极的冰层和冰川以下寡营养的湖泊水体（Karl et al.，1999；Christner et al.，2014）、埋藏于深部的石盐包裹体（Schubert et al.，2009）、冻土层中高盐流体（Gilichinsky et al.，2003）、洞穴（Sarbu et al.，1996）及基岩等生境。在所有环境中，生命所需要的必要元素就是水。虽然地下水资源量巨大，但是水的生物可利用性还与岩石或沉积物的孔隙率和渗透性有密切关系。

1. 沉积环境

沉积环境影响了沉积物的物理性质。例如，水流搬运的砾石、碎石、沙子可以形成透水性强的沉积物，而湖泊中心所沉积的泥土或黏土的渗透率却很低。因此，浅层和深层沉积物的物理和化学性质可以完全不同，其渗透率和孔隙率取决于砾石和细小颗粒物之间的相对比例（Kamann et al.，2007）。在海洋环境中，从陆地搬运来的沉积颗粒物在近岸水域形成巨厚松散沉积物，沉积速率可以超过100m/a（Kallmeyer et al.，2012），而在大洋中心沉积速率却低于1m/a（如南太平洋和北太平洋中心）（Roy et al.，2012）。

通常疏松沉积物中有大量相连通的孔隙，流动的空隙水和有机物可以为微生物生长提供理想环境（Krumholz et al.，1997；Lin et al.，2012b）。在更深处，成岩作用（压实作用、矿物溶解重结晶和胶结作用）导致沉积物空隙率和渗透率减小。尽管如此，微生物仍然可以存活于各种岩性的沉积地层中。美国新墨西哥州一亿年前的白垩纪页岩，由于其中的孔隙度有限，只存在极少量的微生物活动痕迹；而孔隙度较大的砂岩中显示了更强的微生物活动痕迹。这是因为维持微生物生活的有机物可以从孔隙度较低的页岩中扩散到孔隙度高的砂岩中（Fredrickson et al.，1997；Krumholz et al.，1997）。虽然在地质历史时期，沉积岩在成岩过程中可能经历了一系列的变化，但除非是像板块俯冲那种剧烈的构造变化，一般不会毁灭其中的所有微生物。因此，沉积岩中的微生物中至少有一部分是几百万年前随矿物和有机物一起沉积的微生物演变而来的后代（Fredrickson et al.，1997）。蒸发盐岩沉积也是沉积系统的一部分，这类沉积通常达到几百米厚度。海水蒸发可以形成这类沉积，很多物理和气候条件可以催化这一过程的发生，如有限的水流输入、缺乏降雨、高温、低湿度及高风速（McGenity et al.，2000）。海水平均每蒸发1000m可以形成14m的蒸发盐，且主要为石盐沉积（Schreiber，1986）。微生物能否在古老的石盐中长期存活仍然存在争议。有研究数据显示，嗜盐细菌和古菌可在石盐的流体包裹体中生存（Schubert et al.，2009）。

2. 岩浆岩和变质岩环境

变质岩可由任何岩石类型变质而成，而岩浆岩是由岩浆冷却而成。岩浆岩和变质岩的孔隙率和渗透率远低于沉积岩。这两种岩石的形成过程中所经历的高温高压会毁灭其中所有的微生物，岩石中较低的孔隙度和渗透率严重限制了微生物的生存空间（Pedersen，2000）。在这两种岩石中，微生物主要聚集在条件合适的裂隙之中（Haveman et al.，1999；Chivian et al.，2008；Sahl et al.，2008）。已报道的地下深部岩浆岩中微生物丰度为每毫升 $10^4 \sim 10^5$ 个细胞，远低于沉积系统中的微生物丰度（Pedersen，1997；Itavaara et al.，2011）。地下深部水岩反应所产生的氢气可以作为微生物生存的能量来源（Lollar et al.，1993；Stevens and McKinley，1996；Lin et al.，2005）。

三、海洋地下环境

海洋约覆盖了地球表面的 71%，海水以下存在大量形态各异的生态环境，如海洋沉积物、洋壳、热液喷口和冷泉等。这些环境构成了地球上生物最大的栖息地（Schrenk et al.，2010）。海洋深地生物圈主要指在海床以下，生活在沉积物和岩石及流体当中的生物。其中热液喷口和冷泉被认为是地球深部和上层海洋连接的通道，是研究深地生物圈的理想窗口。海洋深地生物圈虽然深埋海底，但不是一个孤立的系统，而是与水圈有着非常紧密的联系，从而影响生物地球化学过程，包括碳循环、营养物质循环、能量流及气候。

1. 海洋沉积物

海洋沉积物覆盖了几乎整个海底，厚度从新形成洋壳的几厘米到大陆边缘和深海沟的几千米不等（Fry et al.，2008）。关于海洋深地生物圈的有限认识目前主要来自于海洋沉积物。

2. 洋壳

洋壳中的岩石体积约是海洋沉积物总体积的 5 倍（Orcutt et al.，2011b）。在全球大洋中，洋中脊广泛分布，总长度达 8 万 km；炽热的岩浆沿着洋中脊不断涌出，形成新的洋壳。洋壳主要由基性岩和超基性岩构成，洋壳中流体的体积能占到全球海水的 2%，是地球上最大的含水系统（Johnson and Pruis，2003）。玄武岩是洋壳的主要岩石类型，含有丰富的还原性的铁、锰和硫化物矿物，为微生物提供了相当可观的能量和营养源。同时，顶层 500m 左右的洋壳岩石孔隙多且渗透性强（Fisher，2005），是微生物潜在的栖息地；流经洋壳的流体（来源于周围的底层海水）也可以为微生物带来氧气（O_2）、硝酸盐和有机碳等营养成分（Lin et al.，2012a）。

3. 热液喷口

洋中脊的总长度为 8 万 km，大量在洋壳中被加热的流体沿着洋中脊不断渗出（Johnson and Pruis，2003；Wheat et al.，2003；Edwards et al.，2005）。这些高温液体与岩浆岩相互作用形成与周围海水化学性质迥异的还原度高且富含金属离子的液体；高度还原性的热液与周围低温海水之间的化学不平衡导致一系列的化学反应，沉淀出许多新的矿物，形成热液烟囱和矿物堆积体。热液口喷出的高温液体被海水冷却，形成金属矿床，为微生物活动提供理想生境；化学反应产生的大量还原性物质为微生物的生长提供能量，是化能驱动的热液生态系统的基础（Reysenbach et al., 2000）。化学物质的多样性和动态变化导致了古菌和细菌的高度多样性。

4. 海底冷泉

冷泉生态系统于 1979 年首次被发现于美国加利福尼亚州 Borderland 的圣克莱门特断裂带（Lonsdale, 1979）。1983 年在佛罗里达州的 Escarpment 也发现了相似的生态系统，并被确认为冷泉生态系统（Paull et al., 1984）。冷泉是由深部沉积物中甲烷或者其他有机质流体向海底渗漏或者喷发而形成的独特环境（Tyler and Young, 2001）。由于冷泉流体的主要成分是甲烷，冷泉也被称为甲烷渗漏。冷泉流体的温度接近周围海水的温度。冷泉是由不同的地质活动（如板块俯冲、底辟作用、重力压缩或者水合物）的分解所形成的。冷泉主要分布在不同地质板块交界的大陆架边缘，其渗漏甲烷的主要来源是深部沉积物中水合物的分解。全球的冷泉大部分分布于太平洋板块周围，是海底常见的生态系统。冷泉向上渗漏释放的有机质能够为海底大陆架边缘沉积物中的化能合成生态系统提供物质和能量。大陆架边缘沉积物的物理化学环境［包括温度、盐度、pH、氧气、二氧化碳、硫化氢（H_2S）、铵盐及其他的无机挥发物质和金属物质等］变化大，限制了化能合成生物的生长。但是冷泉周围环境因子变化梯度连续且条件相对温和，为各种生物提供了适宜的栖息地（Levin, 2005）。与热液口类似，冷泉区生物量远高于周边海域，但是多样性不高。

四、深度、温度和压力对深地微生物的影响

1. 生物量随深度变化的规律

对大洋钻探沉积物的研究表明，微生物广泛分布于大洋深海的各种沉积环境中。其中，以海底热泉、冷泉和天然气水合物为代表的高能区微生物的丰度比较高，而在深海盆寡营养区的沉积物中微生物的丰度相对较低。在不受海底热泉、冷泉和天然气水合物等地质化学过程影响的大部分海域，沉积物中微生物的丰度随水深增加而降低，这主要与真光层新生产的有机质输出和水深等因素有关（Parkes et al., 1994）。

　　微生物在沉积物中的垂直分布大致遵循 Parkes 等提出的经验公式：log（细胞数）=7.98-0.75log（米数）。这表明随着沉积深度的增加，微生物丰度呈对数线性减少。在表层 1m 的沉积物中，微生物细胞丰度为每立方厘米 10^9 个细胞；而在深度 500m 的沉积物中，细胞丰度降低到每立方厘米 10^6 个细胞。沉积物有机碳的含量和可降解程度也是影响微生物分布特征的重要因素，其他的影响因素还包括沉积物孔隙度、地质年龄和地球化学特征（Parkes et al.，2000；Colwell et al.，2004）。

　　深地生物圈微生物对全球生物量和有机碳的贡献可能要比 Parkes 等（2000）估算的要大。海底沉积物的厚度可能超过 10km，在这种极大深度下，温度很可能成为影响微生物分布的最终因素。在海底热泉、冷泉和天然气水合物富集区，生物地球化学过程格外活跃。在不同沉积深度，生物能源和地球化学特征分布不均匀，导致了这些特殊地区微生物的分布一般不遵循 Parkes 归纳的对数线性变化规律（Parkes et al.，2000）。

2. 温度的影响

　　温度是地球上影响生命活动的一个极其重要的环境因素。海洋深地生物圈具有很大的温度变化范围。绝大部分深海大洋表层沉积物终年维持在 2℃左右，在此环境中生长的主要是嗜冷微生物。许多研究发现，海洋嗜冷细菌可以通过产生 ω-3 多聚不饱和脂肪酸来适应低温和高压的环境（Bartlett，1999）。

　　随着沉积深度和洋壳深度的增加，环境温度以 30℃/km 的速率递增。尽管科研人员已经在热液口烟囱体中发现能够在 113℃生存的细菌（Blochl et al.，1997），但是在深地生物圈中是否存在如此耐高温的生物目前还不清楚。如果按照 30℃/km 的温度梯度计算，113℃相当于深地 4km 的温度。由于目前人类还未获得如此深的样品，因此无法确定在如此大深度是否存在微生物活动。尽管如此，在大洋深部沉积物和部分洋壳中存在着活跃的嗜热和极端嗜热微生物是毋庸置疑的。由于具有更大的温度梯度，现代海底热液活动中心是分离嗜热和极端嗜热微生物的最佳地点（Takai et al.，2001）。科研人员推测极端嗜热微生物可能是地球上最早出现的生命形式；由于在深海热泉发现了超嗜热自养微生物生态系统（hyperthermophilic subsurface lithoautotrophic microbial ecosystem，HyperSLiME），上述推测得到了进一步的支持（Takai et al.，2004）。

　　对低温或高温适应的研究是许多海洋深地生物圈研究的基础。目前的研究结果表明，嗜冷微生物具有多种适应机制，主要包括增加多聚不饱和脂肪酸以维持细胞膜的流动性和功能性，以及产生嗜冷酶以提高细胞的低温代谢活力。与此相反的是，嗜热和极端嗜热微生物会通过增加膜脂的脂肪酸饱和度和产生新型结构醚脂或其二聚体的含量，来保持细胞膜结构在高温下的稳定性和功能。嗜热和极端嗜热微生物的主要适应机制包括产生嗜热或极端嗜热酶和小分子量相容性溶质，以及有助于高温下变性蛋白重新折叠的嗜热体分子伴侣蛋白。此外，产生相容性溶质、特殊 DNA 结合蛋白（如极端嗜热古菌的碱性组蛋白）和逆促旋酶是嗜热和极端嗜热微生物的主要 DNA 热稳定机制（刘志恒，2002）。

3. 压力的影响

全球海洋平均水深 3.8km，最深处约 11km。在水柱中，静水压力与深度存在着线性关系，即每增加 10m 水深，增加 1 个大气压。因此，深海海底具有巨大的静水压力。在这种环境下，所有生活在海底的深地微生物均具有压力适应能力，这也使得海底沉积物是分离嗜压微生物的极佳环境（Bale et al.，1997）。海洋嗜压微生物通常包括广域古菌界（Euryarchaeota）和泉古菌界（Crenarchaeota）的一些古菌类群，以及细菌域中的 γ 变形菌纲（γ-Proteobacteria）（Delong et al.，1997；Bartlett，1999）。但是随着隶属于 δ 变形菌纲（δ-Proteobacteria）的嗜压深栖脱硫弧菌（*Desulfovibrio profundus*）的发现，科研人员意识到海洋深地生物圈可能存在着大量的 γ 变形菌纲以外的嗜压细菌（Bale et al.，1997；Barnes et al.，1998）。事实上，目前已发现的嗜压细菌和古菌与非嗜压的海洋微生物在系统发育关系上是非常密切的，这表明微生物对压力选择的应对可能并不需要出现进化上的新种系（Bartlett，2002）。如前所述，随着沉积深度的增加，温度以 30℃/km 的速率增加，因此在海底数千米以下的沉积物和洋壳中可能生存着既嗜热又嗜压的微生物。在细胞膜分子机理水平上，嗜压微生物对高压的适应类似于嗜冷微生物对低温的适应，高压环境常常有助于合成更多的单聚和多聚不饱和脂肪酸，以调节细胞膜的组成和流动性（Bartlett，1999；Bartlett，2002）。

五、深地微生物常见的特征和数量

1. "超微"微生物

除了水以外，深地环境裂缝孔隙的大小和连通性是制约深地微生物的一个重要因素（Fredrickson and Fletcher，2001）。例如，与孔隙 0.2～15μm 的深地岩心相比，孔隙小于 0.2μm 的岩心几乎检测不到微生物的活性（Fredrickson et al., 1997）。为了适应生存空间的限制，不少微生物的体积变小。通过从瑞士硬岩实验室收集的 143～448m 地下水样品宏基因组测序和电镜观察分析，结果表明，细胞长度小于 0.22μm 的微生物占样品总生物量的 50%。此外，63% 的这些"超微"微生物的基因组要比正常的参考基因组小 37%（Wu et al., 2016）。同样，在波罗的海海底 60m 深处采集的样品中，微生物细胞体积仅仅为 0.07～0.095μm³，地表微生物要比这些深地微生物至少大 10 倍（Braun et al., 2016）。因此，"超微"微生物和它们同样"微型化"的基因组很可能是为适应深地有限的空间、寡营养和低能量环境所导致的结果（Braun et al., 2016; Wu et al., 2016）。

2. 缓慢的代谢

由于生物降解和成岩作用，有机质含量随沉积深度的增加逐渐减少，同时其生物可利用性也越来越低。这些因素导致微生物代谢速率随沉积深度增加变得越来越低。在全球尺度上，边缘海深地生物圈的微生物年呼吸速率大约为上覆海洋表面真光层年生产率的 1%；而在大洋区，该比例下降到 0.01% 甚至更低。这说明，海洋深地生物圈中的大部分微生物都是不活跃的或只具有极低的代谢速率（Parkes et al., 2000; D'Hondt et al., 2002）。但是甲烷水合物等物质的局部不均匀分布可以改变微生物的垂直分布规律，如甲烷高浓度带往往是整个沉积地层中微生物代谢最活跃的区域。由于地球化学反应过程可产生非生物成因甲烷，深部沉积物中有可能出现以甲烷为能量的微生物代谢活跃带（Parkes et al., 2000）。

同样，与大陆地表微生物相比，大陆深地环境微生物的代谢要慢许多。大陆地表微生物碳代谢速率通常为每克细胞 0.1～10fmol C/d（即每克细胞每天代谢 10^{-3}～10^{-1}g 碳），而早期预测和检验结果显示深地微生物碳代谢率仅为每克细胞 10^{-5}～10^{-3}fmol C/d（即每克细胞每天代谢 10^{-7}～10^{-5}g 碳）（Jorgensen, 2011; Morono et al., 2011）。因此，地表微生物的代谢速率通常要比深地微生物的代谢速率至少快 100 倍。另外，如按每克细胞 10^{-5}fmol C/d 的代谢速率推算，深地微生物细胞平均每 1000 年才分裂一次（Jorgensen, 2011）。最新的模型也预测，死亡微生物氨基酸在深地的平均周转率达数千年之久（Braun et al., 2017）。深地微生物缓慢的代谢也是适应深地低能量的结果（Jorgensen, 2011; Morono et al., 2011; Braun et al., 2017）。

第三节 能量及转换

一、微生物介导的氧化还原反应

生物科学最重要的研究主题之一是能量的流动和氧化还原化学反应所介导的能量转换。除了光合微生物外，其他微生物几乎能够从含有能量的所有物质（包括有机物质和无机物质）获得能量用于生长和代谢（Nealson，1997）。同样重要的是微生物的呼吸能力，只要氧化剂的氧化还原电位能够提供微生物生长和代谢所需要的能量，微生物就可以利用这些氧化剂作为呼吸的电子受体（Richardson，2000）。正是这种广谱摄取能量和呼吸的能力，使得微生物能够在地球的各个角落生长，包括深地环境。

微生物介导的能量产生主要受制于与氢（H）、碳（C）、氮（N）、氧（O）、硫（S）、锰（Mn）和铁（Fe）元素相关的电子传递反应。图 1-1 显示了与这些元素相关的氧化还原反应尺度及每个反应产生的能量。

图中的电子活性（$\rho\varepsilon^0$）或负对数电子活性定义如下：

$$\rho\varepsilon^0=-\log\{\varepsilon\}=\rho\varepsilon+1/n\,\log\{\text{氧化活性}\}/\{\text{还原活性}\} \tag{1-1}$$

其中，"氧化活性"和"还原活性"分别是指氧化剂的氧化活性和还原剂的还原活性，n 是指电子的数量（Fredrickson and Fletcher，2001）。在图 1-1 中，氧化还原反应最强的氧化剂在最上方，而最强的还原剂在最下方。这张图清晰地显示，从热动力学的角度，氧化有机碳为二氧化碳是可以和还原氧气、硝酸盐、氧化锰、氧化铁和硫酸盐耦合起来的。图 1-1 同时标出微生物氧化有机碳和还原电子受体所产生的吉布斯自由能。从这些变化值可以看出，根据热力学上最有利的反应，氧化有机碳可按次序先还原氧气，然后依次递减到甲烷的发酵（Stumm and Morgan，1996）。同样地，深地微生物能量产生过程也受制于这些电子传递反应。

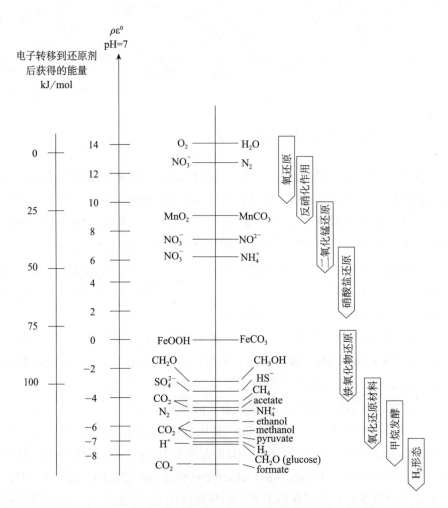

图 1-1　封闭水体系统中微生物介导的有机质氧化反应和与有机质氧化耦合的还原反应
［修改自 Fredrickson 和 Fletcher（2001）］

注：按照 $p\varepsilon$ 递减或热力学可行性增加的顺序依次进行：先还原氧气，然后是硝酸盐和四价锰等。除了氧还原外，其他反应常见于深部地下

二、氢气作为深地微生物生长的能量和电子来源

在美国能源部"地下科学研究计划"资助下，美国能源部西北太平洋国家实验室地质学家 Todd O. Stevens 和 James P. McKinley 首次在华盛顿州玄武岩地下水中发现能够以氢气作为能量来源的自养微生物群落（Stevens and McKinley，1996）。他们发现华盛顿州玄武岩地下水中含有 60μmol/L 的氢气。稳定同位素标记证实，水中的微生物群落以自养微生物为主。室内实验证明，

粉碎后的玄武岩和厌氧水反应可产生氢气。并且，粉碎后的玄武岩和地下水本身就能够支持微生物生长。Stevens 和 McKinley 将这一观察到的微生物系统称为"地下岩石自养微生物生态系统"。这一结果不仅首次证明在深地生活着不依赖光合作用的化能无机自养微生物（Stevens and McKinley，1996），同时也验证了 Gold 的"深地氢气能为微生物生长提供能量来源"的假说（Gold，1992）。

作为一个能被微生物利用的主要还原剂，氢气为微生物生长和代谢提供能量和电子。深地环境水岩相互作用的三个地质过程可产生氢气（Colman et al.，2017）：①花岗岩辐射分解岩石裂隙中的水（Freund et al.，2002；Blair et al.，2007；Sherwood Lollar et al.，2007；Lollar et al.，2014）；②玄武岩和橄榄岩中含铁矿物催化水的还原（Sleep et al.，2004）；③硅酸盐矿"物理机械 - 化学自由基"机制介导的水裂解反应（Telling et al.，2015）。这些地质过程可产生足够的氢气来支持深地微生物的生长。

与上述广泛存在的地质过程产氢气相呼应的是地质微生物所表现出来的氢气代谢能力。大约 30% 的微生物种群拥有氢气代谢能力。微生物氢代谢是依靠 [铁铁]- 氢化酶、[镍铁]- 氢化酶或 [铁]- 氢化酶催化完成的（Peters et al.，2015）。分析地下环境微生物群落基因组发现，其 [铁铁]- 氢化酶和 [镍铁]- 氢化酶基因的丰度要比地表微生物基因组中 [铁铁]- 氢化酶和 [镍铁]- 氢化酶基因的丰度高近 10 倍。所有这些结果均显示了氢气在深地微生物代谢中的重要性（Colman et al.，2017）。更重要的是，高浓度的氢气可通过 Fisher-Tropsch 合成过程来驱动二氧化碳的氢化作用（Studier et al.，1968）。例如，高温时，橄榄石的水合反应和产生的氢气能用来催化二氧化碳到甲酸盐的还原反应，甲酸盐可再平衡转变为一氧化碳（McCollom and Seewald，2001）。与 [铁铁]- 氢化酶和 [镍铁]- 氢化酶基因丰度分布结果相似，地下微生物基因组也富集了在厌氧环境中利用甲酸盐和一氧化碳的基因，如甲酸脱氢酶基因和依赖镍的一氧化碳脱氢酶基因。但是，与地表微生物群落基因组相比，地下微生物群落基因组依赖钼的一氧化碳脱氢酶基因却没有富集（Colman et al.，2017）；这可能是由于很多地下环境缺氧和富含硫酸盐，极大地限制了钼的利用率（Helz et al.，1996）。

产甲烷古菌可能是现有生命中新陈代谢最原始的一群微生物，它们能以氢气为能量和电子来源将二氧化碳还原固定为甲烷（Russell and Martin，2004）。产甲烷古菌利用一种被称为乙酰辅酶 A 的还原途径固定二氧化碳，催化这一途径的是一些依赖镍或铁的酶，最重要的就是乙酰辅酶 A 合成酶。相对于地表微生物群落基因组，乙酰辅酶 A 合成酶的基因也在地下微生物群落基因组中丰度较高。乙酰辅酶 A 合成酶介导的途径涉及的一些中间产物（如一氧化碳和甲酸盐），也是二氧化碳非生物氢化反应的产物。同时，催化二氧化碳非生物还原的矿物也常富含铁和镍。根据这一现象，科学家们提出一个假设，因为铁和镍广泛分布在深地环境并可被微生物利用，所以，那些产甲烷菌乙酰辅酶 A 途径中依赖镍或铁的酶，如一氧化碳脱氢酶、乙酰辅酶 A 合成酶及 [铁铁]- 氢化酶和 [镍铁]- 氢化酶，均起源于地下环境（Russell and Martin，2004；Colman et al.，2017）。

第四节　物种多样性及功能多样性

一、物种多样性

除了不依赖光合作用外，深地生物圈还有高温、高压、高盐和普遍厌氧的特性（Edwards et al.，2012）。在这样的条件下，生活着种类丰富的微生物。已知的微生物以细菌和古菌为主。从南非和日本矿井样品中已检测到的古菌有深古菌门（Bathyarchaeota）、Hadesarchaea 和曙古菌门（Aigarchaeota）（Teske and Sorensen，2008；Nunoura et al.，2011；Baker et al.，2016）。另外，从美国爱达荷州和南非的深钻井液样品中也发现大量嗜热的产甲烷古菌（Chapelle et al.，2002；Moser et al.，2005）。同样地，大陆深地环境中还发现大量的细菌，包括产水菌门（Aquificae）、厚壁菌门（Firmicutes）、δ 变形菌纲、硝化螺旋菌门（Nitrospira）及其他变形菌门和野生门类（Takai et al.，2002；Hirayama et al.，2005；Moser et al.，2005；Chivian et al.，2008；Takami et al.，2012；Labonte et al.，2015；Hug et al.，2016）。相似的微生物种群同样生活在海洋深地环境中，除了这些微生物外，古丸菌目（Archaeoglobales）、热球菌目（Thermococcales）和厌氧甲烷氧化古菌（Anaerobic Methanotrophic Archaea，ANME）的古菌及热袍菌门（Thermotogae）、绿弯菌门（Chloroflexi）和胺细菌（Aminecenantes）也存在于海洋深地环境（Cowen et al.，2003；Hara et al.，2005；Huber et al.，2006；Chivian et al.，2008；Roussel et al.，2008；Orcutt et al.，2011a）。

除了原核微生物细菌和古菌外，深地环境中也发现真核生物线虫、扁形动物、环节动物、轮虫、节肢动物、原生动物和真菌。线虫最早是在南非900～3600m 井深的金矿岩缝水中发现的，这些线虫靠吸食岩石表面细菌和古菌的生物膜为生，因而能有效地控制矿井岩石表面微生物膜的生长（Borgonie et al.，2011）。随后，在同一矿井 1400m 岩缝水中也发现扁形动物、环节动物、轮虫、节肢动物、原生动物和真菌，这些真核生物可能是随地表水进入深地环境（Borgonie et al.，2015）。另外在 740m 深的花岗岩裂隙中也发现可能与硫还原细菌互养共生的真菌，这种真菌还可风化花岗岩（Drake et al.，2017）。

二、功能多样性

与物种的多样性相对应的是深地微生物生理功能的多样性。

1. 氢气氧化与一系列还原反应相耦合

1）二氧化碳还原

深地寡营养的环境孕育了低能耗的微生物，这里的能量由高还原度和低氧化环境下普遍存在的氧化还原电子对提供（图 1-2）。由于缺乏可利用的有机碳，因此以地下水岩相互作用产生的氢气为能量和电子来源的自养生长是深地微生物常见的能量代谢方式。因为能利用氢气氧化 - 二氧化碳还原的生物常见于低能量梯度的环境，所以产甲烷古菌普遍存在于深地生物圈（Liu and Whitman，2008；Colman et al.，2017）[图 1-2（a）]。

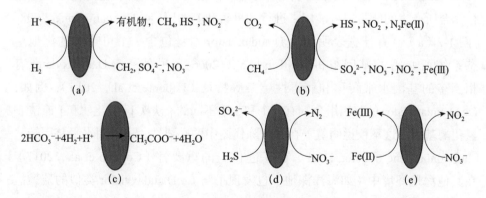

图 1-2　深地微生物功能的多样性

（a）与氢气氧化相耦合的二氧化碳、硫酸盐及硝酸盐还原反应；（b）与甲烷氧化相耦合的硫酸盐、硝酸盐、亚硝酸盐及三价铁还原反应；（c）乙酸化；（d）与硫氧化相耦合的硝酸盐还原反应；（e）与二价铁氧化相耦合的硝酸盐还原反应

2）硫酸盐还原

硫酸盐还原型的古菌和细菌也广泛存在于深地生物圈，这是因为氢气氧化/硫酸盐还原这一反应从热力学上讲是可行的，并且氢气和硫酸盐广泛存在于深地环境中（Colman et al.，2017）。虽然在陆地和海洋深地环境硫酸盐来源不同，但其中的微生物均有耦合氢气氧化和硫酸盐还原的功能。在陆地深地环境中，硫酸盐很可能是先由辐射裂解水产生自由基，然后自由基氧化黄铁矿产生的。这一化学过程在维持南非深地微生物群落方面起着关键作用（Lau et al.，2016）。海洋深地环境的硫酸盐最初来源于大陆风化，然后由海水带到深地，成为海洋深地环境的主要电子受体（D'Hondt et al.，2002）。像产甲烷菌一样，自养的硫酸盐还原古菌和细菌也利用乙酰辅酶 A 途径固定二氧化碳，并且以甲酸盐和一氧化碳作为碳源或电子供体（Pereira et al.，2011）。如前所述，在深地微生物群落基因组中富集了与氢气、一氧化碳、甲酸盐和乙酰辅酶 A 途径有关的关键基因（Colman et al.，2017）。这些结果一致表明微生物介导的硫酸盐还原是深地生物圈的特征之一。

最近 20 多年的研究证明嗜热硫酸盐还原细菌是深地生物圈的主要成员（Colman et al.，2017）。一个属于厚壁细菌门的自养硫酸盐还原菌 *Ca. D. audaxviator* 的发现及其基因组表征为研究深地生物圈提供了极有价值的认识。*Ca.D.audaxviator* 在南非 Witwatersrand 盆地 2800m 深的微生物群落中占主导地位（Lin et al.，2006；Chivian et al.，2008）。基因组重建结果表明，在 *Ca.D.audaxviator* 占主导地位的微生物组中，氢气和甲酸盐氧化与硫酸根还原相耦合所产生的能量很可能用来进行无机碳和氮的固定（Chivian et al.，2008）[图 1-2（a）]。有证据表明，*Ca.D.audaxviator* 本身包含一个可持续的深地生态系统所必需的基因组机制（Lin et al.，2006）。另外，*Ca.D.audaxviator* 有相当多的基因水平转移和病毒性感染等特征（Labonte et al.，2015）。例如，*Ca.D.audaxviator* 的基因组分别有 6 个和 3 个不同的 [铁铁]- 氢化酶和 [镍铁]- 氢化酶基因。这不仅说明氢气在其新陈代谢中的必要性，还说明水平基因转移（horizontal gene transfer, HGT）在其进化上的重要性（Colman et al.，2017）。在其他深地环境中（如海洋深地）也发现了与 *Ca.D.audaxviator* 类似的硫酸盐还原细菌（Jungbluth et al.，2013；Lever et al.，2013；Jungbluth et al.，2014）。

瑞士联邦政府计划将核废料长期存放在硬泥黏土岩（opalinus clay rock）地质构造中。为此，瑞士联邦政府在 Mont Terri 的硬泥黏土岩地质构造中建立了一个地下研究实验室。Mont Terri 实验室对 300m 岩心水中收集的样品进行了宏基因组和宏蛋白组分析，同样发现一个以氢气氧化－硫酸盐还原为主的微生物群落。在这个群落中有超过 22 种微生物，它们可分成 6 个功能类群：①以氢气为电子和能量来源固定二氧化碳的自养硫酸盐还原细菌；②能够将乙酸盐氧化为二氧化碳的异养硫酸盐还原细菌；③能够氧化氢气但不能还原硫酸盐的自养细菌；④既不能氧化氢气也不能还原硫酸盐的兼性自养细菌；⑤既不能氧化氢气也不能还原硫酸盐的异养细菌；⑥能氧化氢气但不能还原硫酸盐的异养细菌。在整个生态系统中，能氧化氢气的自养细菌推动着系统的碳循环，发酵细菌将死亡微生物细胞中的大分子有机物分解成乙酸盐等小分子有机物，最后异养硫酸盐还原细菌将乙酸盐等小分子有机物氧化为二氧化碳。因此，这些功能各异的细菌能够在深地环境中形成一个仅依靠氢气氧化－硫酸盐还原反应并在代谢上相互链接的微生物群落（Bagnoud et al.，2016）。

3）硝酸盐还原

在南非矿井中发现的属于曙古菌门（原来被划分为泉古菌门 I 群）的 *Ca. Caldiarchaeum subterraneum* 可以把氢气和一氧化碳作为电子供体而硝酸盐或氧气作为电子受体进行自养生长（Nunoura et al.，2011）[图 1-2（a）]。同样地，Hadesarchaea 的成员（原来叫南非金矿中的古菌群）的基因组分析表明，它们也能以氢气或一氧化碳作为能源，与亚硝酸根还原相联系，并且具有通过乙酰辅酶 A 途径进行自养的能力（Baker et al.，2016）。另外，目前研究结果认为，某些特殊地表环境（如热泉）中具有类似功能的古菌是由这些深地古菌进化而来的。因此，系统研究这些深地古菌进化极大地推动了人们对生命进化特别是对古菌进化的认识（Colman et al.，2017）。

2. 甲烷氧化耦合的还原反应

深地环境富含甲烷。深地甲烷来源有两个：地质来源和生物来源（Kietavainen and Purkamo，2015）。地质来源主要是蛇纹石化，这是一个水和超基性岩石（如富含镁和铁的橄榄岩）之间的化学反应，反应过程产生的高 pH 的流体中含有氢气和甲烷。在高温高压深海热液的环境下，蛇纹石化可产生一定数量的氢气和甲烷（Sleep et al.，2004）。另外，蛇纹石化可产生 Fisher-Tropsch 反应，通过金属催化的二氧化碳还原反应，可产生甲烷和短链的烃类化合物（Berndt et al.，1996）。深地生物来源的甲烷主要是由产甲烷古菌催化合成。产甲烷古菌以氢气为电子和能量来源，以二氧化碳、乙酸、甲醇、甲胺和甲基硫化物为底物合成甲烷（Kietavainen and Purkamo，2015）。在深地，这些甲烷可作为甲烷氧化微生物的能量和电子来源。需要特别强调的是，虽然甲烷氧化与甲烷产生所需要的酶组分与途径相似，但是化学反应方向相反（Moore et al.，2017）。

1）硫酸盐还原

在厌氧条件下，微生物介导的甲烷氧化可和硫酸盐还原耦合在一起（Timmers et al.，2017）。目前研究结果显示，这一氧化还原反应过程既可由一种微生物来完成也可由两个不同种类的微生物以互养共生的方式完成。单细胞基因组测序结果证实一个来自大陆深地属于厌氧甲烷氧化古菌 ANME-2d 的 *Ca.*Methanoperendens nitroreducens 拥有几乎完整的厌氧甲烷氧化和异化硫还原所需要的功能基因（Ino et al.，2018）。互养共生的例子，如厌氧甲烷氧化古菌先氧化甲烷，然后将释放的电子传导给硫酸盐还原细菌（Knittel and Boetius，2009）[图 1-2（b）]。厌氧甲烷氧化古菌 – 硫酸盐还原细菌之间的电子传导对这一氧化还原过程至关重要（Skennerton et al.，2017）。与细胞内的电子传递链不同，厌氧甲烷氧化古菌 – 硫酸盐还原细菌之间的电子传导涉及细胞内和细胞外的电子传送，因而这一特殊的电子传导过程也通常被称为微生物的胞外电子传导（Shi et al.，2016）。最新结果均指出细胞色素 c 和微生物纳米导线很可能将电子由厌氧甲烷氧化古菌直接传导给硫酸盐还原细菌（McGlynn et al.，2015；Wegener et al.，2015；Skennerton et al.，2017）。最重要的是生态学分析和基因组测序结果也均表明，甲烷氧化 – 硫酸盐还原耦合反应是深部地下环境一个普遍存在的生物地球化学过程（Ino et al.，2018）。同时需要特别强调的是，厌氧甲烷氧化微生物，特别是厌氧甲烷氧化古菌，在调节大气甲烷（一个极其重要的温室气体）浓度方面起着至关重要的作用。

2）硝酸盐、亚硝酸盐和金属矿物还原

除硫酸盐外，厌氧甲烷氧化微生物也可利用氧化甲烷后释放的电子还原硝酸盐、亚硝酸盐和金属离子（Timmers et al.，2017）。例如，厌氧甲烷氧化古菌 ANME-2d 可利用硝酸盐为末端电子受体氧化甲烷（Haroon et al.，2013），这种微生物富含细胞色素 c，其中部分细胞色素可参与硝酸盐的还原（Arshad et al.，2015）。亚硝酸盐也可作为间接的末端电子受体，在这一反应中厌氧甲烷氧化细菌（*Methylomirabilis oxyfera*）先利用亚硝酸盐产生氧气，产生的氧气再用来氧化甲烷（Ettwig et al.，2010）[图 1-2（b）]。

Beal 等最早报道甲烷氧化还可以与锰和铁的还原相耦合（Beal et al.，2009）。随后的工作证实，厌氧甲烷氧化古菌可以利用水溶性三价铁为电子受体氧化甲烷（Scheller et al.，2016）。最新结果显示厌氧甲烷氧化古菌

Ca. Methanoperedens nitroreducens 能够与三价铁和四价锰矿物的还原相耦合（Ettwig et al.，2016）。三价铁异化还原细菌希瓦氏菌（*Shewanella* spp.）和地杆菌（*Geobacter* spp.）均拥有用于胞外电子传导的通道，这些通道主要由细胞色素 c 构成（Shi et al.，2007；Shi et al.，2016）。许多甲烷氧化古菌也有细胞色素 c，因此，甲烷氧化古菌很可能利用与希瓦氏菌和地杆菌相类似的机制还原含三价铁和四价锰的矿物（McGlynn et al.，2015；Wegener et al.，2015；Shi et al.，2016；Skennerton et al.，2017）。从日本幌延地下研究实验室采集的地下水中也发现富含细胞色素 c 的甲烷氧化古菌，在深地环境这种古菌很可能通过还原三价铁来氧化甲烷（Hernsdorf et al.，2017）［图 1-2（b）］。另外，从理论上推测，耦合甲烷氧化和硝酸盐、亚硝酸盐及金属离子还原的微生物应广泛分布在深地环境当中。这是因为，深地环境储存有丰富的硝酸盐、亚硝酸盐，以及含三价铁和四价锰矿物（Silver et al.，2012；Momper et al.，2017）；从热动力学能量梯度可以看出，与硫酸盐相比，甲烷厌氧氧化微生物可以从硝酸盐、亚硝酸盐，以及含三价铁和四价锰矿物的还原反应中获取更多的能量（图 1-1）。

3. 乙酸化

产乙酸微生物也生活在深地环境当中（Aullo et al.，2013）［图 1-2（c）］。因为利用氢气和二氧化碳合成乙酸所释放的能量要比利用氢气和二氧化碳合成甲烷及硫酸盐还原所释放的能量少，所以如果仅考虑热动力学，产乙酸微生物在深地环境无法与产甲烷和硫酸盐还原微生物相竞争。但是，与产甲烷和硫酸盐还原微生物相比，产乙酸微生物能利用更多的底物，这样就避免了直接与甲烷和硫酸盐还原微生物之间的竞争。另外，深地环境产乙酸微生物利用高节能的还原乙酰辅酶 A 途径为其固定二氧化碳及为其代谢提供能量，这种高效率的代谢能力使得产乙酸微生物能够生存在深地的极端环境（Lever，2011；Oren，2012）。因为产乙酸菌能为其他微生物提供有机碳源，所以这类微生物在维护深地微生物群落结构和功能上起着不可替代的作用（Aullo et al.，2013；He et al.，2016）。

4. 硫氧化

热动力学计算预测，深地微生物也可通过硫的氧化来获取能量和电子（Osburn et al.，2014）。泛组学结果证实，在南非 1340m 矿井渗漏水中生活着以自养和硫氧化耦合硝酸盐还原细菌为主的微生物群落［图 1-2（d）］。在这个微生物群落里，属于 β 变形菌纲的硫氧化细菌占整个微生物群落的 28%，而常见于深地环境的产甲烷古菌、硫酸盐还原细菌和厌氧甲烷氧化微生物的比例则均少于整个微生物群落的 5%。最重要的是微生物种间的互养共生是这个深地微生物群落的显著特征。例如，硫氧化细菌产生的硫酸盐可作为硫酸盐还原细菌的末端电子受体，而硫酸盐还原细菌产生的硫化氢、单质硫和硫代硫酸盐可作为硫氧化细菌的电子供体和能量来源。同样地，产甲烷古菌生产的甲烷是厌氧甲烷氧化微生物的电子和能量来源，而厌氧甲烷氧化微生物产生的二氧化碳则是产甲烷古菌、硫氧化细菌和硫酸盐还原细菌的碳源。如前所述，厌氧甲烷氧化微生物和硫酸盐还原细菌可通过元素硫和种间直接电子传导建立互养共生体系（Lau et al.，2016）。因此，这些深地微生物以互养共生的形式建立一个相互交织的代谢网络，通过这个代谢网络，深地微生物有效地将碳、氮和硫的循环耦合在一起。需要特别指出的是，互养共生是地下微生物群落中常见的种间代谢关系，各种微生物通过这种代谢关系相互协同逐步催化多种地球化学反应（Anantharaman et al.，2016）。

5. 二价铁氧化

铁是地球丰度排名第四的元素，含铁矿物常见于深地环境。在自然界中，铁是以二价和三价存在的。含三价铁的矿物可作为微生物厌氧呼吸的末端电子受体，而含二价铁的矿物可为微生物的生长提供电子和能量来源（Shi et al.，2016；邱轩和石良，2017）。目前已经有人从 714m 深的铁矿井中分离出二价铁氧化微生物——深地海杆菌（*Marinobacter subterrani*）（Bonis and Gralnick，2015）。热动力学计算结果也推测在 2469m 深的金矿中，二价铁氧化能够支持微生物的生长（Osburn et al.，2014）。同样，宏基因组测序的研究结果也表明深地微生物具有二价铁氧化的能力。例如，宏基因组测序推测海底以下 115m 和 145m 深的玄武岩中可能有铁氧化细菌海杆菌（*Marinobacter* spp.）的存在（Zhang et al.，2016）。另外，深地超铁镁岩、盐碱含水层和开采后的油气田可作为二氧化碳的封存地。往 400～800m 深以橄榄石 - 拉斑系矿物组合为主的玄武岩注入二氧化碳后，可导致其地下水酸化；酸化的地下水可加快矿物的溶解，从而提高水中的二价铁离子的浓度，最终促进铁氧化微生物的生长（Trias et al.，2017）。需要指出的是，除氧气外，铁氧化微生物还可以还原硝酸盐（Beller et al.，2013；Laufer et al.，2016）[图 1-2（e）]。因此，深地微生物具有铁氧化的功能。

本章参考文献

刘志恒. 2002. 现代微生物学. 北京：科学出版社.

邱轩，石良. 2017. 微生物和含铁矿物之间的电子交换. 化学学报，75：583-593.

Anantharaman K, Brown CT, Hug LA, et al. 2016. Thousands of microbial genomes shed light on interconnected biogeochemical processes in an aquifer system. Nature Communications, 7: 13219.

Arshad A, Speth DR, de Graaf RM, et al. 2015. A metagenomics-based metabolic model of nitrate-dependent anaerobic oxidation of methane by Methanoperedens-like archaea. Frontier in Microbiology, 6(273): 1423.

Aullo T, Ranchou-Peyruse A, Ollivier B, et al. 2013. *Desulfotomaculum* spp. and related gram-positive sulfate-reducing bacteria in deep subsurface environments. Frontier in Microbiology, 4: 362.

Bagnoud A, Chourey K, Hettich RL, et al. 2016. Reconstructing a hydrogen-driven microbial metabolic network in Opalinus Clay rock. Nature Communications, 7: 12770.

Baker BJ, Saw JH, Lind AE, et al. 2016. Genomic inference of the metabolism of cosmopolitan subsurface Archaea, Hadesarchaea. Nature Microbiology, 1(3): 16002.

Bale SJ, Goodman K, Rochelle PA, et al. 1997. Desulfovibrio profundus sp. nov., a novel barophilic sulfate-reducing bacterium from deep sediment layers in the Japan Sea. International Journal of Systematic Bacteriology, 47(2): 515-521.

Barnes SP, Bradbrook SD, Cragg BA, et al. 1998. Isolation of sulfate-reducing bacteria from deep sediment layers of the Pacific Ocean. Geomicrobiological Journal, 15(2): 67-83.

Bartlett DH. 1999. Microbial adaptations to the psychrosphere/piezosphere. Journal of Molecular Microbiology and Biotechnology, 1(1): 93-100.

Bartlett DH. 2002. Pressure effects on in vivo microbial processes. Biochimica et Biophysica Acta, 1595(1): 367-381.

Beal EJ, House CH, Orphan VJ. 2009. Manganese- and iron-dependent marine methane oxidation. Science, 325(5937): 184-187.

Beller HR, Zhou P, Legler TC, et al. 2013. Genome-enabled studies of anaerobic, nitrate-dependent iron oxidation in the chemolithoautotrophic bacterium Thiobacillus denitrificans. Frontier in Microbiology, 4: 249.

Berndt ME, Allen DE, Seyfried AE. 1996. Redution of CO_2 during serpentinization of olivine at 300℃ 500 bar. Geology, 24: 351-354.

Blair CC, D'Hondt S, Spivack AJ, et al. 2007. Radiolytic hydrogen and microbial respiration in subsurface sediments. Astrobiology, 7(6): 951-970.

Blochl E, Rachel R, Burggraf S, et al. 1997. Pyrolobus fumarii, gen. and sp. nov., represents a novel group of archaea, extending the upper temperature limit for life to 113 degrees ℃. Extremophiles, 1(1): 14-21.

Bonis BM, Gralnick JA. 2015. Marinobacter subterrani, a genetically tractable neutrophilic Fe(II)-oxidizing strain isolated from the Soudan Iron Mine. Frontier in Microbiology, 6: 719.

Borgonie G, Garcia-Moyano A, Litthauer D, et al. 2011. Nematoda from the terrestrial deep subsurface of South Africa. Nature, 474(7349): 79-82.

Borgonie G, Linage-Alvarez B, Ojo AO, et al. 2015. Eukaryotic opportunists dominate the deep-subsurface biosphere in South Africa. Nature Communications, 6: 8952.

Braun S, Mhatre SS, Jaussi M, et al. 2017. Microbial turnover times in the deep seabed studied by amino acid racemization modelling. Scientifc Reports, 7(1): 5680.

Braun S, Morono Y, Littmann S, et al. 2016. Size and carbon content of sub-seafloor cicrobial cells at Landsort Deep, Baltic Sea. Frontier in Microbiology, 7: 1375.

Chapelle FH, O'Neill K, Bradley PM, et al. 2002. A hydrogen-based subsurface microbial community dominated by methanogens. Nature, 415(6869): 312-315.

Chivian D, Brodie EL, Alm EJ, et al. 2008. Environmental genomics reveals a single-species ecosystem deep within Earth. Science, 322(5899): 275-278.

Christner BC, Priscu JC, Achberger AM, et al. 2014. A microbial ecosystem beneath the West Antarctic ice sheet. Nature, 514(7514): 310-313.

Colman DR, Poudel S, Stamps BW, et al. 2017. The deep, hot biosphere: twenty-five years of retrospection. Proceedings of the National Academy of Sciences of the United States of America, 114(27): 6895-6903.

Colwell FS, Matsumoto R, Reed D. 2004. A review of the gas hydrates, geology, and biology of the Nankai Trough. Chemical Geology, 205: 391-404.

Cowen JP, Giovannoni SJ, Kenig F, et al. 2003. Fluids from aging ocean crust that support microbial life. Science, 299(5603): 120-123.

D'Hondt S, Rutherford S, Spivack AJ. 2002. Metabolic activity of subsurface life in deep-sea sediments. Science, 295(5562): 2067-2070.

Delong EF, Franks DG, Yayanos AA. 1997. Evolutionary relationships of cultivated psychrophilic and barophilic deep-sea bacteria. Applied and Environmental Microbiology, 63(5): 2105-2108.

Drake H, Ivarsson M, Bengtson S, et al. 2017. Anaerobic consortia of fungi and sulfate reducing bacteria in deep granite fractures. Nature Communications, 8(1): 55.

Edwards KJ, Bach W, McCollom TM. 2005. Geomicrobiology in oceanography: microbe-mineral interactions at and below the seafloor. Trends in Microbiology, 13: 449-456.

Edwards KJ, Becker K, Colwell F. 2012. The deep, dark energy biosphere: intraterrestrial life on earch. Annual Review of Earth and Planetary Sciences, 40(1): 551-568.

Ettwig KF, Butler MK, Le Paslier D, et al. 2010. Nitrite-driven anaerobic methane oxidation by oxygenic bacteria. Nature, 464(7288): 543-548.

Ettwig KF, Zhu B, Speth D, et al. 2016. Archaea catalyze iron-dependent anaerobic oxidation of methane. Proceedings of the National Academy of Sciences of the United States of America, 113(45): 12792-12796.

Fisher AT. 2005. Marine hydrogeology: recent accomplishments and future opportunities. Hydrogeology Journal, 13(1): 69-97.

Fredrickson JK, Fletcher M. 2001. Subsurface Microbiology and Biogeochemistry. New York: Wiley-Liss.

Fredrickson JK, McKinley JP, Bjornstad BN, et al. 1997. Pore-size constraints on the activity and survival of subsurface bacteria in a late Cretaceous shale-sandstone sequence, northwestern New Mexico. Geomicrobiology Journal, 14: 183-202.

Freund F, Dickinson JT, Cash M. 2002. Hydrogen in rocks: an energy source for deep microbial communities. Astrobiology, 2(1): 83-92.

Fry JC, Parkes RJ, Cragg BA, et al. 2008. Prokaryotic biodiversity and activity in the deep subseafloor biosphere. FEMS Microbiology Ecology, 66(2): 181-196.

Gilichinsky D, Rivkina E, Shcherbakova V, et al. 2003. Supercooled water brines within permafrost - an unknown ecological niche for microorganisms: a model for astrobiology. Astrobiology, 3(2): 331-341.

Gold T. 1992. The Deep, Hot Biosphere. New York: Springer.

Hara K, Kakegawa T, Yamashiro K, et al. 2005. Analysis of the archaeal sub-seafloor community at Suiyo Seamount on the Izu-Bonin Arc. Advances in Space Research, 35: 1634-1642.

Haroon MF, Hu S, Shi Y, et al. 2013. Anaerobic oxidation of methane coupled to nitrate reduction in a novel archaeal lineage. Nature, 500(7464): 567-570.

Haveman SA, Pedersen K, Ruotsalainen P. 1999. Distribution and metabolic diversity of microorganisms in deep igneous rock aquifers of Finland. Geomicrobiology Journal, 16(4): 277-294.

He Y, Li M, Perumal V, et al. 2016. Genomic and enzymatic evidence for acetogenesis among multiple lineages of the archaeal phylum Bathyarchaeota widespread in marine sediments. Nature Microbiology, 1(3): 16035.

Heim C. 2011. Terrestrial Deep Biosphere, in Encyclopedia of Geobiology. Netherlands: Springer.

Helz GR, Miller CV, Chamock JM, et al. 1996. Mechanisms of molybdenum removal from the sea and its concentration in black shales: EXAFS evidence. Geochimica et Cosmochimica Acta, 60(19): 3631-3642.

Hernsdorf AW, Amano Y, Miyakawa K, et al. 2017. Potential for microbial H_2 and metal transformations associated with novel bacteria and archaea in deep terrestrial subsurface sediments. The ISME Journal, 11(8): 1915-1929.

Hirayama H, Takai K, Inagaki F, et al. 2005. Bacterial community shift along a subsurface geothermal water stream in a Japanese gold mine. Extremophiles, 9(2): 169-184.

Huber JA, Johnson HP, Butterfield DA, et al. 2006. Microbial life in ridge flank crustal fluids. Environmental Microbiology, 8: 88-99.

Hug LA, Baker BJ, Anantharaman K, et al. 2016. A new view of the tree of life. Nature Microbiology, 1: 16048.

Ino K, Hernsdorf AW, Konno U, et al. 2018. Ecological and genomic profiling of anaerobic methane-oxidizing archaea in a deep granitic environment. The ISME Journal, 12(1): 31-47.

Itavaara M, Nyyssonen M, Kapanen A, et al. 2011. Characterization of bacterial diversity to a depth of 1500 m in the Outokumpu deep borehole, Fennoscandian Shield. FEMS Microbiology Ecology, 77(2): 295-309.

Johnson HP, Pruis MJ. 2003. Fluxes of fluid and heat from the oceanic crustal reservoir. Earth and Planetary Science Letter, 216(4): 565-574.

Jorgensen BB. 2011. Deep subseafloor microbial cells on physiological standby. Proceedings of the National Academy of Sciences of the United States of America, 108(45): 18193-18194.

Jungbluth SP, Grote J, Lin HT, et al. 2013. Microbial diversity within basement fluids of the sediment-buried Juan de Fuca Ridge flank. The ISME Journal, 7(1): 161-172.

Jungbluth SP, Lin HT, Cowen JP, et al. 2014. Phylogenetic diversity of microorganisms in subseafloor crustal fluids from Holes 1025C and 1026B along the Juan de Fuca Ridge flank.

Frontier in Microbiology, 5(5): 119.

Kallmeyer J, Pockalny R, Adhikari RR, et al. 2012. Global distribution of microbial abundance and biomass in subseafloor sediment. Proceedings of the National Academy of Sciences of the United States of America, 109(40): 16213-16216.

Kamann PJ, Ritzi RW, Dominic DF, et al. 2007. Porosity and permeability in sediment mixtures. Ground Water, 45(4): 429-438.

Karl DM, Bird DF, Bjorkman K, et al. 1999. Microorganisms in the accreted ice of Lake Vostok, Antarctica. Science, 286(5447): 2144-2147.

Kietavainen R, Purkamo L. 2015. The origin, source, and cycling of methane in deep crystalline rock biosphere. Frontier in Microbiology, 6: 725.

Knittel K, Boetius A. 2009. Anaerobic oxidation of methane: progress with an unknown process. Annual Review of Microbiology, 63(1): 311-334.

Krumholz LR, McKinley JP, Ulrich FA, et al. 1997. Confined subsurface microbial communities in Cretaceous rock. Nature, 386(6620): 64-66.

Labonte JM, Field EK, Lau M, et al. 2015. Single cell genomics indicates horizontal gene transfer and viral infections in a deep subsurface firmicutes population. Frontier in Microbiology, 6: 349.

Lau MC, Kieft TL, Kuloyo O, et al. 2016. An oligotrophic deep-subsurface community dependent on syntrophy is dominated by sulfur-driven autotrophic denitrifiers. Proceedings of the National Academy of Sciences of the United States of America, 113(49): E7927-E7936.

Laufer K, Roy H, Jorgensen BB, et al. 2016. Evidence for the existence of autotrophic nitrate-reducing Fe(II)-oxidizing bacteria in marine coastal sediment. Applied and Environmental Microbiology, 82(20): 6120-6131.

Lever MA. 2011. Acetogenesis in the energy-starved deep biosphere - a paradox? Frontier in Microbiology, 2(2): 284.

Lever MA, Rouxel O, Alt JC, et al. 2013. Evidence for microbial carbon and sulfur cycling in deeply buried ridge flank basalt. Science, 339(6125): 1305-1308.

Levin L. 2005. Ecology of cold seep sediments: interactions of fauna with flow, chemistry and microbes//Gibson RN, Atkinson RJA, Gordon JDM. (eds). Oceanography and Marine Biology - An Annual Review. Boca Raton: CRC Press-Taylor & Francis Group.

Lin HT, Cowen JP, Olson EJ, et al. 2012a. Inorganic chemistry, gas compositions and dissolved organic carbon in fluids from sedimented young basaltic crust on the Juan de Fuca Ridge flanks. Geochimica et Cosmochimica Acta, 85: 213-227.

Lin LH, Hall J, Lippmann-Pipke J, et al. 2005. Radiolytic H_2 in continental crust: nuclear power for deep subsurface microbial communities. Geochemistry Geophysics Geosystems, 6: 1-13.

Lin LH, Wang PL, Rumble D, et al. 2006. Long-term sustainability of a high-energy, low-diversity crustal biome. Science, 314(5798): 479-482.

Lin XJ, Kennedy D, Peacock A, et al. 2012b. Distribution of microbial biomass and potential for anaerobic respiration in Hanford Site 300 area subsurface sediment. Applied and Environmental Microbiology, 78(3): 759-767.

Liu Y, Whitman WB. 2008. Metabolic, phylogenetic, and ecological diversity of the methanogenic archaea. Annals of the New York Academy of Sciences, 1125(1): 171-189.

Lollar BS, Frape SK, Weise SM, et al. 1993. Abiogenic methanogenesis in crystalline rocks. Geochimica et Cosmochimica Acta, 57(23-24): 5087-5097.

Lollar BS, Onstott TC, Lacrampe-Couloume G, et al. 2014. The contribution of the Precambrian continental lithosphere to global H_2 production. Nature, 516(7531): 379-382.

Lonsdale P. 1979. A deep-sea hydrothermal site on a strike-slip fault. Nature, 281(5732): 531-534.

Magnabosco C, Lin LH, Dong H, et al. 2018. The biomass and biodiversity of the continental subsurface. Nature Geoscience, 11(10): 707-717.

McCollom TM, Seewald JS. 2001. A reassessment of the potential for reduction of dissolved CO_2 to hydrocarbons during serpentinization of olivine. Geochimica et Cosmochimica Acta, 65(21): 3769-3778.

McGenity TJ, Gemmell RT, Grant WD, et al. 2000. Origins of halophilic microorganisms in ancient salt deposits. Environmental Microbiology, 2(3): 243-250.

McGlynn SE, Chadwick GL, Kempes CP, et al. 2015. Single cell activity reveals direct electron transfer in methanotrophic consortia. Nature, 526(7574): 531-535.

McMahon S, Parnell J. 2014. Weighing the deep continental biosphere. FEMS Microbiology Ecology, 87(1): 113-120.

Momper L, Jungbluth SP, Lee MD, et al. 2017. Energy and carbon metabolisms in a deep terrestrial subsurface fluid microbial community. The ISME Journal, 11(10): 2319-2333.

Moore SJ, Sowa ST, Schuchardt C, et al. 2017. Elucidation of the biosynthesis of the methane catalyst coenzyme F430. Nature, 543(7643): 78-82.

Morono Y, Terada T, Nishizawa M, et al. 2011. Carbon and nitrogen assimilation in deep subseafloor microbial cells. Proceedings of the National Academy of Sciences of the United States of America, 108(45): 18295-18300.

Moser DP, Gihring TM, Brockman FJ, et al. 2005. *Desulfotomaculum* and *Methanobacterium* spp. dominate a 4- to 5-kilometer-deep fault. Applied and Environmental Microbiology, 71(12): 8773-8783.

Nealson KH. 1997. Sediment bacteria: who's there, what are they doing, and what's new?Annual Review of Earth and Planetary Sciences, 25(1): 403-434.

Nunoura T, Takaki Y, Kakuta J, et al. 2011. Insights into the evolution of Archaea and eukaryotic protein modifier systems revealed by the genome of a novel archaeal group. Nucleic Acids Research, 39(8): 3204-3223.

Orcutt BN, Bach W, Becker K, et al. 2011a. Colonization of subsurface microbial observatories deployed in young ocean crust. The ISME Journal, 5(4): 692-703.

Orcutt BN, Sylvan JB, Knab NJ, et al. 2011b. Microbial ecology of the dark ocean above, at, and below the seafloor. Microbiology and Molecular Biology Reviews, 75(2): 361-422.

Oren A. 2012. There must be an acetogen somewhere. Frontier in Microbiology, 3(3): 22.

Osburn MR, LaRowe DE, Momper LM, et al. 2014. Chemolithotrophy in the continental deep subsurface: sanford underground research facility(SURF), USA. Frontier in Microbiology, 5: 610.

Parkes RJ, A. CB, Wellsbury P. 2000. Recent studies on bacterial populations and processes in subseafloor sediments: a review. Hydrogeological Journal, 8(1): 11-28.

Parkes RJ, Cragg BA, Bale SJ, et al. 1994. Deep bacterial biosphere in pacific ocean sediments. Nature, 371(6496): 410-413.

Paull CK, Hecker B, Commeau R, et al. 1984. Biological communities at the Florida escarpment resemble hydrothermal vent taxa. Science, 226(4677): 965-967.

Pedersen K. 1997. Microbial life in deep granitic rock. FEMS Microbiology Reviews, 20(3-4): 399-414.

Pedersen K. 2000. Exploration of deep intraterrestrial microbial life: current perspectives. FEMS Microbiology Letters, 185(1): 9-16.

Pereira IA, Ramos AR, Grein F, et al. 2011. A comparative genomic analysis of energy metabolism in sulfate reducing bacteria and archaea. Frontier in Microbiology, 2: 69.

Peters JW, Schut GJ, Boyd ES, et al. 2015. [FeFe]- and [NiFe]-hydrogenase diversity, mechanism, and maturation. Biochimica et Biophysica Acta, 1853(6): 1350-1369.

Reysenbach AL, Banta AB, Boone DR, et al. 2000. Microbial essentials at hydrothermal vents. Nature, 404(6780): 835.

Richardson DJ. 2000. Bacterial respiration: a flexible process for a changing environment. Microbiology, 146(Pt 3): 551-571.

Roussel EG, Bonavita MA, Querellou J, et al. 2008. Extending the sub-sea-floor biosphere. Science, 320(5879): 1046.

Roy H, Kallmeyer J, Adhikari RR, et al. 2012. Aerobic microbial respiration in 86-million-year-old deep-sea red clay. Science, 336(6083): 922-925.

Russell MJ, Martin W. 2004. The rocky roots of the acetyl-CoA pathway. Trends in Biochemical Sciences, 29(7): 358-363.

Sahl JW, Schmidt RH, Swanner ED, et al. 2008. Subsurface microbial diversity in deep-granitic-fracture water in Colorado. Applied and Environmental Microbiology, 74(1): 143-152.

Sarbu SM, Kane TC, Kinkle BK. 1996. A chemoautotrophically based cave ecosystem. Science, 272(5270): 1953-1955.

Scheller S, Yu H, Chadwick GL, et al. 2016. Artificial electron acceptors decouple archaeal methane oxidation from sulfate reduction. Science, 351(6274): 703-707.

Schreiber BC. 1986. Arid Shorelines and Evaporites, in Sedimentary Environments and Facies. Blackwell Scientific Publications, U. K: Oxford.

Schrenk MO, Huber JA, Edwards KJ. 2010. Microbial province in the subseafloor. Annual Reviews of Marine Science, 2(2): 279-304.

Schubert BA, Lowenstein TK, Timofeeff MN, et al. 2009. How do prokaryotes survive in fluid inclusions in halite for 30 k.y.? Geology, 37(12): 1059-1062.

Sherwood Lollar B, Voglesonger K, Lin LH, et al. 2007. Hydrogeologic controls on episodic H_2 release from precambrian fractured rocks−energy for deep subsurface life on earth and mars. Astrobiology, 7(6): 971-986.

Shi L, Dong H, Reguera G, et al. 2016. Extracellular electron transfer mechanisms between microorganisms and minerals. Nature Reviews Microbiology, 14(10): 651-662.

Shi L, Squier TC, Zachara JM, et al. 2007. Respiration of metal(hydr)oxides by *Shewanella* and *Geobacter*: a key role for multihaem *c*-type cytochromes. Molecular Microbiology, 65(1): 12-20.

Silver BJ, Raymond R, Sigman DM, et al. 2012. The origin of NO_3^- and N_2 in deep subsurface fracture water of South Africa. Chemical Geology, 294-295(294-295): 51-62.

Skennerton CT, Chourey K, Iyer R, et al. 2017. Methane-fueled syntrophy through extracellular electron transfer: uncovering the genomic traits conserved within diverse bacterial partners of anaerobic methanotrophic archaea. mBio, 8(4): e00530-17.

Sleep NH, Meibom A, Fridriksson T, et al. 2004. H$_2$-rich fluids from serpentinization: geochemical and biotic implications. Proceedings of the National Academy of Sciences of the United States of America, 101(35): 12818-12823.

Stevens TO, McKinley JP. 1996. Lithoautotrophic microbial ecosystems in deep basalt aquifers. Science, 270(5235): 450-455.

Studier MH, Hayatsu R, Anders E. 1968. Origin of organic matter in early solar system-I.Hydrocarbon. Geochimica et Cosmochimica Acta, 32(2): 175-190.

Stumm W, Morgan JJ. 1996. Aquatic Chemistry. 3rd ed. New York: John Wiley.

Takai K, Hirayama H, Sakihama Y, et al. 2002. Isolation and metabolic characteristics of previously uncultured members of the order aquificales in a subsurface gold mine. Applied and Environmental Microbiology, 68(6): 3046-3054.

Takai K, Komatsu T, Inagaki F, et al. 2001. Distribution of archaea in a black smoker chimney structure. Applied and Environmental Microbiology, 67(8): 3618-3629.

Takai K, Oida H, Suzuki Y, et al. 2004. Spatial distribution of marine crenarchaeota group I in the vicinity of deep-sea hydrothermal systems. Applied and Environmental Microbiology, 70(4): 2404-2413.

Takami H, Noguchi H, Takaki Y, et al. 2012. A deeply branching thermophilic bacterium with an ancient acetyl-CoA pathway dominates a subsurface ecosystem. PLoS ONE, 7(1): e30559.

Telling J, Boyd ES, Bone N, et al. 2015. Rock communication as a source of hydrogen for subglacial ecosystems. Nature Communications, 8: 851-855.

Teske A, Sorensen KB. 2008. Uncultured archaea in deep marine subsurface sediments: have we caught them all? The ISME Journal, 2(1): 3-18.

Timmers PH, Welte CU, Koehorst JJ, et al. 2017. Reverse methanogenesis and respiration in methanotrophic archaea. Archaea, http://doi.org/10.1155/2017/1654237.

Trias R, Menez B, le Campion P, et al. 2017. High reactivity of deep biota under anthropogenic CO$_2$ injection into basalt. Nature Communications, 8(1): 1063.

Tyler PA, Young CM. 2001. Reproduction and dispersal at vents and cold seeps. Journal of the Marine Biological Association of the United Kingdom, 79(2): 193-208.

Wegener G, Krukenberg V, Riedel D, et al. 2015. Intercellular wiring enables electron transfer between methanotrophic archaea and bacteria. Nature, 526(7574): 587-590.

Wheat CG, McManus J, Mottl MJ, et al. 2003. Oceanic phosphorus imbalance: magnitude of the mid-ocean ridge flank hydrothermal sink. Geophysical Research Letters, 30(17): 449-456.

Whitman WB, Coleman DC, Wiebe WJ. 1998. Prokaryotes: the unseen majority. Proceedings of the National Academy of Sciences of the United States of America, 95(12): 6578-6583.

Wu X, Holmfeldt K, Hubalek V, et al. 2016. Microbial metagenomes from three aquifers in the Fennoscandian shield terrestrial deep biosphere reveal metabolic partitioning among populations. The ISME Journal, 10(5): 1192-1203.

Zhang X, Feng X, Wang F. 2016. Diversity and metabolic potentials of subsurface crustal microorganisms from the western flank of the mid-Atlantic ridge. Frontier in Microbiology, 7: 363.

第二章
深地生物圈研究现状及研究的必要性和紧迫性

地球深地微生物是指生活在地下深部不依赖太阳光进行代谢的微生物。这些微生物主要生活在岩石空隙环境，从岩石中摄取无机营养成分，从水岩反应中获取能量进行生长。据最新统计，地下微生物的总量可与地表生物量相媲美；但是其分布不均匀，主要受地质条件控制，也与岩石和流体的物理化学性质相关。地下的极端环境造就了地下微生物典型的生理生态特征，如厌氧（或者兼性厌氧）、自养、嗜热、嗜压、寡营养、耐辐射和耐干旱等。尽管地下深部微生物个体细小、生长缓慢（细胞分裂一次需要一个世纪或更长时间），但是它们的物种多样且功能丰富，在矿物岩石风化、元素循环、油气与金属矿产的形成和迁移及有机污染物的降解等方面起着至关重要的作用；有些地下微生物本身能产特殊的抗生素和耐热的生物酶等物质，在生物工程上具有广阔的应用前景。本章对国内外深地微生物研究的历史、现状与趋势做一个回顾，阐述我国推动深地微生物研究的必要性和紧迫性。

第一节　深地微生物研究的国内外现状

在国际上，深地微生物研究最早起源于 20 世纪 20 年代，美国芝加哥大学地质学家 Edson Bastin 和他的从事微生物学研究的同事 Frank Greer 试图用地下微生物来解释油田地下水中硫化氢和重碳酸盐的来源（Bastin et al.，1926）。但是对地下微生物的真正探索源于 20 世纪 70 年代末到 80 年代初，美国能源部启动了"地下科学研究计划"（Subsurface Science Program）。这一计划的目标是评估深地微生物对地下高辐射核废料存储的影响，以及寻求微生物修复核废料污染的方法，为此集聚了一批国家实验室与大学的研究人员。当时，欧洲也面临着同样的问题，特别是瑞典的核废料问题日趋严重，急需地下存储空间和寻找微生物治理方法。在日本，科学家们更加热衷于深海微生物的研究。经过几十年的发展，国际上已经形成陆地和海洋两类稳定的研究队伍。下面就国际、国内的大型研究计划、学术组织、专门深地国际会议、期刊与期刊专辑及专著做简要的介绍。

一、国外发展现状与趋势

1. 大型研究计划

1）陆地环境的深地微生物研究计划

美国能源部 1985 年启动的"地下科学研究计划"是美国最早从事深地微生物研究的项目，其主要目的是治理有机与无机污染物，以新墨西哥州西北部的白垩纪 Cerro Negro 盆地（地下 200～300m 深，页岩与砂岩）（Fredrickson et al.，1997）、弗吉尼亚白垩纪与三叠纪时期的 Taylorsville 盆地（地下约 3km 深，沉积物）（Onstott et al.，1998）和科罗拉多州的白垩纪 Piceance 盆地（页岩与砂岩）为典型野外场地（Colwell et al.，1997；Liu et al.，1997），聚集了一批来自美国国家实验室（西北太平洋国家实验室、橡树岭国家实验室和爱达荷国家工程实验室）与著名大学（普林斯顿大学、田纳西大学、佛罗里达州立大学和波特兰州立大学等）的顶尖地学和微生物学家，从事水文学、微生物学和地球化学等领域的研究，开发了一整套深地微生物的采样方法（Kieft，2010；Wilkins et al.，2014），发表了一批关于深地微生物的文章，初步探索了生物量和多样性与地质环境之间的关系（Fredrickson and Onstott，1996；Wilkins and Fredrickson，2015），分离培养了一批具有潜在应用价值的菌种，由佛罗里达州立大学（产甲烷菌以外的深地微生物菌种）和波特兰州立大学（各种产甲烷菌）菌种管理中心保存。波特兰州立大学产甲烷菌库在 2006～2007 年转移到美国菌种保护中心，但是佛罗里达州立大学的菌种不知去向。随着美国能源部"地下科学研究计划"的结束，深地微生物研究暂时告一段落。

紧接着一个雄心勃勃的计划是美国国家科学基金会（NSF）与美国国家航空航天局（NASA）联合实施的"极端环境微生物"计划（Life in Extreme Environments）。这个项目 2000 年开始申请，2001 年正式启动，项目运行期限 3～5 年，总体目标是研究极端环境的微生物及其与环境的相互作用。著名的南非金矿深地微生物项目就是由这个计划资助，由普林斯顿大学 Tullis Onstott 教授牵头，美国、南非、加拿大和欧洲等地的多所大学参与。其间产生了一批高水平的文章，有多篇发表于 Science、Nature 与 PNAS；也做了大量的科普工作，普及了普通民众对深地微生物的认识。继"极端环境微生物"计划以后，美国国家科学基金会相继出台了"生物在环境当中的复杂性"（Biocomplexity in the Environment）、"微生物观察计划"（Microbial Observatory）和"微生物作用过程"（Microbial Interaction Processes）等一系列研究计划，其中有许多与深地或者极端环境微生物有关。

在 2009 年左右，有私人基金会 Alfred P. Sloan Foundation 出资 400 余万美元，资助美国卡内基科学研究所地球物理实验室用来研究深部碳循环（deep carbon observatory）。在首席科学家 Robert Hazen 等的带领下，当年确定的四个研究方向之一就是深地微生物（包括陆地与海洋），由全球 12 位科学家组成的咨询委员会领导，其目标有三个：①深地微生物的多样性与分布；②深地微生物的边界；③深地微生物与碳循环的关系。成立以来，在多个国家召开过国际会议，也资助过一些仪器的开发，和国际大陆钻探计划（ICDP）一起研究资助过钻探项目，极大地推动了国际深地微生物的研究。

ICDP 近年来越来越重视深地生物圈的研究。近 10 年以来，一共资助过 5～6 个与深地生物圈有关的项目，包括 2006 年开钻的 The Chesapeake Bay impact project 项目（Breuker et al., 2011）和正在打钻的印度 The Koyna Dam project 项目。Koyna Dam 位于印度的西海岸，The Koyna Dam project 项目主要用来研究由水库蓄水诱发的地震；水库坐落在岩浆岩 - 玄武岩岩石当中，产有大量的氢气，是研究深地微生物很好的环境。南非的 DSeis project 主要研究由开矿诱发的地震；断层活动带来脉动式氢气爆发，深地微生物的活动也有可能呈现脉动式。阿曼的 Oman Drilling 项目研究蛇绿岩和蛇纹石化与深地微生物的关系等。2018 年 ICDP 审议完了南非的 Bushveld 项目（Magnabosco et al., 2014）；在这一大型火成岩省地区岩浆呈现基性和酸性两大类特点，氢气浓度和微生物活性都很高，是研究深地微生物的理想地区。近年来，二氧化碳的地质封存也受到普遍关注，著名的代表性项目有澳大利亚的 Experiment at the Otway Basin CO_2 CRC site 和美国的 Big Sky Carbon Sequestration Partnership（https：//www.bigskyco2.org），有人在研究将超临界态二氧化碳注射到地下以后深地微生物如何响应（Mu et al., 2014）。最近由于地下页岩气的开发，人们也开始关注页岩中的微生物群落、功能及其与地表微生物的相互作用，其中以美国能源部资助的俄亥俄州立大学为首的研究团队为代表（Mouser et al.，2016）。

2）海洋深地微生物研究计划

探测海洋深地微生物的计划主要由综合大洋钻探计划（IODP）来承担，历史上第一次致力于探究沉积物深部生物圈的大洋钻探航次为 201 航次；现在微生物学家们被邀请参加 IODP 航次已经成为常态，绝大部分是采集海洋沉积物岩心（王风平和陈云如，2017），真正打到洋壳岩石（辉绿岩）的是 2010 年实施的 IODP 304 航次和 305 航次（北大西洋的 Atlantis Massif）与随后的 301 航次与 327 航次（胡安德富卡岭侧翼的洋壳玄武岩）（Biddle et al.，2014）。另外一个研究计划组织是美国的暗能量生物圈调查中心（Center for Dark Energy Biosphere Investigations，C-DEBI，https：//www.darkenergybiosphere.org/research-activities/overview）。C-DEBI 在 2011 年左右启动，受美国国家科学基金会资助，一直运行到现在，已经有大批海洋学家、微生物学家和地质学家参与，科学家和学生可以个人名义申请少量经费与样品；其主要目的是研究海洋沉积物与洋壳微生物的量、分布规律与功能，及其与地质条件之间的关系。

2. 与深地微生物有关的学术组织、专业性会议、期刊和书籍

国际上著名的大学与研究所如美国的普林斯顿大学、伍兹霍尔海洋学研究所、美国加州大学圣迭戈分校的斯克里普斯海洋研究所（Scripps Institution of Oceanography）、德国的不来梅大学、日本的海洋科学技术研究机构 JAMSTEC、新墨西哥矿业学院、美国罗德岛大学和丹麦的南丹麦大学等都有与地质微生物学相关的专业和交叉课程，有从事地质微生物学专业教学和科研的教授及研究人员，其中许多是从事深地微生物研究的科学工作者。

国际上已经有学术组织成立了与地质微生物学科相关的学会或分会及专门的学术期刊，如与深地微生物十分相关的国际地下微生物学会（International Society for Subsurface Microbiology，ISSM，每四年开一次学术会议），国际生命起源研究学会（International Society for the Study of the Origin of Life，ISSOL）和地球生物学会（The Geobiology Society）。另外，综合性的国际会议也下设了一些与地质微生物有关的分会。例如，美国地质学会下设专门的地球生物学和地质微生物学分部（Geobiology and Geomicrobiology Division，The Geological Society of America），其宗旨是为地质学和生物学的学者提供交流的平台和合作的机会；美国地球物理学会（American Geophysical Union）也专门成立生物地球科学（biogeosciences）学部。国际碳观察站（Deep Carbon Observatory）下设 4 个分会，其中之一为深部生命（deep life）分会，本书项

目组成员王风平为其领导成员之一。

与深地微生物相关的研究成果基本上分布在综合性杂志及地学、生物学和地质微生物期刊上。*Science* 与 *Nature*（及许多 *Nature* 子刊）杂志经常报道深地微生物的成果。早在 1962 年创刊的 *Geomicrobiology Journal* 专门发表地质微生物方面的成果，当然也有许多深地微生物的文章；在地学权威期刊 *GCA*（*Geochimica et Cosmochimica Acta*）及微生物学权威期刊 *EM*（*Environmental Microbiology*）和 *AEM*（*Applied and Environmental Microbiology*）中也开辟了专门的地质微生物栏目。*Extremophiles* 是发表极端环境微生物的专业性期刊，其中也有许多深地微生物的文章。2003 年，地球生物学 *Geobiology* 杂志创刊，地质微生物学也是其中的重要内容。在 2010 年创刊的《微生物前沿》（*Frontiers in Microbiology*）也经常发表与深地微生物相关的文章，该期刊在 2011～2013 年发表了一个专集，由 23 篇文章组成，跨越两年时间完成（2011 年 7 月到 2013 年 5 月）。这个专集从方法、评论和展望方面系统阐述了深地微生物的量、物种与功能多样性及能量来源，既有海洋的又有陆地的深地环境，是非常好的阅读材料。4 年以后，微生物领域的另外一本杂志 *FEMS Microbiology Ecology* 发表了一集有关深地微生物的文章（2017 年，92 期，11 卷），总共由 14 篇文章组成，涉及各种极端环境（如中国南海、中国西南喀斯特地区、青藏高原的若尔盖泥炭地、油页岩、煤层气与页岩气、污染的地下水和矿山废水等），也从微生物的多样性、极端环境的适应性和微生物 – 环境的相互作用方面做了系统论述。

除了这些专集以外，还有一些专门有关深地微生物的专著。1997 年出版的 *The Microbiology of the Terrestrial Deep Subsurface* 是比较早的系统论述陆地微生物的专著，对深地微生物样品的获取、分析及结果的评价进行了总结，并且对深地微生物的应用做出了展望。2014 年 Kallmeyer 和 Wagner 共同主编的 *Microbial Life of the Deep Biosphere* 是"极端环境微生物系列丛书"的第一部，既可以作为感兴趣的学生的入门课程，也可以作为专业研究人员的重要参考书。全书首先由英国的 John Parkes 总结了 IODP 近 10 年以来的进展，既覆盖了深海沉积物，又论述了洋壳岩石，对早先生物量与深度的关系进行了更新，也描述了深海沉积物主要的微生物物种。该书对陆地环境叙述相对较少，主要由瑞典的 Karsten Pedersen 总结了最近的研究进展，然后 Bernard Ollivier 等对陆地油藏环境、Masal Alawi 对二氧化碳封存环境及 Charles Cockell 对地球极端环境做了系统描述，接着 Andreas Teske 对古菌及 Virginia Edgecomb 对真菌做了总结；在这以前，有人觉得地下的真菌可能是由地表的污染造成的，但是 Virginia Edgecomb 提供了充分的证据显示，深地环境可以有活着的真菌。该书的另一个特色是重笔描绘了培养与分析技术在深地生物研究中的应用，包括同位素示踪与成像技术检测深地微生物的活性（nano-SIMS）（Lloyd，2014；Morono et al.，2014）。该书的最后几章主要集中在定量的生态系统层次上的模拟计算（Primio，2014），用 Gibbs 自由能计算有机质分解代谢速率（LaRowe and Amend，2014）及深地代谢与碳周转速率的计算（Roy，2014）。总而言之，这是一本值得阅读的少有的深地微生物参考文献（Kallmeyer and Wagner，2014）。

另一本专门有关深地微生物的书籍是普林斯顿大学 Tullis Onstott 教授编写的 *Deep Life: the Hunt for the Hidden Biology of Earth, Mars and Beyond*，2016 年由普林斯顿大学出版社出版。Onstott 教授被美国《时代》杂志评为美国 100 个最有影响的人物之一，他以自己的亲身经历生动地描绘了近 30 年科学家探索深地微生物奥秘激动人心的科学发现与锲而不舍的精神（Onstott，2016）。全书形象生动，深入浅出，把人和事描述得栩栩如生，值得强烈推荐。

除了以上专著以外，还有许多关于深地微生物的综述性文章分散在许多地质微生物的专著当中。例如，早在 2008 年董海良的 *Links between Geological Processes, Microbial Activities and Evolution of Life* 一书中有一章专门描述地球极端环境的微生物，包括深地微生物（Dong，2008）。2013 年 Rick Colwell 和 Steve D'Hondt 在《地球上的碳》（*Carbon in Earth*）一书中有一章是有关深地微生物的（*Nature and extent of the deep biosphere*）（Colwell and D'Hondt，2013）。2014 年 Kieft 在《碳氢化合物与脂类微生物学》（*Hydrocarbons and Lipid Microbiology*）一书里有一章描述深地微生物的采样，2016 年在《环境微生物进展第一卷》（*Volume 1 of Advances in Environmental Microbiology*）一书里有一篇陆地深部微生物的综述性文章（Kieft，2014；2016）。

二、国内发展现状与趋势

国内的深地微生物研究刚刚起步。无论是在陆地还是海洋，都还没有中国科学家主导的大型深地微生物项目；海洋相对陆地而言，研究团队多一些。

1. 大型研究计划

1）陆地环境的深地微生物研究计划

中国最早从事陆地深地微生物研究的应该是由 ICDP 资助的中国东部大陆钻探计划（Chinese Continental Scientific Drilling project, CCSD）（https://www.

icdp-online.org /projects/world/asia/ donghai-china）。该项目本身研究地球板块俯冲与壳－幔相互作用等地球动力学过程，但是也为深地微生物研究提供了很好的契机，中国地质大学（北京）董海良与中国科学院微生物研究所黄力团队联合对深地微生物进行了初步探索（Zhang et al., 2005；Zhang et al., 2006；Dong，2008；Zhang et al., 2009；董海良等，2009）。CCSD 项目取得了从地表到地下 5200m 连续的岩心，建立了孔隙度、渗透率、流体成分、岩石类型和构造剪切带等的高精度（米级）剖面。尽管 CCSD 项目的钻孔选在超高压变质带，但是这些超高压岩石有足够大的断裂带与孔隙度孕育深地微生物。局部岩心存在气体和流体异常，有可能为深地微生物提供潜在的能源与底物。CCSD项目用于解决一些重要问题（如生物圈的下界深度等），Dai 等采用多种方法来确定这个界线，如 DAPI（4′,6-diamidino-2-phenylindole）计数法、定量聚合酶链式反应（qPCR）、磷脂脂肪酸（PLFA）和氢化酶活度等（数据尚未发表）。所有这些结果似乎都表明大约地下 4500m 是当地生物圈的下界，相应位置地温 120～140℃，接近已知微生物的最高承受温度。

　　CCSD 项目在 2005 年结束以后，ICDP 在中国又连续打了两个深钻。一个是在青海湖[①]，由于湖底流沙非常不稳定，原先计划取 700m 左右的沉积物岩心后来只取到了 323m（An et al., 2006）。该项目的主要科学目标是古气候，因此涉及深地微生物的不多，主要由中国地质大学（北京）董海良团队对 5～15m 岩心做了一些工作（Dong et al., 2006；Jiang et al., 2008；Jiang et al., 2009；Wu et al., 2013；Yang et al., 2015；Li et al., 2016；Wang et al., 2016），另外中国科学院地球环境研究所的刘卫国团队与董海良团队做了一些生物标志物的工作（Wang et al., 2015）。另外一个深钻是松辽盆地的松科一井和二井[②]，该项目的主要目标是白垩纪的古气候演变；虽然研究内容也包括了生物对气候的响应，但是主要集中在宏观生物。

　　另外，我国科学家在油田、煤田和二氧化碳封存等的深地环境也做了一些有关深地微生物的工作，但都是以个人方式进行，目前还没有大的科学研究计划。

　　2）海洋深地微生物研究计划

　　国内科学家在深海方面的研究主要是参与 IODP 的航次，2010～2017 年中国 ODP/IODP 共派出多位微生物科学家参加了 7 个大洋钻探航次（王风平和陈云如，2017）。南京大学的刘常宏通过参加 IODP337 航次获得无污染的深部煤

----

① https：//www.icdp-online.org/projects/world/asia/lake-qinghai-china.

② https：//www.icdp-online.org/projects/world/asia/songliao-basin-china.

层沉积物样品，确定了深部沉积物中存在可培养的真菌，从深部煤层沉积物中成功分离培养了69种进化上有差异的真菌。中国海洋大学张晓华从深海沉积物中分离了不同的细菌新种。上海交通大学王风平研究团队首次证明了年轻、低温和有氧的北大西洋中脊（North Pond）玄武岩洋壳中含有独特且活跃的微生物类群，并且这些微生物可能参与了与铁元素相关的洋壳风化作用，此外该团队还揭示了外氮源的添加可以刺激洋壳微生物的生长的现象。厦门大学张瑶等作为IODP航次的岸上科学家研究了南海长达800m的沉积物柱中细菌群落结构与地质过程和环境参数等环境因子的关系，同时也发现沉积物深部的微生物可能靠分解沉积物中的有机质维持生命。上海海洋大学方家松对IODP337航次获得的煤层沉积物进行实验室高压模拟培养，发现部分嗜压细菌在深海煤层沉积物中以孢子的形态存在。近年来，随着深海载人和无人深潜器工程技术的发展和应用，中国科学家在深海热液口和冷泉区也开展了大量的工作。例如，香港科技大学的钱培元团队运用宏基因组的方法研究深海热液区微生物参与的硫元素循环；国家海洋局第三海洋研究所邵宗泽团队对热喷口的细菌、古菌进行分离培养；上海交通大学肖湘研究团队从深海热液口分离了嗜热嗜高压古菌，并提出了古菌极端条件共同适应机制；上海交通大学王风平研究团队对南海冷泉区沉积物中甲烷代谢古菌的分布、多样性和代谢特征进行了研究等。

国家自然科学基金资助的"南海深部过程演变"是我们国家有国际影响的综合性深海研究计划。该计划2011年启动，研究的内容涉及海洋地质、海洋物理、海洋化学和海洋生物等，国内有许多大学和研究所参加，到目前为止成果丰硕。其中，有关微生物的研究由上海交通大学和南方科技大学等多家单位承担，对深海古菌和细菌的丰度、多样性及生物标记物方面做了许多的工作，特别是对甲烷的代谢和有机质降解微生物途径等有了一系列的新发现（Wang et al.，2014；He et al.，2016；Zhang et al.，2017）。2017年启动的水圈微生物研究计划，主要涉及各种水体，关于深地微生物的研究内容不多。

2. 与深地微生物有关的学术组织、专业性会议、期刊和书籍

深地微生物作为地质微生物学的一个重要研究方向，与地质微生物一同发展。20余年来，中国地质微生物学研究快速发展，从零星的分散的状态日渐上升为国家层面的重要支持方向，研究队伍迅猛发展，业已形成了数十个以中青年为主体的高水平研究团队。地质微生物学术讨论会的演变充分显示了学科的发展和队伍的壮大。21世纪初，仅有二三十人参加的"微生物－矿物相互作用"的研讨会，直至2008年才开始举行全国性的地质微生物学术会议；历经

七届会议，参会人员学科背景逐渐丰富，由微生物学家、地质科学家、生态学家、环境科学家和化学家共同组成了一个稳定的科研共同体，在国际同行中的影响力和话语权也在逐步提升。国内许多单位都有从事深地微生物研究的综合性教师队伍，中国地质大学（北京，武汉）、南方科技大学、北京大学、南京大学、中国地质科学院岩溶研究所、长江大学、西南大学、中山大学、中南大学、香港大学、浙江大学、西南科技大学、中国科学院海洋研究所、中国科学院地质与地球物理研究所、中国科学院南海海洋研究所、中国地质科学院水文地质环境地质研究所、国家海洋局第二和第三海洋研究所及华中科技大学、中国海洋大学、中国矿业大学、厦门大学与云南大学等单位都在积极开展或组织有关地质微生物学方面的科研工作，这充分体现了我国广大地学工作者积极开展深地微生物学研究的迫切希望。我国在地质微生物学教学、科研及学术交流等方面已经具备相当的实力和研究基础。

　　由于国内地质微生物学的队伍日益壮大，为了进一步推动学科发展、开发地质微生物资源、培养综合性人才及扩大国际影响，2017 年年底成立了中国微生物学会地质微生物专业委员会；专业委员会挂靠中国地质大学（北京），由董海良担任主任委员，本书编写组的大部分成员担任副主任委员或者委员，其中地质微生物（包括深地微生物）年会也成为科学家的重要交流平台。

　　目前以中文书写的有关深地微生物的文章不多，比较早的有周修高等（1995）的"地壳深部的微生物及其对流体成分和性质的影响研究综述"、陈璋如（2004）的"MRS2003 年会及瑞典 Äspö 地下实验室概况"、陈秀兰等（2004）的"深海微生物研究进展"、陈骏和姚素平（2005）的"地质微生物学及其发展方向"和陈骏等（2006）的"极端环境下的微生物及其生物地球化学作用"。这些早期文章把深地微生物作为地质微生物的一项重要研究方向。董海良等 2009 年发表在《地质论评》的综述性文章"地质微生物学中几项最新研究进展"，专门有一节系统论述了大陆地下深部微生物的特殊新陈代谢过程和地下微生物的能量来源等（董海良等，2009）。同年陈皓文和陈颖稚对国内深海微生物研究成果进行了总结，对海水和沉积物中的微生物多样性、生物成矿及其与环境条件之间的关系做了系统描述（陈皓文和陈颖稚，2009）。近年来，金黎明等（2015）对深海微生物研究进展进行了综述，重点包括深海微生物的多样性及应用；王风平和陈云如（2017）通过对海洋深地生物圈的研究历史进行回顾，介绍了深海生物圈及其环境特征，提出了深地生物圈研究的一些前沿科学问题，已经取得的重大研究进展和面临的挑战，以及中国科学家的贡献和对深地生物圈未来发展的建议与展望。

第二节　我国提出深地生物圈研究的意义、必要性和紧迫性

一、深地生物圈研究的理论与实际意义

1. 对认识生命起源和探索外星生命的重要意义

生命起源与进化是一个亘古未解之谜。近年来，人类对外星生命的探索已经由太阳系走向银河系；但受到地下深部探测技术的限制，人类对地球生命是否起源于地下、地下生物圈下界在哪里及地下深部有什么样的独特生命过程等认识远落后于对外星生命探索。微生物是地球上生物地球化学循环的主要调控者，地下深部的生命活动完全可以独立于地表存在；这些生命完全可以合成自身的含碳与含氮的化合物，根本不用依赖光合作用合成的有机物和氧气进行生命活动。这些"黑暗生命"的发现完全改变了人们以往对"万物生长靠太阳"的认识（Fredrickson and Onstott，1996；Dong and Yu，2007）。地下深部发现不以太阳为能量来源的"黑暗生命物质"给传统的生物学和生态学理论带来了挑战，也提供了进一步验证这些理论的机会，将来生态系统的重大发现最有可能来自于巨大的未被探索的地下深部空间；因为地球与其他行星的深部环境具有相似性，所以地球深地生物圈的研究对推断外星球地下是否有生命也具有重要启示作用。

2. 对保障能源安全、营造青山绿水环境、应对气候变化和开发生物工程的实际意义

开展深地生物圈研究对我国能源安全和气候变化等都有重要的现实意义。油气是关系国家社会经济发展的重要战略资源。目前，我国正处在工业化加速发展的阶段，油气供需矛盾愈加突显；2010 年石油对外依存度达 53.7%，且近期难以改变。随着我国的地质勘探难度的不断加大，提升油气储量与产量的难度进一步增大，加之国际化经营拓展空间又受多因素制约，油气资源保障能力与经济社会发展不协调的问题将长期存在。因此，增强国内油气资源保障能力仍是我国当前重要的战略决策。这就需要继续提高油气田采收率，发现更多和

更大的油气田，以保障油气产量的稳步增长。

此外，具有清洁、耗能低和效率高等特点的微生物采油（MEOR）技术在西方国家已广泛应用，在油田提高采收率方面发挥了重要的作用。由于我国油田具有渗透率低和原油黏稠等特征，微生物采油一直没有得到广泛推广。因此研究深地生物圈，认识深地微生物与油气、岩石和水的相互作用，对进一步提高微生物采油效率及推广该技术有重要意义。

"全球变化与陆地生态系统"（GCTE）、"过去全球变化"（PAGES）与"陆地生态系统－大气过程集成"（iLEAPS）等，均是"国际地圈－生物圈计划"（IGBP）中关注陆地－大气相互作用的国际计划，是当前人类活动与全球变化研究的重要内容，其中气候变化对陆地生态系统的影响及其反馈一直是这些计划研究的核心问题之一。沉积盆地深部蕴藏着重要碳库，迫切需要准确评价我国陆地深部碳的源汇效应，以确定深地生物圈活动是否增加或减少碳排放，进而为我国制定低碳经济和碳外交政策提供科学基础。

地下深部极端微生物具有独特的生理功能，产生的多糖及其物化性质和生物活性非常独特。有些多糖在医药领域已经显示了广阔的应用潜力，可以增强非特异性免疫与骨骼修复和再生能力等。极端微生物产生的酶在高温和高压下活性和稳定性增加，具有良好的立体转移性，提高了物质的传输和反应速率，有着良好的应用前景。地下极端微生物的次生代谢产物的独特性成为新型特效药物如抗肿瘤、抗病毒和降压降脂等药物来源。

总而言之，随着人们对生命起源及外星球是否有生命存在等求知欲的增加，在我国资源与能源紧缺及环境问题日益严重的今天，对深地生物圈的探索具有重大的理论与实际意义。

二、我国提出深地生物圈研究的必要性与紧迫性

地球深地生态系统的发现极大地影响着人们对生命起源和早期生命进化方式的认识，影响着人类对新生命形式和生物酶功能的探索思路，也迫使人类重新思考新能源的开发途径。和地表生态系统一样，深地生态系统中也存在复杂的生命和环境相互作用过程，如物质和能量的转移与生物可利用性及生物群落在地下的分布和适应。但是由于很难被观测，深地生态系统尚未被明确认知，是地球上被了解甚少的生态系统。

深地微生物学科集地学、微生物学和化学等多学科为一体，深地微生物

学科的发展既建立在这些学科发展的基础上又促进了这些学科的发展。我国传统的学科设置是单一的，并不鼓励多学科的交叉，这样不利于综合性人才的培养。但是科学发展到今天，开创性和颠覆性的成果往往出自于多学科的交叉。随着我国在科技领域投入的日益增加，交叉性、前瞻性和综合性的学科发展已经提到战略高度。深地地球科学作为国家中长期发展战略，在习近平总书记2016 年全国科技创新大会的讲话"向地球深部进军是我们必须解决的战略科技问题"中已充分体现。目前我们国家的各种深地计划层出不穷，但是大部分深地计划特别是陆地深地计划很少有生物学家参与；因此非常有必要集中各方面的专业人才特别是地学与生物学方面的人才，争取尽快与国际接轨。

开展深地生物圈研究也是国家的重大需求。随着我国经济的高速发展，能源资源紧缺和环境日益恶化等一系列问题随之而来。如上所述，深地微生物是一种非常宝贵的资源，在经济建设各方面具有广泛的应用前景。在造福人类的同时，深地微生物也有可能为人类带来灾难；在我国大量开发深地资源和建立地下宜居城市的背景下，非常有必要去深入理解深地微生物的特点，扬长避短，最优化地利用深地微生物资源。

我国虽然在深地微生物研究方面起步较晚，但是近几年国家已充分认识到深地研究的重要性，各种深地钻探项目与深地实验室纷纷启动，推动深地生物圈的研究上升到国家战略的高度。这些深地项目，特别是深地钻探项目与深地实验室的建立，将为我们提供一个历史性的机遇来研究全新的以深地环境为主的生态系统。如果我们能抓住这一机遇，完全有可能在这一领域抢占制高点，引领深地微生物学科的发展，开发深地微生物资源，加强综合性人才的培养，在不远的将来有望引领国际深地微生物研究的发展。

本章参考文献

陈皓文, 陈颖稚 . 2009. 我国深海地微生物学研究状况分析 . 海洋地质前沿, 25（7）：20-25.

陈骏, 姚素平 . 2005. 地质微生物学及其发展方向 . 高校地质学报, 11（2）：154-166.

陈骏, 连宾, 王斌, 等 . 2006. 极端环境下的微生物及其生物地球化学作用 . 地学前缘, 13（6）：199-207.

陈秀兰, 张玉忠, 高培基 . 2004. 深海微生物研究进展 . 海洋科学, 28（1）：61-66.

陈璋如 . 2004. MRS2003 年会及瑞典 Äspö 地下实验室概况 . 世界核地质科学，1：59-62.

董海良，于炳松，吕国 . 2009. 地质微生物学中几项最新研究进展 . 地质论评，55（4）：552-
    580.

金黎明，权春善，赵胜楠，等 . 2015. 深海微生物的研究进展 . 微生物前沿，4（1）：1-5.

王风平，陈云如 . 2017. 深部生物圈研究进展与展望 . 地球科学进展，32（12）：1277-1286.

周修高，谢树成，刘金华 . 1995. 地壳深部的微生物及其对流体成分和性质的影响研究综述 .
    地质科技情报，14（1）：45-51.

An ZS, Ai L, Song Y, et al. 2006. Lake Qinghai scientific drilling project. Scientific Drilling, 2:
    20-22.

Bastin ES, Greer FE, Merritt CA, et al. 1926. The presence of sulphate reducing bacteria in oil field
    waters. Science, 63(1618): 21-24.

Biddle JF, Jungbluth SP, Lever MA, et al. 2014. Life in the oceanic crust//Kallmeyer J, Wagner D.
    (eds). Microbial Life in the Deep Biosphere. Berlin: Walter De Gruyter GmbH: 29-62.

Breuker A, Koweker G, Blazejak A, et al. 2011. The deep biosphere in terrestrial sediments in the
    chesapeake bay area, Virginia, USA. Frontiers in Microbiology, 2: 1-13.

Colwell FS, D'Hondt S. 2013. Nature and extent of the deep biosphere. Carbon in Earth, 75(1):
    547-574.

Colwell FS, Onstott TC, Delwiche ME, et al. 1997. Microorganisms from deep, high temperature
    sandstones: constraints on microbial colonization. FEMS Microbiology Reviews, 20(3-4): 425-435.

Dong H . 2008 .Microbial life in extreme environments: linking geological and microbiological
    processes//Dilek Y, Furnes H, Muehlenbachs K. (eds). Links Between Geological Processes,
    Microbial Activities and Evolution of Life. Netherlands: Springer: 237-280.

Dong H, Zhang G, Jiang H, et al. 2006. Microbial diversity in sediments of saline Qinghai Lake,
    China: linking geochemical controls to microbial ecology. Microbial Ecology, 51(1): 65-82.

Dong HL, Yu BS. 2007. Geomicrobiological processes in extreme environments: a review.
    Episodes, 30(3): 202-216.

Fredrickson JK, McKinley JP, Bjornstad BN, et al. 1997. Pore-size constraints on the activity and
    survival of subsurface bacteria in a late Cretaceous shale-sandstone sequence, northwestern New
    Mexico. Geomicrobiology Journal, 14(3): 183-202.

Fredrickson JK, Onstott TC. 1996. Microbes deep inside the earth. Scientific American, 275(4):
    68-73.

He Y, Li M, Perumal V, et al. 2016. Genomic and enzymatic evidence for acetogenesis among multiple lineages of the archaeal phylum Bathyarchaeota widespread in marine sediments. Nature Microbiology, 1(6): 16035.

Jiang HC, Dong HL, Yu BS, et al. 2009. Diversity and abundance of ammonia-oxidizing Archaea and Bacteria in Qinghai Lake, northwestern China. Geomicrobiology Journal, 26(3): 199-211.

Jiang HC, Dong HL, Yu BS, et al. 2008. Dominance of putative marine benthic Archaea in Qinghai Lake, north-western China. Environmental Microbiology, 10(9): 2355-2367.

Kallmeyer J, Wagner D. 2014. Microbial Life of the Deep Biosphere. Berlin: Walter De Gruyter .

Kieft TL. 2010. Sampling the deep sub-surface using drilling and coring techniques//Timmis K N. Handbook of Hydrocarbon and Lipid Microbiology. Berlin Heidelberg: Springer: 3427-3441.

Kieft TL. 2014. Sampling and subsurface//McGenity TJ. (ed). Hydrocarbon and Lipid Microbiology Protocols. Berlin Heidelberg: Springer-Verlag.

Kieft TL. 2016. Microbiology of the deep continental biosphere//Hurst C J. Their World: A Diversity of Microbial Environments. Switzerland: Springer, Cham: 225-249.

LaRowe D, Amend J. 2014. Energetic Constraints on Life in Marine Deep Sediments. Berlin: Walter De Gruyter GmbH: 279-302.

Lloyd K. 2014. Quantifying microbes in the marine subseafloor: some notes of caution//Kallmeyer J, Wagner D. (eds). Microbial Life of the Deep Biosphere. Berlin: Walter De Gruyter GmbH: 121-142.

Li G, Dong H, Hou W, et al. 2016. Temporal succession of ancient phytoplankton community in Qinghai Lake and implication for paleo-environmental change. Scientific Reports, 6: 19769.

Liu SV, Zhou JZ, Zhang CL, et al. 1997. Thermophilic Fe(III)-reducing bacteria from the deep subsurface: the evolutionary implications. Science, 277(5329): 1106-1109.

Magnabosco C, Tekere M, Lau MCY, et al. 2014. Comparisons of the composition and biogeographic distribution of the bacterial communities occupying South African thermal springs with those inhabiting deep subsurface fracture water. Frontiers in Microbiology, 5: 679.

Meng J, Xu J, Qin D, et al. 2014. Genetic and functional properties of uncultivated MCG archaea assessed by metagenome and gene expression analyses. The ISME Journal, 8(3): 650-659.

Morono Y, Motoo I, Fumio I. 2014. Detecting slow metabolism in the subseafloor: analysis of single cells using NanoSIMS. Berlin: Walter De Gruyter GmbH: 101-120.

Mouser PJ, Borton M, Darrah TH, et al. 2016. Hydraulic fracturing offers view of microbial life in the deep terrestrial subsurface. FEMS Microbiology Reviews, 92(11): 166.

Mu A, Boreham C, Leong HX, et al. 2014. Changes in the deep subsurface microbial biosphere resulting from a field-scale CO_2 geosequestration experiment. Frontiers in Microbiology, 5: 209.

Onstott TC. 2016. Deep Life: The Hunt for the Hidden Biology of Earth, Mars, and Beyond. Princeton: Princeton University Press.

Onstott TC, Phelps TJ, Colwell FS, et al. 1998. Observations pertaining to the origin and ecology of microorganisms recovered from the deep subsurface of Taylorsville Basin, Virginia. Geomicrobiology Journal, 15(4): 353-385.

Primio RD. 2014. Assessing Biosphere-geosphere Interactions over Geologic Time Scales: Insights from Basin Modeling. Berlin: Walter De Gruyter GmbH: 261-278.

Roy H. 2014. Experimental Assessment of Community Metabolism in the Subsurface. Berlin: Walter De Gruyter GmbH: 303-318.

Wang FP, Zhang Y, Chen Y, et al. 2014. Methanotrophic archaea possessing diverging methane-oxidizing and electron-transporting pathways. The ISME Journal, 8(5): 1069-1078.

Wang HY, Dong HL, Zhang CL, et al. 2015. Deglacial and Holocene archaeal lipid-inferred paleohydrology and paleotemperature history of Lake Qinghai, northeastern Qinghai-Tibetan Plateau. Quaternary Research, 83(1): 116-126.

Wang HY, Dong HL, Zhang CL, et al. 2016. A 12-kyr record of microbial branched and isoprenoid tetraether index in Lake Qinghai, northeastern Qinghai-Tibet Plateau: implications for paleoclimate reconstruction. Science China-Earth Sciences, 59(5): 951-960.

Wilkins MJ, Daly RA, Mouser PJ, et al. 2014. Trends and future challenges in sampling the deep terrestrial biosphere. Frontiers in Microbiology, 5: 481.

Wilkins MJ, Fredrickson JK. 2015. Terrestrial subsurface ecosystem//Erlich HL. (ed). Erlich's Geomicrobiology. 6th Edition. Boca Raton: CRC Press.

Wu X, Dong HL, Zhang CL, et al. 2013. Evaluation of glycerol dialkyl glycerol tetraether proxies for reconstruction of the paleo-environment on the Qinghai-Tibetan Plateau. Organic Geochemistry, 61: 45-56.

Yang J, Jiang HC, Dong HL, et al. 2015. Sedimentary archaeal amoA gene abundance reflects historic nutrient level and salinity fluctuations in Qinghai Lake, Tibetan Plateau. Scientific Reports, 5: 18071.

Zhang G, Dong H, Xu Z, et al. 2005. Microbial diversity in ultra-high-pressure rocks and fluids from the Chinese Continental Scientific Drilling Project in China. Applied and Environmental Microbiology, 71(6): 3213-3127.

Zhang GX, Dong HL, Jiang HC, et al. 2009. Biomineralization associated with microbial reduction of Fe^{3+} and oxidation of Fe^{2+} in solid minerals. American Mineralogist, 94(7): 1049-1058.

Zhang GX, Dong HL, Jiang HC, et al. 2006. Unique microbial community in drilling fluids from Chinese Continental Scientific Drilling. Geomicrobiology Journal, 23(6): 499-514.

Zhang Y, Liang P, Xie XB, et al. 2017. Succession of bacterial community structure and potential significance along a sediment core from site U1433 of IODP expedition 349, South China Sea. Marine Geology, 394: 125-132.

第三章
深地生物圈研究的平台建设与装备

　　深地生物圈采样困难、要求严格。同时，深地原位观测也极具挑战性。深地探测与深地生物圈研究极其依赖野外调查大型装备平台及特殊的观测与分析设备。首先，深地岩心的钻取离不开大洋钻探船与深地钻井平台；其次，深地微生物样品的无污染保真采样、深地钻孔的原位观测与原位实验等，也都需要特殊的技术装备。此外，实验室深地样品的分析与微生物培养等也极具挑战性。由于深地样品量少、生物量低、微生物难培养且容易受污染影响，无论是实验室的微生物学分析、还是样品的理化及地学分析，技术难度都比较大。需要根据深地环境与样品特点，针对性地研发深地微生物模拟培养技术装备、优化深地宏基因组与宏转录组样品制备方法与组学分析技术。深地微生物细胞微区分析及生物地球物理观测等技术也是深地生物圈研究的重要手段。发展与完善各种深地探测与观察技术，对于认识深地生物圈的生命过程及环境作用非常重要。本章重点介绍了国内外深海与深地野外钻井、保真采样、原位观测与实验室研究的技术进展、问题与发展建议。

第一节　深地钻井与掘进技术

　　深地生物圈的研究，最重要的是获取深地样品。直接采样是获取深地生物圈样品的重要手段。钻井取样是最方便直接的方法，而利用已有坑道直接采样是获取深地生物圈样品的一条重要途径。

一、钻井技术

　　通过钻井技术获取深地生物圈样品，获取深地原位岩心至关重要，而深地生物圈钻井取样主要需要解决深孔环境下钻井技术难题和保真取样技术。

　　钻探设备主要指钻探施工使用的地面专用设备，深孔岩心钻探设备通常包括钻机、泥浆泵、钻塔、附属设备及动力机等，钻机是钻探设备的核心。目前市场可得到的深孔取心钻机有两种：立轴式钻机和液压动力头钻机。液压动力头钻机的给进行程长（一般为 3~6m），比立轴式钻机的 0.5~0.8m 要长得多。对于 3~6m 进尺，动力头钻机可一气呵成，而立轴式钻机则需倒杆多次；每次倒杆不仅多耗时间，还可能造成岩心断裂，使得倒杆后的初始钻进速度慢，并加大了岩心堵塞的概率，这些问题在破碎地层尤为明显（庄生明等，2014）。因此动力头钻机在机械钻速、钻头寿命、回次长度和提钻间隔方面都要优于立轴式钻机。常规动力头钻机的最大弱点是没有钻塔，钻杆立根短，起下钻速度慢。孔深在 1000m 以内时，起下钻时间在整个施工时间中占的比例小，因此问题不大，动力头钻机的综合效率要高于立轴式钻机。随着钻孔加深，动力头钻机起下钻速度慢的缺点愈加明显。也有专家提出为深孔动力头钻机配钻塔，实现长立根起下钻，用以克服动力头钻机的起下钻时间增加的问题。此外，有钻塔和塔衣的钻机可为钻机操作人员提供一个较好的环境，有利于进一步提高施工效率。由中国地质装备总公司（现为中国地质装备集团有限公司）和安徽省地质矿产勘查局 313 地质队联合研制的新型钻机，结合了常规立轴式钻机和液压动力头钻机的优点，既可做到钻进效率高和取心质量好，又可实现起下钻速度快，明显提高了钻探施工效率（张伟等，2009）。根据实践经验，认为深度在 1200m 以内的钻孔，采用常规动力头钻机施工；深度在 1200~1600m 的钻孔，视情况采用常规动力头钻机或带塔动力头钻机施工；深度超过 1600m 的钻孔，采用带塔动力头钻机施工，如松科一井科学钻探使用的钻机（图 3-1）（王达等，2007）。

图 3-1　松科一井科学钻探使用的钻机

　　钻头在钻探取样过程中与岩石特别是密度较高的大理岩等接触时会产生大量的热量，当这些热量传递至样品后会对其中可能存在的微生物造成致命损伤。因此，可以考虑采用低速钻探工艺，配合高效热交换系统，将产生的热量快速传递至采样设备其他部位。另一种思路是采用大口径钻头：当岩层主要由大理岩等密度较高的岩石所构成时，采样筒口径相对较大，由于大理岩传热系数仅为 $2.7W/(m^2 \cdot ℃)$，较大的采样筒口径可以保证热量不会在短时间内传递至岩心中心部位破坏微生物；而较大直径的岩心样品还可以很好地保护位于中心部位的微生物，待岩心样品取出后再在无菌环境进行灭菌等后续处理，可以有效避免外源污染的问题。

二、掘进技术

掘进技术相比钻井技术，其最大优势是可以提供深部直接取样的机会。目前世界上的采矿深度已达 4350m；借助采矿工程的深井，生物学家可以直达深部地下空间，在深达 4000m 以下的地层中直接观察和取样，这对深地生物圈研究具有重要的意义（Moser et al.，2005）。岩巷掘进方法主要包括两种类型：钻爆法和综掘法。

1. 钻爆法

钻爆法是钻孔爆破法的简称，是在待开挖的隧道断面上钻凿爆破孔，然后往爆破孔中填充炸药并引爆，再将崩落的岩石运走，由此便形成了巷道的雏形，是传统的巷道掘进方法。这一方法从早期由人工手把钎和锤击凿孔及用火雷管逐个引爆单个药包，发展到用凿岩台车或多臂钻车钻孔和应用毫秒爆破、预裂爆破及光面爆破等爆破技术，不仅大大降低了劳动强度，更是提高了掘进效率。但是，相比机械掘进技术，钻爆法也有其缺点，即工序多、速度慢、安全性差、机械化程度低、生产效率低及工人劳动强度大等，而且还经常容易超挖欠挖（王宗禹等，2008）。钻爆法施工前，要根据地质条件、断面大小、支护方式、工期要求及施工设备和技术等条件，选定掘进方式。

2. 综掘法

综掘法是综合机械化掘进方法的简称，是近些年迅速发展起来的一种先进的巷道掘进技术，其关键设备是掘进机（以悬臂掘进机和刀盘掘进机为主），集切割、装载及转运和降尘等功能于一体的大型高效联合作业机械设备，连续掘进是其主要特点。综掘法的具体选择主要应考虑这些因素，即岩石抗压强度、岩层对掘进机的支撑条件、运输及装配、对地质断层的适应性、岩体控制与稳定性、除尘、掘进速度和机械利用率等。综掘法与钻爆法相比具有以下优点：连续掘进，工序没有间断性；围岩不受破坏，掘进断面规整，从而增加了岩层的支撑能力和巷道的稳定性，有利于使用轻型支架、加大棚距，更有利于以喷射混凝土作为支架；没有爆破震动、烟雾，改善了作业环境；施工安全；可大幅度提高掘进速度（杨仁树，2013）。另外，综掘法机械化程度高、生产效率高、劳动强度小、安全性好且掘进速度快，是未来巷道掘进的发展方向。但是，就目前来说，综掘技术还处在起步阶段；综掘机适应能力较差，一般只能用于掘煤巷或软岩巷道，对于硬岩巷道一般还只能采用传统的钻爆法掘进。另外，掘进机设备自身部件的质量和体积都比较大，它的零件运输和安装对巷道、场地和起吊设备都有较高的要求，因此，对于巷道断面小或者断面形状不规则的巷道不适用。所有这些都大大限制了掘进机在岩巷掘进中的使用。

综上，钻爆法施工具有资金和设备投放少，成本低廉，适应各种自然环境和地质结构，快速、机动、灵活和适应性强等特点；更适合我国国情。综掘技术对地质条件和围岩岩性的适应性比较差，综掘技术的应用还有很大的局限性，在短期内尚难以大范围推广。在我国未来相当长一段时间内，钻爆法仍然是最主要的岩石巷道掘进方法。当然，也应该看到，掘进技术向着现代化综掘技术方向发展的趋势是不会改变的，随着科技的不断发展传统的钻爆法终究将被先进的综掘技术所取代。

三、大洋钻探

与陆地钻探不同，大洋钻探需要钻探船。美国"JOIDES"（决心号）是一艘装备动态定位系统的钻探船，可以在 75～6000m 水深范围内的海底钻深 2000 余米。日本的"地球号"是科学界第一艘装备立管的科学钻探船，能够在 2500m 水深的海底钻深达 7000 余米。欧洲的海洋科学考察船仅具备海底钻深数十米的功能，如法国 Marion Dufesne、德国的 Sonne 和英国的 Discovery 等。国际上的科学钻探船都具有如下特点和发展趋势：①具备多学科综合研究探测（包括深海钻探和海底井下观测等）与样品采集能力；②具有强大的深海大洋探测与作业能力；③具有先进的动力定位系统和各种通信工具，能在全球范围内交换信息；④兼具科学研究和工业应用的能力。

我国发展深海科学，必须在现有国力基础上建造具有中国特色的第三代大洋钻探船，既要避免像日本船规模过大又要学习美国、日本和欧洲先进技术而建造高效率和高水平的新设施，在 IODP 新阶段与美国、日本和欧洲并驾齐驱。

这必将带动我国相关科学、技术和产业的发展，实现国家目标。我国的第三代
大洋钻探船要能够在不同海区和地质环境实施钻探，大小约 2.2 万 t 级，介于
美国的和日本之间，钻探设备应具国际最新水平，要实现非立管泥浆返回钻探
系统和海底井下观测建设等多种功能。

第二节　深地微生物样品的保真采样

一、陆地岩层极端环境微生物样品的保真采集

深地岩层极端环境微生物的生存环境与常规环境差异巨大。前人研究发
现，当极端环境微生物脱离原始生境后，细胞可能会立即发生破裂，无法正常
生长繁殖甚至死亡（周小鹭，1996；张洪勋等，2006）。因此，在采样过程中
维持原有的极端和无菌环境是进行后续生长和代谢过程研究的基础。基于上述
原因，需要在此类研究中采用先进的保真采样法用以维持微生物的原始生境和
避免外源污染，从而保证后续研究的顺利开展。保真采样系统的核心思想在
于：样品在采样过程中受到全封闭式采样器的保护，其原始物理和化学特征尽
可能小地受到外界环境干扰；同时，保真采样系统具有良好的温度控制能力，
钻探过程中所产生的热量不会传递至样品，确保样品中可能含有的微量微生物
不被破坏；更重要的是，全封闭式采样器能够保证样品不与外界发生接触，确
保样品在采集过程中不受外界微生物污染。

鉴于目前市面上尚无商品化的全封闭式保真采样系统，因此在开展同类研
究时，研究人员主要借鉴类似的钻探取心工具。常见的密闭钻探取心工具大多
采用双筒单动式结构（图3-2）。其内筒是非旋转的悬挂在轴承上的容纳岩心的容
器；密闭头中储存的封闭液在不断的钻进过程中把岩心包封起来，保护岩心免

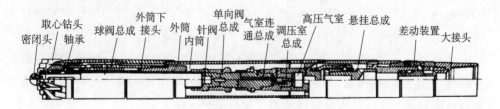

图 3-2　保压密闭取心工具结构（赵怛耀，2013）

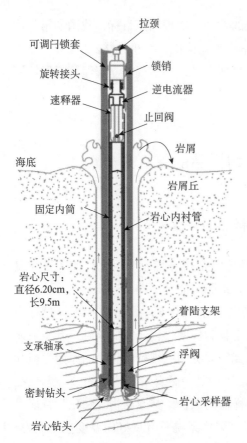

图 3-3　旋转取心采样筒采集岩心的示意图
（Lever and Teske，2013）

遭污染；压力补偿系统中的高压氮气通过压力调节器恒定地向内筒补充压力，从而达到保压密闭采集岩心的目的。

通过对石油钻探等取心技术进行改进，部分生物学家将该类技术应用于岩层微生物研究中。Mark A. Lever 等（Lever and Teske，2013）利用旋转取心采样筒（rotary core barrel，RCB）采集玄武岩岩心，该旋转取心采样筒的底部的钻头和外心筒与钻柱一起旋转击穿岩石，内心筒固定在轴承上作为岩石样品的存储器保持静止，然后通过电缆将内心筒回收并确保岩心样品不接触空气（图 3-3）。王远亮等（2005）利用金刚石绳索取心钻井系统，在自主孔井下 430m 和 1033.77m 分别对岩心样品进行了采集。

如果由于各种原因无法做到密闭式钻探取心，那就需要采用循环泥浆；原则上需采用无菌、封闭和低压的泥浆循环系统进行岩心的采样，无菌的泥浆可以通过添加化学性质上具有惰性但具有杀菌效果的化学试剂来实现。封闭的循环体系可以控制泥浆的氧化还原状态（氧化或还原），使用还原态的泥浆可以避免把氧气带入井孔从而改变地下流体的成分。泥浆的压力低于地层的压力可以保证泥浆不会入侵岩心，只会造成地下流体流入泥浆。深地样品的污染可以通过在循环泥浆中加入荧光小球或 Br 离子作为示踪剂来检测（Yanagawa et al.，2013；Wilkins et al.，2014）；如果在所采岩心样品中发现这些示踪剂，就证明所采样品已经受到泥浆污染，不能采用。同时可以在野外建立一个小型分子微生物实验室（包括 DNA 扩增仪和测序仪等），实时检测泥浆中的微生物丰度或种类；如果突然检测到微生物的丰度增加或种类有变化，那么有可能有地下流体加入泥浆或地表生物污染带入泥浆。

与岩心采集箱对应的是流体的取样。目前比较常用的是井孔渗透压流体采样器（Osmo sampler）。渗透压流体采样器可用于连续采集地下深部流体样品，由一个渗透压泵和一个采样环组成。巧妙之处在于该泵不需要电能，同时也没有任何动力部件。泵内流体的运动是通过半透膜两侧的渗透压梯度实现的，利用半透膜与渗透压分离出不同盐度的流体。利用不同孔径的半透膜，借由半透膜两侧不同浓度溶液之间的渗透压，实现水分子由低浓度溶液向高浓度溶液的扩散。水分子通过半透膜的速度取决于膜的面积、厚度、孔径和泵内膜的数量，同时也与流体浓度、渗透压梯度、温度及水分子扩散系数有关。通过向半透膜的一侧持续注入饱和 NaCl 溶液，另一侧持续注入蒸馏水来保持渗透压。渗透压泵由与水膨胀系数相似的丙烯酸材料制成。目前这种流体取样方法在海洋钻井当中用得较多。

二、深海热液保真采样系统

1. 热液保真采样系统的概述

深海热液保真采样系统适用于科考船或水下运载器，可实现对深海热液的采样，研究热液的物理、化学及微生物梯度变化特性；同时可实现对热液的分时采样，研究热液活动的变化规律，揭示热液形成机理，探索深海生态环境变化规律。深海保真采样系统的成功研制促进了我国深海科学考察研究的发展，为深海资源勘探和科学研究提供了先进的技术装备支撑。至今已研制出多种系列的深海保压采样器，均获得多次成功的应用。现主要使用单管气密采样器（CGT）和多管序列气密采样器（Six Shooter）两种型号。目前，深海水体保真采样器的最大作业水深一般为 4000～7000m，最高采样温度达 400℃，单管采样器采样容积在 200mL 以内。

（1）CGT（Chinese gas tight）。其是为采集海底热液而专门设计的一种深海机电装备，一次可采集一管保压热液样品。CGT 热液采样器由电控触发采样单元和温度测量系统两部分组成。电控触发采样单元由电控触发机构组件、采样阀、采样阀驱动器和采样筒等构成，而采样筒又由串联在一起的采样腔和蓄能腔组成，采样腔和蓄能腔由螺纹连接器连接，连接器内设有阻尼孔用于调节采样速度。电控触发采样单元工作时不需要外部的触发力，对深潜器的依赖性小，可应用于更多不同的场合。CGT 热液保压采样器由载人深潜器或 ROV（remotely operated vehicle）上的机械手进行夹持操作。

（2）深海热液多管序列气密采样器。其是为采集时空序列保压热液而设计的一种深海机电装备，单次使用可采集六管保压样品，因此取名 "Six Shooter"。整个系统由一个控制单元和六个独立的电控触发采样单元组成。控制单元主要包含信号传输模块、温度测量及存储模块及采样器驱动控制模块。控制单元控制各个采样阀的动作。每个采样单元的功能和结构一致，包含有独立的采样阀、驱动器和采样筒组件。序列保真采样器的设计采用了模块化的思想，使用各个相互独立的采样单元来完成多次取样，有利于提高系统的可靠性和部件的可互换性。可由载人深潜器或 ROV 上的机械手夹持采样管进行定点取样，也可在海底进行长时间布放。

2. 深海热液采样设备的研制与应用

针对深海热液的取样技术需求，国内外已开发了一系列的热液采样设备。美国的 Alvin 深潜器通常使用名为 "Major Pair" 的采样器来采集热液，它根据注射器的原理，利用弹簧来吸取样品。"Major Pair" 采样器是一种机械式采样器，它利用深潜器机械手上的液压缸触发采样阀取样。长期的海试表明该装置使用方便且可靠性高；但它是非气密的采样器，不适合用于分析热液中的溶解性气体组分。

针对 "Major Pair" 采样器气密性的不足，Lupton 等开发了一种具有气密性能的采样器，它利用一个密封可靠的采样阀向一个真空容器中注入样品（图 3-4）（Edmond et al., 1992）。Gas-tight（气密式）采样器采样速度过快，采样时会吸入热液周围的海水从而降低样品的纯度，而且它的样品后处理过程复杂，工作效率低。Jeffrey Seewald 等研制了一种气密保压采样器（Seewald et al., 2002），该采样器利用蓄能腔中的压缩氮气来保持样品压力，可实现样品的等压转移，而且可调节采样速度，适合于低速热液扩散流的采样。

图 3-4　气密热液采样器（左）和气密保压热液采样器（右）

　　除了以上几种常见的热液采样器外，人们还开发了一些用于热液中微生物采集和原位培养采样的装置，如 Bio-sampler、seamless system 和 LAREDO 等热液采样及原位微生物培养装置（Phillips et al.，2003）。

　　浙江大学对深海水体采样器进行了一系列的研究工作，所研制的采样器多次参与国内外深海热液采样工作（吴世军，2009）。其中液压缸触发式气密保压采样器采集深海样品时需要提供外部驱动力才能将阀开启，在应用中一般利用潜器的机械手夹持采样器，用机械手上的液压缸来提供驱动力，进而开启采样阀进行采样（图 3-5）。

图 3-5　液压缸触发式气密保压采样器
（2008 年美国 KNOX18RR 航次）

　　2014 年 7 月，浙江大学项目组参加了美国 Atlantis 科考船 AT26-17 航次，在胡安德富卡洋脊（Juan de Fuca Ridge）的 MEF 热液区对高温喷口进行采样，获得保压气密样品。在此航次上，项目研制的深海热液多管序列气密采样器被国际同行形象地称为"Six Shooter"。2015 年和 2017 年在中国大洋 35 航次和 38 航次中，CGT 单管气密热液采样器分别对西南和西北印度洋多个海底热液区进行了原位温度测量和保真取样，为科学家获得了高纯度的气密保压热液样品，所采集热液温度到达了 379℃，为热液硫化物区的资源分布状况和成矿潜力调查及极端环境生态系统研究提供了有力支持。在大洋第 38 航次中，深海热液多管序列气密采样器完成了长达 1 年的长期布放，成功获取了马里亚纳海沟 6300m 海底的时序气密保压样品，为研究深渊化学环境在时间上的变化规律提供了珍贵样品。

第三节　深地微生物原位观测和实验系统

　　由于人类很难直接接触深地环境（除了少数矿坑以外），所以现有的深地生物圈研究主要采用上一节描述的方法将深地样品采集到地表，在实验室研究微生物群落区系及功能等。但这些方法限制了人们对深地生物圈的认识。因此构建深地原位观测和实验系统是认识深地生物圈的重要技术手段。

一、深地环境流体原位监测系统

以前人们对海洋的认识多是基于科考船获得的，而大多海洋和地球科学问题则需要通过长期原位实验、取样和观测而得到答案，这就促进了海底观测站（seafloor observatories）的诞生。而 CORK（Circulation Obviation Retrofit Kit）海底钻孔井控与观测装置，是海底观测站的一个典型例子与重要组成部分（方家松等，2017）。CORK 观测站概念由来自加拿大与美国的科学家 B. Carson、K. Becker 和 E. Davis 于 1989 年提出。最初 CORK 的结构和功能均与红酒瓶的软木塞有某种程度的相似。"CO" 是 "封闭" 钻孔，意即对钻孔进行控制，阻止洋壳地层与海水间发生流体交换；"RK" 是 "重新进入" 钻孔，通过再入圆锥筒均可再入钻孔并安装仪器设备进行科学实验和观测。CORK 原位观测系统已经在海洋深地生物圈探测中发挥了重要的作用，取得了重要发现（Orcutt et al.，2010；季福武等，2016）。

CORK 首次在海底的布放是在 1991 年，ODP 139 航次在 Middle Valley 扩张中心成功完成了两个 CORK 的布放。过去几十年间，已有数十个海底井控及观测装置被布放于不同海域的海底，科学家通过这些装置获得了大量研究数据，研制海底观测设备的技术手段也在此过程中不断提升。CORK 装置由 3 个基本部分组成：①再入圆锥筒与套管系统；② CORK 主体，用于封闭钻孔顶部的套管；③长期数据记录仪与传感器链。随着科技的进步与观测系统应用范围的扩大，CORK 系统已在原始海底井控观测装置研发的基础上衍生出了另外四个新的版本（方家松等，2017）。原始海底井控观测装置是单封闭型，不能进行垂向上多层分隔式观测，主要应用于洋壳水文观测；有 14 个该类观测装置在 ODP 实施过程中布放于被沉积物覆盖的年轻洋壳或海底俯冲带中（方家松等，2017）。四个新的版本在此基础上做了不同程度的改进。① ACORK：1998 年开始的 ACORK 用多个分隔器在单一钻孔内将所钻洋壳在垂向上分隔成互不连通的观测层位进行观测，然后将不同层位获取的数据传输至装置顶部。② CORK Ⅱ：增加了地震 / 地层应变量监测器，并使用直径较小的分隔器、透流窗和脐带取样管，增加了探针和取样装置。③ Wireline CORK：一种用缆绳连接的多分隔观测系统，通过常规科考船上的专控运载工具在可以多次进入的钻孔中进行布放，配备有透流窗、电热调节器链、长期流体采样器和原位微生物实验设备。④ L-CORK（lateral CORK）：被称为 genius plus，因为它使用更为方便，且确定性和保障性更好。相对于其他早期 CORK，L-CORK 主要有五个方面的改进，包括增加了一个渗透压流体采样器（OsmoSampler）。这种CORK 主要在胡安德富卡洋脊的站位布放，用于研究地壳演化、洋壳水文地质学、地球化学循环、微生物生态和生物地球化学过程。

除了以上所述的对单个 CORK 进行技术上的改进以外，另外一种发展趋势是建立电缆连接式 CORK 观测系统网络（cabled CORKs，CCOs）。这种观测系统网络通过光电连接器和电缆两种控制方式实现 CORK 与 CORK 之间及CORK 与地面站之间的实时联系与数据传输，从而帮助人们获得连续不间断的深地时间序列数据。CCOs 相当于固定在深地的实验室，它不但连续产出实时数据，也可以进行交互式原位实验。深地 CORK 观测网的建立，为科学家对深地生物圈进行数秒到数十年时间尺度的地质学、地热学、水文学、化学、微生物学与生物地球化学过程基础研究提供了手段，这是地球科学、海洋科学及生命科学获得新发现和取得重大进展的重要基础；为自然灾害评估与减防、深地微生物在全球生物地球化学循环及全球气候变化中的作用、矿物及生物资源的形成与分布和宇宙生命的形成及演化等诸多方面带来了重大影响。

目前 CORK 原位观测系统在陆地基本上还没有使用，但是与海洋一样，应该可以监测与微生物代谢活动相关的指标（温度、Eh、pH、DO、Fe^{2+}、NH_4^+、SO_4^{2-} 和 NO_3^- 等），来推测深地微生物的活动。

二、深地生物圈观测和实验系统

1. 微生物原位成像检测仪

在深地环境对微生物的原位检测有直接和间接的方法。间接的方法主要检测由微生物活动造成的流体物理化学性质的改变。在这一方面，光纤传感器有比较广阔的应用前景。光纤传感器具有体积小、重量轻、抗干扰能力强、实时、高效和准确等优点，已应用于石油测井，能在地球深部对流体流量、温度、压力、含水（气）率和密度等进行测量。通过设计流体成像监测仪，在深地环境，长期测量生物培养基溶液的光学或者电学性质，可以推测微生物生长的状况。近来开发的一种深紫外（波长 < 250nm）- 激光诱发的荧光光谱可以实现地下原位环境微生物的无损直接检测，可以在微米到几十厘米的岩石表面拍到单个细胞的图像（Bhartia et al., 2010）；这一方法近来被用于深海玄武岩

井孔微生物的原位成像研究（Salas et al., 2015）。

2. 循环式渗透压培养系统（FLOCS）

前面谈到的循环式渗透压取样器（Osmo Sampler）可以改装成培养系统，安装在放了 CORK 装置的钻孔中，布放深度可调节。用钻孔所处地层位置流体内的微生物作为培养系统中的菌种进行实验。培养系统放在带有厚度为 1.27cm 的支撑杆的高密度聚乙烯套筒内，悬挂在与 CORK 相连的 Spectra-R 电缆上。Orcutt 等 2010 年发表了关于 FLOCS（fLow-through osmo colonization system）应用实例的文章（Orcutt et al., 2010）。该系统的所有设计方案及使用材料均开源共享，网址为"http://www.darkenergybiosphere.org/resources/toolbox/FLOCS design v2.pdf"。

3. 深地微生物原位实验系统

因为地下深部流体往往含有丰富的营养成分，地下流体是微生物活动的"热点区"，因此地下原位的微生物实验主要集中在地下流体富集的地区。有人尝试将地下流体直接用来培养，或者对地下微生物进行一定程度的扰动以观察微生物的响应。瑞典的 Äspö Hard Rock Laboratory（Nielsen et al., 2006）已经有成功的经验。其基本思路是从已存井孔的井壁打一口斜井（borehole），穿过含有流体的裂隙，斜井与裂隙的交叉部位用橡皮塞将一段含有流体的裂隙隔离，这样用抽水泵可以将地下原位的流体直接抽入培养容器进行原位培养或进行分子微生物分析；也可以在一口井中加各种营养成分，再让这些营养回流到裂隙，与地下岩石流体反应以后，通过另外一口井抽水造成的压力差，使得这些化学物质迁移到另外一口井，在这一过程中，观察微生物对这些加入组分的改造；另外也可以在一口井中加入示踪微生物，在旁边井位抽上来，这样可以观察微生物的地下迁移。

第四节　深地微生物的实验室模拟培养

极端环境原位模拟研究是指通过技术手段在一个较小空间内模拟微生物原有生存环境（温度、湿度和压力等），使其能够保持原有生理及生长状态，即原位状态，并在此状态下动态探索微生物生长过程中物质和能量代谢等一系列变化。极端环境原位模拟研究将打破现阶段无法培养极端微生物的局限，为极端微生物的研究带来更多的可能性。为达到模拟原位环境研究的目的，首先要探明微生物原来的生存环境，以明确各种环境参数，并通过相应手段进行还原；其次要构建实验平台来模拟微生物原有生存环境并搭配各种检测器开展相关研究；最后还要深入研究极端环境微生物的培养方法，以期能扩增种群数量较小的极端环境微生物，以保证研究顺利进行。

为更好地研究深地环境极端微生物的物质和能量代谢过程，首先应详细了解深地极端微生物生境的物化条件（岩石矿物成分、地层压力、温度、pH 和辐射能等），以尽可能模拟其生境。在目前的实验条件下，极端微生物大多不可培养，其原因可能是极端微生物在脱离原始生境瞬间死亡或具有特殊的未知代谢途径。在极端环境微生物保真采样的基础上，实现极端微生物实验室培养；以解析出的极端微生物生境条件为基础，徐恒等设计了一种针对深地极端环境微生物的原位模拟实验舱和原位研究系统（徐恒，2017）。该系统通过对微生物原始生境进行模拟，确保深地极端环境微生物所需的气压、渗透压、化学成分毒性、温度、湿度、生存需要的电子供受体、碳源、氮源及生长因子等环境因素精确重现，以达到原位保真的目的。通过检测器研究微生物的生命动态中代谢及能量和物质消耗过程，进而对其能量溯源。

原位保真采样设备采集样品后，可以通过生命舱来模拟深地原位的极端环境。深地样品可以通过传输装置转移至生命舱所在的无菌室。根据原位保真设备附带的传感器所收集到的地下环境参数，将缓冲室内环境参数进行调整。待缓冲室内环境与原位环境一致时，缓冲室舱门打开，样品通过传送带送入缓冲室；封闭缓冲室舱门后，调节生命舱主舱室环境参数，使其与缓冲室一致，后将样品送至主舱室。主舱室中集成包括 X 射线荧光光谱分析（X ray fluorescence，XRF）、傅里叶交换红外光谱仪（Fourier transform infrared spectroscopy，FTIR）、气体成分分析仪和激光共聚焦显微镜等在内的各种检测器，用于对极端微生物的模拟原位条件下的生命动态过程进行检测。采样完成后，可根据需求将原位模拟实验舱移至实验室或者其他实验研究区进行研究。在整个过程中，样品皆处于原生环境内，并未与外界进行接触，不会改变其生存与繁衍等生理活动，将真正实现特殊环境下样品的原位观测。

越来越多的研究表明，压力对微生物体内生物分子的结构、组成乃至生命过程的影响是瞬时且可逆的。在开展深海深地极端环境微生物研究时，样品制备过程中的压力变化势必会在不同程度上影响微生物个体及生物分子特性。因此，在原位压力条件下进行微生物的培养、生理代谢指标的检测及生物分子的活性和功能分析对于揭示深海深地环境微生物真实生理特征与功能是至关重要的。为消除或尽可能减少样品制备和分析过程中的压力变化，目前主要应用以下两种实验方式。

第一种方式是通过化学试剂在高压条件下对生物样品进行固定，随后在常压条件下进行相应分析。Ishii 等研制了两种高压下化学固定的装置，分别可以用于高压条件下细胞培养实验与体外蛋白功能实验（Ishii et al.，2004）。应用这两种装置能够在原位高压条件下进行反应，通过化学固定的方法固定细胞或大分子物质的形态与结构，随后在常压条件下进行分析。其优势在于对后续分析装置没有特殊要求，并且避免了压力变化所产生的影响。但由于细胞或蛋白样品已经处于固定状态，因此无法分析相应的动态过程。

第二种方式即在原位压力条件下进行细胞培养或生化反应，并在不减压的情况下进行原位分析。美国、日本和我国学者分别研发了金刚石压腔（diamond anvil cell，DAC）、高压舱（high pressure chamber，HPC）和高压显微观察舱（high pressure observation-cell，HPO-cell），通过与拉曼光谱、光学显微镜和红外光谱等技术的有机结合，开展高压条件下微生物的原位培养和分析（Sharma et al.，2002；Oger et al.，2010；Nishiyama and Kojima，2012；Yin et al.，2018）。

最新一代的热液金刚石压腔（hydrothermal diamond-anvil cell，HDAC）是由中国科学院深海科学与工程研究所周义明研究员（I-Ming Chou）和美国康奈尔大学教授 W. A. Bassett 在金刚石压腔的基础上发展起来的一种高温高压实验设备。它的主体结构包括不锈钢腔体、陶瓷底座、加热电阻丝、热电偶、金属垫片和金刚石压砧（图 3-6）。实验时，样品放置于金属垫片中央孔洞中。通

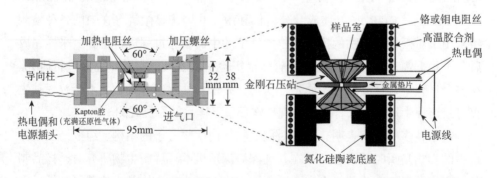

图 3-6   第四代热液金刚石压腔（HADC，Type Ⅳ）的结构示意图

Kapton 聚酰亚胺薄膜，具有优良的化学稳定性、耐高温性、坚韧性、耐磨性、电绝缘性等

过旋转螺丝将上下两颗金刚石紧密压合在金属垫片上，从而形成封闭的样品腔。缠绕在底座周边的电阻丝和热电偶分别用于加热和温度测量。与传统的高温高压实验设备相比，HDAC 具有以下优势：①温度压力范围广，工作温度范围在 -190～1000℃，最大压力可达 6GPa；②安全系数更高；③易于装载样品，完成一次实验后无须打开样品腔，通过旋紧或旋松加压螺丝便能改变样品腔内压力；④可以进行原位实时的样品观察和图像采集，或通过与拉曼光谱、红外光谱和同步辐射 X 射线等微束技术进行定性和定量分析。

高压舱和高压显微观察舱在结构上较为类似。以高压显微观察舱为例，上下两个蓝宝石光学窗口（optical window）之间为内舱（inner cell），可装载样品体积最小为 200μL，通过增加外围密封 O 型圈（O ring）的数量可以增大内舱的高度进而增大样品量。高压显微观察舱最高可耐受 100MPa 压力。通过外部循环水系统控制培养或反应温度，工作温度范围为 -20～80℃。高压显微观察舱内装有温度探针，可显示实际反应温度。Yin 等在高压显微观察舱中成功培养了深海细菌，利用拉曼光谱技术对其代谢底物和产物进行了实时定性和定量分析，发现压力对能量代谢速率的影响（Yin et al., 2018）。日本学者应用高压舱分析了高压对鞭毛旋转和细胞运动的影响。研究发现压力达到 80MPa 时所有细胞都停止运动，但细菌鞭毛马达仍然能够转动，且产生的力矩足以使多根鞭毛形成鞭毛束（Nishiyama and Kojima, 2012）。除了对细胞培养液进行实时检测分析，高压舱也可用于体外实验，分析压力对蛋白质功能和性质的影响。

由于极端微生物群落特征和生存环境的复杂性，培养和观察设备的改进只是一方面的工作，还应综合多方面信息，结合培养基的配方改进等技术手段为极端微生物的研究提供保障（陈丽媛和徐冲，2013）。与其他学科的理论知识相结合能够更好地帮助研究者了解极端微生物，设计尽可能接近微生物原生境的培养环境，拓展微生物的可培养性，争取培养出更多的未培养微生物（范念斯等，2016）。目前使用较多的新型微生物培养方法包括稀释培养法（Button et al., 1993；戴欣等，2005）、高通量培养技术（Connon and Giovannoni, 2002；Nichols et al., 2010）、扩散盒培养技术（Kaeberlein et al., 2002）和细胞微囊包埋技术（Zengler et al., 2002）等。对于极端微生物而言，由于其培养方面的独特性，采用分子生物学的方式进行辅助培养，将大大提高培养效率。利用宏基因组学（metagenomics）研究目标微生物的多样性结构和功能基因组，可以探知不可培养微生物中的天然产物及处于"沉默"状态的天然产物。结合基因数据库和不断丰富的基因注释信息，可以快速缩小目标微生物优势生长边界条件，更为高效地进行培养（Stevenson et al.，2004）。

绝大部分深地极端环境微生物不能在实验条件下被培养，保真采样和模拟原位环境研究技术对深地极端环境微生物的后续研究具有重大的意义。在实际采样中，应该详细探查岩心所处周围环境，如采样深度、岩石理化性质及地质条件，根据具体情况设计取心钻头及配套部件，以最大限度地保护岩心中微生物，使其免遭高温伤害。深地生物圈研究平台建设和装备研制对于深部极端环境中微生物的研究具有重要意义。通过探索深地极端环境微生物的生命活动，将揭示新的代谢途径和能量利用形式，发现新的生命形式，了解地球生命的起源和演化过程，为寻找地外生命提供借鉴。

第五节 单细胞微区分析及其他分析技术

自然界绝大多数微生物是肉眼无法看见的，而且只有极少数可以在实验室纯培养，因此微生物学自诞生伊始就与显微观测技术关系密切。近年来随着技术的进步和新仪器的开发，微生物学逐渐从基于培养的、群体细胞的研究向不基于培养的、单细胞亚微米–纳米尺度的研究发展。以纳米二次离子质谱、原子力显微镜和电子显微镜等为代表的显微分析仪器极大地拓展了微生物学研究的广度和深度。

一、纳米二次离子质谱

二次离子质谱（secondary ion mass spectrometry，SIMS）技术是一种将高分辨率显微技术与同位素分析相结合的离子探针分析技术，能够在亚微米和纳米尺度上分析样品的元素和同位素组成信息。纳米二次离子质谱（nano-scale secondary ion mass spectrometry，NanoSIMS）是20世纪90年代新发展起来的一种先进的SIMS分析技术，最初主要用于传统生物学研究。NanoSIMS相较于传统的SIMS具有更高的空间分辨率（可达到50~150nm）和质量分辨率，且分析所需样品量较少，是目前最先进的微区分析技术之一，因此被广泛应用于微生物学、地球科学、材料科学和化学等研究领域（Hoppe et al.，2013）。

NanoSIMS由离子源（Cs^+或O^-）产生的一次离子在真空加速器中加速形

成高能量（1～20keV）的一次离子束，一次离子束聚焦并轰击待测样品，溅射出带有正负电荷的二次离子，随后借助磁场分离荷质比不同的二次离子并用法拉第杯或电子倍增器测量其元素或同位素强度，最后成像并定量计算固体表面所含元素/同位素的丰度。Cameca 公司生产的 NanoSIMS 50L 型纳米离子探针是目前最先进的 NanoSIMS 仪器，具有铯离子源（Cs$^+$）和氧离子源（O$^-$）。铯离子源轰击样品（如 C、H、O、S 和 P 等非金属元素）可产生带负电荷的二次离子，其空间横向分辨率可以达到 50nm；氧离子源轰击样品（如 Mg 和 Fe 等金属元素）则产生带正电荷的二次离子，横向分辨率可达 150nm。NanoSIMS 50L 具有七个平行的二次离子接收器，可同时分析七种不同的元素或同位素。NanoSIMS 分析的主要优势：①超高真空的分析环境能够最大限度地保证样品的真实信息；②理论上能够检测和分析元素周期表上几乎所有的元素；③可以同时分析多达七种元素或同位素，提供更加全面的样品信息；④具有高的灵敏度、空间分辨率和质量分辨率，检测灵敏度可达到 ppm 级，铯离子源下空间横向分辨率可达 50nm，并能有效区分 $^{13}C^-$ 与 $^{12}C^1H^-$ 及 $^{12}C^{15}N^-$ 与 $^{13}C^{14}N^-$ 之间的细微质量差异。

　　SIMS 和 NanoSIMS 在地球科学和微生物学领域特别是地质微生物和深地生物圈研究中彰显出了巨大的应用潜力，为从单细胞水平研究微生物的生理生态和元素的迁移转运及定量分析细胞的代谢通量等提供了强而有力的技术支撑。从深地生物圈研究领域来看，研究深地生命面临着重重挑战，首要困难是深地生命样品的获取。以海洋深地生物圈为例，不论是海底沉积物、冷泉和热液喷口还是海底岩石样品的获取都需要极大的技术支撑。综合大洋钻探计划（IODP）是最重要的深地生物圈样品获取途径之一，而获取的深地样品十分珍贵和有限。随之而来的第二个挑战就是如何高效利用有限的样品，尽可能多地获取有价值的研究成果，在这方面 NanoSIMS 的优势凸显。2001 年 Orphan 等创新地将 SIMS 和荧光原位杂交技术联合使用，成功揭示了一类与细菌共生的海洋古菌利用环境中甲烷的代谢过程，该发现加深了对微生物介导温室气体甲烷循环的新认识，也显示出 SIMS 在研究未培养微生物环境功能方面的优越性（Orphan and Delong, 2001）。随后，Li 等建立了 NanoSIMS 和荧光原位杂交联用的技术，并将该方法用于研究未培养微生物吸收甲醇的过程和机制。最近，Dekas 等将基因转录分析与 NanoSIMS 和荧光原位杂交技术结合，分别从群落水平和单细胞水平系统表征了甲烷氧化古菌与 δ 变形菌纲细菌之间的代谢活动和相互作用（Dekas et al., 2016）。Trembath-Reichert 等通过稳定同位素探针（SIP）和 NanoSIMS 联用，研究了位于海底以下 2km 处中新世时代的煤层中的活性微生物代谢甲基化合物的途径（Trembath-Reichert et al.，2017）。Milucka 等通过 NanoSIMS 的方法，发现海洋厌氧甲烷氧化古菌（anaerobic methanotrophic archaea，ANME）参与代谢终产物为零价硫的硫酸盐还原过程（Milucka et al.，2012）。这些研究表明 NanoSIMS 为从单细胞水平研究微生物的生理生态提供了有效的新途径。

　　NanoSIMS 的高分辨率同位素成像技术可以精确示踪元素在生物体（细胞）内的动态迁移过程。Lechene 等利用同位素标记培养示踪氮元素从动物（船蛆）体内的共生微生物迁移到宿主组织的动态过程，证明了共生固氮微生物可以为宿主提供氮源（Lechene et al.，2007）。NanoSIMS 还被用来研究氮元素和碳元素在丝状蓝细菌 *Anabaena oscillarioides* 的营养细胞和异型细胞中的分布和迁移情况，同位素图像清楚地显示出营养细胞（vegetative cells）和异型细胞（heterocysts）的元素分布差异，发现新固定的氮元素从异型细胞中扩散到营养细胞，并在营养细胞中均匀分布（Popa et al.，2007）。此外，NanoSIMS 通过测量样品的同位素比值可以分析环境微生物介导元素吸收的速率和通量，有助于定量认识和评估环境微生物的生理生态功能。例如，Finzihart 等利用 NanoSIMS 研究一类海洋蓝细菌氮固定和碳固定，不仅获得了这两类同位素在单细胞中的精细时空分布图像，还定量分析了该类蓝细菌的固碳和固氮速率，发现固碳和固氮分别在一天中不同时间段达到峰值，从而揭示了蓝细菌规避二氧化碳固定途径中产生的氧气会抑制固氮酶活性的策略（Finzihart et al.，2009）。

　　NanoSIMS 最近也成功应用于微生物矿化的过程和机理研究。2010 年，Byrne 等通过 NanoSIMS 技术示踪纯培养趋磁细菌 *Desulfovibrio magneticus* RS-1 吸收铁元素的过程，以及铁在细胞内的空间分布特征（Byrne et al.，2010）。趋磁细菌是一类能进行感磁运动的微生物，它们通过在体内矿化合成铁磁性纳米颗粒来感应磁场，利用该特性这类微生物能够高效定位到水环境和沉积环境中低氧或无氧区域。趋磁细菌是地质微生物学、生物矿化和生物地磁学的代表性研究对象，对于认识和理解微生物的地质环境功能、生物感磁的起源与演化和机理、生物矿化的机制及细胞器的起源和演化等都具有重要意义。我们把 NanoSIMS 技术应用于环境未培养趋磁细菌的研究，向一类属于硝化螺旋菌门（Nitrospirae phylum）的趋磁细菌样品中加入 ^{13}C 和 ^{15}N 标记的碳酸氢钠和硝酸钠进行处理，NanoSIMS 分析显示这类趋磁细菌细胞内可以富集 ^{13}C 元

素和 ^{15}N 元素，指示该类群为自养生物并可吸收环境中的硝酸盐；另外，^{13}C、^{15}N 和 ^{32}S 等同位素的丰度和分布在单细胞水平也呈现出差异，这些结果有助于更好地认识环境趋磁细菌的生理代谢特征及其生物地质功能（图 3-7）。

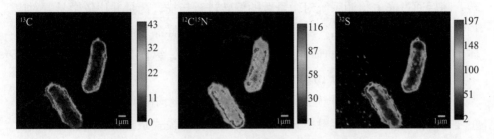

图 3-7　一类属于硝化螺旋菌门（Nitrospirae phylum）
未培养趋磁细菌的 NanoSIMS 同位素分析结果
彩色比例尺表示接收到的二次离子数目

宏基因组、单细胞基因组和 NanoSIMS 技术都规避了微生物难于纯培养的研究瓶颈，它们各有优势且互为补充：宏基因组和单细胞基因组技术可以从基因组水平构建目标微生物的可能代谢通路；NanoSIMS 则利用同位素标记验证推测的代谢通路在细胞水平上是否执行功能，并进一步定量分析目标微生物参与介导元素吸收/释放的效率和通量。因此未来宏基因组、单细胞基因组与 NanoSIMS 的联用可以更加深入解析环境中未培养微生物的生理生态功能及其对元素循环的贡献。

二、原子力显微镜

原子力显微镜（atomic force microscope，AFM）能提供原子或近原子解析度的表面形貌图像，还可以提供物质形态（如高度和尺寸等）的定量测量（Binnig et al.，1987）。原子力显微镜的最大特点是可以测量表面原子之间的力，不但能用于导体和半导体，还可以应用于绝缘体，因此具有更广泛的适用性（Binnig et al.，1987）。原子力显微镜通过探针与被测样品之间微弱的相互作用力（原子力）来获得样品表面形貌信息，非导电样品不需要覆盖导电薄膜就可使用原子力显微镜直接进行分析（Ohnesorge and Binnig，1993）。原子力显微镜可以在真空、大气或溶液下工作，因而在材料学、化学、生物学和物理学等领域获得了广泛的应用（章晓中，2006）。

原子力显微镜包括 5 个主要部件，分别是微型针尖、感知悬臂梁偏转的传感器、反馈系统、机械扫描系统和图像显示系统。其工作原理是传感器的微悬臂一端安装一个对微弱力极敏感的极细探针（金刚石探针），当探针与样品接触时，它们之间的原子产生极微弱的相互作用，这种相互作用导致微悬臂的偏转。随后通过光电检测系统对微悬臂的偏转进行扫描，测量并比较微悬臂对应扫描点的位置变化，将这种变化信号放大并转换成样品表面原子级别的三维立体形貌。原子力显微镜的横向分辨率可达 0.15nm，纵向分辨率可达 0.05nm，可测量的最小力的量级为 $10^{-14} \sim 10^{-16}N$。

原子力显微镜的工作模式是以针尖与样品之间作用力的形式来进行划分，主要分为接触模式、非接触模式和敲击模式。接触模式是直接利用探针去测量样品表面的原子形貌，通过在针尖上施加非常小的力（$10^{-7} \sim 10^{-11}N$），记录针尖与样品之间的排斥力，然后转变成样品表面的模拟图形，获得原子级的分辨率图像（朱杰和孙润广，2005；Maver et al.，2016）。非接触模式下针尖置于样品上方，距样品表面 5~10nm，针尖与样品之间通过长程力（如磁力、静电和范德华力）相互作用。由于针尖与样品分离，该工作模式对样品没有破坏作用，但横向分辨率较低（Maver et al.，2016）。敲击模式是介于上述两种模式之间的扫描方式，扫描时针尖与样品周期性地间断接触，当针尖未接触样品表面时，微悬臂以一定的大振幅振动；而当针尖轻轻接触表面时，振幅将减小。敲击模式适合于分析柔软、黏性和脆性的样品，并适合在液体中成像（朱杰和孙润广，2005）。

原子力显微镜不但在材料、半导体和化学等领域具有广泛的应用，在生物科学领域也有重要的应用。生物大分子样品不需要覆盖导电薄膜，就可以在多种环境下直接实时观测。利用原子力显微镜可以对氨基酸、DNA、蛋白质及整个细胞进行成像，对于揭示这些生物大分子的结构十分有用（Maver et al.，2016；Ozkan et al.，2016）。Zhang 等利用非接触式原子力显微镜对连接 8- 羟基喹啉团簇的氢键进行了高分辨率成像，并在原子级别上确定了键型的构象（Zhang et al.，2013）。Fantner 等使用高速原子力显微镜记录了抗菌肽对大肠杆菌细胞壁的影响，通过高分辨图像观察到在初始时间为 13s 时细胞表面就开始被破坏，随着时间的增加，大部分大肠杆菌细胞壁的损伤程度增加并出现褶皱。虽然有少部分大肠杆菌短时间内（约 12min）可以抵抗抗菌肽的影响，但当抗菌肽作用时间长达 30min 后，这些细菌出现褶皱，细胞壁完全损伤（Fantner et al.，2010）。

在深地生物圈研究中，对深地生命形貌结构的高分辨率解析有利于更好地理解深地生命如何适应极端环境；与此同时，在生物矿化及生物分泌大分子的研究中原子力显微镜也具有广泛的应用。Friedbacher 等用原子力显微镜研究了墨西哥帘蛤和海胆的外壳粉末颗粒的结构域和原子结构，并与市售的碳酸钙（$CaCO_3$）和碳酸锶（$SrCO_3$）粉末结构进行对比（Friedbacher et al., 1991）。Sethmann 等利用原子力显微镜解析了海洋中纳米方解石晶体结构，由此推断出其形成过程；并通过与该生态环境中生物矿化产物进行对比，最终确定该纳米方解石晶体是海胆（*Sphaerechinus granularis*）生物矿化的产物（Sethmann et al., 2005）。Langer 等使用原子力显微镜研究了海水底栖有孔虫分泌到沉积物中的糖胺聚糖分子结构，并讨论了糖胺聚糖大分子与有孔虫生物矿化之间的关系（Langer, 1992）。Priscu 等通过扫描电子显微镜和原子力显微镜观察了来自南极洲沃斯托克湖（Lake Vostok）深度为 3588.995～3589.435m 的冰心样品，发现其中微生物的浓度为每毫升 2.8×10^3～3.6×10^4 个细胞，由此推测沃斯托克湖尽管隔绝空气超过 100 万年，仍可能支持一些微生物群落的生长（Priscu et al., 1999）。

三、电子显微镜

运动的电子具有波粒二象性，且可用电磁透镜使其会聚，故可用电子作为显微镜的光源。电子显微镜是利用轴对称的磁场对电子进行会聚，从而达到成像目的。当入射的电子束与试样碰撞时，电子和组成物质的原子核与核外电子发生相互作用，使入射电子的方向和能量改变，从而产生各种信号，如弹性散射电子、二次电子、特征 X 射线、背散射电子、透射电子和阴极荧光等。其中电子受到试样的弹性散射是电子衍射谱和电子衍衬像的物理依据，电子的非弹性散射是扫描电镜和能谱分析等的基础。在此，介绍透射电子显微镜、扫描电子显微镜及冷冻电子显微镜的基本原理及优势。

1. 透射电子显微镜

透射电子显微镜（transmission electron microscope, TEM）是以波长极短的电子束作为照明源，用电磁透镜聚焦成像的一种高分辨率和高放大倍率的电子光学仪器（林先进，1984）。利用高能电子束穿透样品，样品中不同质量密度的元素对电子束产生不同程度的散射，形成具有反差的图像，从而反映出样品的内部结构（王春朝和茅永强，2006）。透射电子显微镜的成像原理是通过电子枪发射出电子，电子束被加速后穿过超薄的试样，与试样发生相互作用，穿过试样的透射电子被成像系统的电磁透镜放大且成像，并集中到一个成像装置，从而得到样品的一些形貌和结构信息。透射电子显微镜的图像模式能直接观察形貌像（明场和暗场像）、晶格像、原子像，以及材料中各类晶体缺陷信息，而衍射图谱能获取晶体结构信息如对称性、物相、晶粒取向和孪晶等。

透射电子显微镜通过电子束穿透样品成像，因此用于观测的电镜样品对厚度有一定要求，样品的制备是透射电子显微镜研究的关键一步。对于颗粒样品、粉末样品、液体样品和块状样品等应当采取不同的处理方法（杜会静，2005）。透射电子显微镜具有空间分辨率高与放大倍数大等优点。场发射型透射电子显微镜的点分辨率可达到 0.19nm，能获取物质的纳米级图像、成分和结构信息，是重要的纳米级微区分析仪器（Engel et al.，1982；Zhang T et al.，2016）。目前，国际上最先进的球差校正透射电子显微镜的空间分辨率可达 0.06nm，能够实现原子级高分辨成像和元素成分分布的观测（Zhang B et al.，2016）。

由于 TEM 研究生物样品的优越性，在极端环境与深地生物圈生物样品的研究中也被大量应用。Thomas-Keprta 等使用 TEM 分析了从火星陨石 ALH84001 中的碳酸盐球中提取的磁铁矿（Fe_3O_4）晶体与地球趋磁菌株 MV-1 产生的磁铁矿晶体，并对两者进行比较，提出了由生物控制机制（如趋磁细菌）产生的磁铁矿区别于地质成因磁铁矿的六种性质（Thomas-Keprta et al.，2000）。Dupont 等使用 TEM 观察了地中海海底洞穴中生存的食肉型海绵 Asbestopluma hypogea 及与其共生的微生物类群（Dupont et al.，2013）。Noble 等采集了加利福尼亚州长滩市和圣卡塔利娜岛之间海域水深 800m 处的样品，使用核酸染色剂 SYBR Green I 对样品中的病毒和细菌进行染色，并使用 TEM 观察和计数病毒与细菌的个数，建立了 SYBR Green I 快速测定海洋病毒和细菌的荧光计数方法（Noble and Fuhrman，1998）。Abouna 等采集了位于加勒比海的法国西印度群岛瓜德罗普岛的红树林潟湖的刺细胞动物样品，利用扫描电子显微镜、透射电子显微镜和能量色散 X 射线光谱鉴别了与其共生的携带有硫颗粒的原核生物种群，首次发现了刺细胞动物硫氧化共生，并发现这种共生仅存在于水螅型刺细胞动物中（Abouna et al.，2015）。

2. 扫描电子显微镜

扫描电子显微镜（scanning electron microscope，SEM）即扫描电镜，是一种以高能电子束作为光源照射样品表面，通过收集二次电子、特征 X 射线、背散射电子和阴极荧光等特征物理信号对样品进行表面形貌观察、成分分析与晶体学研究的电子显微学设备；具有分辨率高、景深大、立体感强及样品制备简单等特点。商品化的扫描电镜的分辨率可以达到 1nm，放大倍数可从几倍到几十万倍且连续可调，可用于宏观形貌和微观结构的对比观察分析（刘彻，2013）。目前，最先进的场发射扫描电镜分辨率能达 0.6nm，能进行高分辨成像和成分分析。扫描电镜的结构主要分为五个部分，包括镜筒、电子信号的显示与记录系统、电子信号的收集与处理系统、真空系统和电源系统（张新言和李荣玉，2010）。其工作原理是电子枪发射的电子经过会聚透镜和物镜聚焦后成为高能电子束，在扫描线圈的驱动下对样品表面进行栅网式扫描，并与样品相互作用产生二次电子、背散射电子和 X 射线等特征物理信号。电子信号的收集与处理系统可以收集特征物理信号并进行分析。电子信号的显示和成像系统由显像管和照相机组成，显像管用于成像，照相机实时拍照。真空系统使镜筒内达到 10Torr[①] 的真空度，电源系统为各部分提供特定电能。

　　与光学显微镜和透射电子显微镜相比，扫描电镜的优点主要是具有更大的景深，可直接观察样品凹凸不平的表面细微结构，视野大且成像立体感强。扫描电镜还有较高的放大倍数，综合分析能力强，其样品制备也较透射电子显微镜更简单。目前扫描电镜一般都配有能量色散谱仪、电子背散射衍射仪和阴极发光光谱仪，这样可以同时进行显微组织形貌观察、微区成分、晶体结构分析、元素掺杂及振荡环带等分析。电子背散射衍射技术（EBSD）是基于扫描电镜中电子束在倾斜样品表面激发形成的衍射菊池花样，并加以标定分析从而确定晶体结构、晶体取向及相关的信息等，空间分辨率最高可达 10nm。EBSD可应用于获取晶体取向信息、晶粒间取向差测量、物相鉴定、相分布和相含量测定、微结构分析、应变分析表征、晶粒尺寸测定和统计等（章晓中，2006；Wright et al.，2011）。

　　近年来，通过缩小电子束斑、提高电子枪亮度、提高真空度和系统收集效率及减少外界干扰，扫描电镜分辨率有了显著的提升（于丽芳等，2008）。为了满足不同学科不同领域的研究需求，一些新型的扫描电镜应运而生，其中代表性的有低电压扫描电镜、环境扫描电镜和冷冻扫描电镜。低电压扫描电镜的电子束加速电压在 1kV 左右，可观察未经导电处理的非导体样品，对样品的伤害很小且二次电子产率更高，使得成像更加敏感且分辨率更高。环境扫描电镜（environmental scanning electron microscope，ESEM）可以在不喷镀碳膜的情况下观察非导电材料，且不损坏样品；还可以在有湿度的环境下观察样品，即可

---

① 1Torr=133.322Pa。

以进行含油含水物质的观察，也可以观察样品的动态变化。其之所以能直接观察生物样品得益于其采用了多级压差光栅和气体二级电子探测器。多级压差光栅技术保证了显微镜内部可以形成梯度真空状态，即在镜筒保持高真空的同时，样品室可维持高气压；气体二级电子探测器通过二次电子对气体分子的电离作用，一方面使生物样品微弱的二次电子信号放大，另一方面所产生的正离子可消除生物样品表面的电荷积累（汤雪明和戴书文，2001）。

　　环境扫描电镜在深地生物圈的研究中具有广泛的应用。Fisk 等利用环境扫描电镜观察到了夏威夷深度为 3109m 的火山岩中有微生物存在，推测每克岩石约有 100 000 个细胞，并通过提取核苷酸序列比对发现这些微生物与海底地下发现的泉古菌极其相像（Fisk et al.，2003）。Woesz 等通过环境扫描电镜研究了深海海绵 *Euplectella aspergillum* 骨针的结构并做出力学分析，对纳米结构材料和仿生学的研究具有重要意义（Woesz et al.，2006）。

　　3. 冷冻电子显微镜

　　冷冻电子显微镜（cryo-electron microscopy，Cryo-EM）即冷冻电镜，是一种将生物大分子样品冷冻起来制取样品，通过透射电子显微镜成像，再经过图像处理和三维重构计算获得三维结构图像的电子显微学技术制品（Nogales，2015）。其分辨率可达原子级别。由于其具有可以观察少量未结晶生物样品的特点，冷冻电镜技术比之 X 射线晶体学（X-ray crystallography）和核磁共振（nuclear magnetic resonance，NMR）具有明显的优势（Nogales，2015）。冷冻电镜技术包括低温制样、低剂量电子成像和计算机图像处理三部分。低温制样是使用液态乙烷迅速冷冻处理含水生物样品至 −190℃左右，使水分呈玻璃态。玻璃态水不会改变含水生物样品的结构特征，并提高了样品的衬度。低剂量电子成像技术的原理是利用低电子密度、无损电子辐照在高衬度电镜下观察单个颗粒的二维位置和三维结构（Henderson et al.，1990）。低剂量电子成像技术减少了电子辐射对生物样品的损伤和温度升高的影响，极大减少了图像的噪声，提高了样品的衬度和图像质量。计算机图像处理技术即通过图像处理技术和三维重构计算，通过样品的二维投影确定其三维结构。

　　近年来，冷冻电镜获得飞跃式发展，主要取决于以下三个方面。①在制样技术上，借助石墨烯等新材料制样降低了包裹样品的冰层厚度，提高了信噪比；②在成像技术上，新发明的电子探测器可以直接探测电子数量，并可在一秒钟内获得数十张投影图片，通过后期样品漂移修正和图片叠加，可以获取高信噪比的图片（Li et al.，2013）；③是计算能力的提高和软件算法的进步（主要包括单颗粒算法的出现和发展）（黄岚青和刘海广，2017），极大地提高了三维重构的水准与精度。

基于冷冻电镜的高分辨率及能够观察少量未结晶生物样品的特点，冷冻电镜可以应用到深地生物圈中生物大分子精密结构的研究中（这一领域的应用和研究现在还相对空白）。Pietilä 等利用冷冻电镜解析了七种极端嗜盐古菌病毒的蛋白结构，并发现这些古菌病毒的基因组中没有任何核蛋白结构（Pietilä et al.，2012）。Cao 等利用冷冻电镜观察了海洋中罗氏沼虾病毒感染罗伯特氏菌 *Cafeteria roenbergensis* 快速的动态过程（Cao et al.，2014），这对研究深地生物圈内物种相互作用有很大的启发。

四、能量色散 X 射线谱仪

能量色散 X 射线谱仪（energy dispersive X-ray spectrometry, EDX）简称能谱仪，是一种快速无损，能够精确进行元素定性和半定量分析的成分检测仪器。它工作的理论依据是：高能电子激发样品原子电子使样品原子的内壳层出现空位，外层电子向内层空位跃迁时释放出特征 X 射线，特征 X 射线的能量或波长与原子序数存在函数关系，根据检测到的特征 X 射线即可进行该区域元素表征。能谱仪分析深度一般在 1μm 左右，能量分辨率为 128 eV，元素探测范围通常在 B～U。能谱仪分析过程中自动识别谱峰元素，最低检测限可达 1000ppm（张大同，2009）。

能谱仪主要包括探测器、放大器、脉冲处理器、显示系统和计算机五个部分。从样品出射的 X 射线进入探测器，转变成电脉冲，经过前置和主放大器放大，由脉冲处理器分类和计数，最终由显示器展示出 X 射线谱图。能谱仪结构简单，使用方便，可以根据需求进行位点谱图创建、线扫描和面分布图构建。能谱仪能很好地配置在扫描电子显微镜（SEM）、透射电子显微镜（TEM）和扫描透射电子显微镜（STEM）上进行微区成分分析，可将样品的内部组织、微观形貌、晶体结构和化学成分的分析结合进行，已经成为研究样品微区成分最有效的技术方法之一，在材料科学、地质学、生物学、医学等领域得到了广泛的应用（张大同，2009）。

作为有效而快速的元素分析手段，能量色散 X 射线光谱技术在深地生物圈也有应用。Takai 等通过扫描电子显微镜和能量色散 X 射线光谱分析了从巴布亚新几内亚附近的马努斯盆地的 PACMANUS 站点获得的黑烟囱样品，表明锌和硫是其主要成分；结合核糖体 DNA 测序，评估了深海热液喷口烟囱结构中微生物的古菌群落结构，证明烟囱结构中的古菌群落主要由极端嗜热古菌和极端嗜盐古菌组成（Takai et al., 2001）。Lee 等使用透射电子显微镜和能量色散 X 射线光谱等技术，研究细胞色素缺陷型异化金属还原菌 *Shewanella oneidensis* MR-1 突变体还原二氧化锰（MnO_2）的作用，发现了生物成因的硫化锰，并由此发现锰生物地球化学循环中的锰汇（Lee et al., 2011）。

五、拉曼光谱技术

拉曼光谱又称为拉曼效应，最初由印度人 C. V. Raman 发现，并由此命名（吴征铠，1983）。拉曼光谱产生的原因是光照射到物质上发生了非弹性散射。非弹性散射是指光子与分子发生能量交换，光子不仅改变了运动方向，同时将一部分能量传递给分子，或者分子的振动和转动将能量传递给了光子，从而导致光子的频率发生变化，称为拉曼散射。拉曼光谱与分子结构有关，每一种物质都有特定的拉曼光谱，因此可以用来鉴定分子中存在的官能团。其突出优势是对于样品的无损分析，因此可以应用到活体生物物质的检测。近年来拉曼光谱技术飞速发展并得到广泛应用，表面增强拉曼光谱技术、高温拉曼光谱技术、共振拉曼光谱技术、共焦显微拉曼光谱技术和傅里叶变换拉曼光谱技术等先后被研发出来，在化学、生物、文物考古和矿床学等方面的研究中发挥了重要作用。

拉曼光谱技术在有机化学、高分子蛋白分析和晶体材料方面被广泛应用。近年来，在极端环境生物样品和化石生物质的研究中拉曼光谱技术同样显现出极大优势。Marshall 等利用傅里叶变换拉曼光谱技术首次研究了极端嗜盐古菌 *Halobacterium salinarum* 的细菌素和微绿藻 *Botrycoccus braunii* 的藻胶鞘（Marshall et al., 2006）。类胡萝卜素是一种明确的生物起源的有机分子，最近被用于天体生物学勘探的目标化合物而受到广泛关注，Marshall 等首次分析了成岩作用下类胡萝卜素的拉曼光谱，发现了功能化类胡萝卜素与成岩转化类胡萝卜素之间的光谱差异，为天体生物学研究提供了独特的诊断光谱（Marshall and Marshall，2010）。Campbell 等应用扫描电子显微镜、拉曼光谱及 X 射线粉末衍射等技术对新西兰和阿根廷硅质温泉沉积物中的生物质进行分析，发现了微生物群落在微米级别上变化；早期的快速硅化对于长期保存至关重要；热泉沉积物中化石微生物活性最强大的生物标志物是其特有的宏观和微观结构及拉曼光谱技术识别的碳（Campbell et al.，2015）。

六、超高分辨率同位素质谱仪 Panorama 简介

1. Panorama 简介

Panorama 是英国 NU 公司生产的超高分辨率同位素质谱仪，是目前进行 C、N、S、H 和 O 同位素分析领域最高端、最先进的仪器（图 3-8），具有高达 40 000 以上质量分辨率、极高灵敏度和多接收等特点。Panorama 设备在国际上只有两台，分别在加利福尼亚大学洛杉矶分校（UCLA）和上海海洋大学深渊科学与技术研究中心。该设备主要用于小分子量气体分子（如 CH_4、N_2O 和 O_2 等）同位素异数体（clumped isotopes）的测定，具有广泛应用前景。由于很多同位素异数体离子丰度很低，并且质量数很接近，如质量数同为 18 的 $^{13}CH_3D^+$ 和 CH_2D_2，精确质量数的差别在小数点后的好几位，因此对于这些同位素的分析需要 40 000 甚至更高的分辨率。

图 3-8 Panorama 超高分辨率同位素质谱仪实物图

Panorama 超高分辨率同位素质谱仪主要包括以下 9 个部分。①离子源：采用尼尔型电子冲击装置的设计，运行电压可高达 20kV。这就有效地增加了离子源的灵敏度，因为产生更多的离子被送到质谱仪。②离子光学系统：采用一个全新的离子光学系统，具有一个独立的 800mm 半径的 85° 磁铁，以及一个 1017.6mm 半径的 72.5° ESA（electrostatic analyzer），提供了双聚焦系统。③质量分析器：当所有气体载入时，分析器和收集杯的压力需要低至 10^{-9}mbar，此处使用 2 台 40L/s 和 4 台 160L/s 的离子泵。泵系统在停电过程也能保持完整的真空。④分辨率：Panorama 的超高分辨能力使得无论是离子源的狭缝还是接收杯的狭缝都可以调整，以获得干扰离子的分离；其分辨能力大于 40 000。⑤检

测系统：包含 8 个独立可移动的接收杯和一个固定的"轴"接收杯。轴接收杯既可以适合法拉第杯，也可以适合离子计数器检测器。专门设计的法拉第杯结实耐用，重复性好，并且不易产生机械噪声。石墨涂层的内部表面可以减少二次离子或电子发射量。静电和磁抑制装置纳入法拉第探测器系统进一步防止离子和电子逸出的法拉第探测器。⑥自动双路进样系统：自动双入口模块包括四个波纹管组件。每一个都可以由软件分配到样品气或参考气。提供了两个进样口的压力传感器，一个专门可配套最小的波纹管（通常采用的"样品"入口），另一个监测其他入口压力。⑦真空系统：在离子源和传输区域各采用一个300L/s 分子涡轮泵，分子涡轮泵前级是一个无油真空泵。⑧水冷系统：系统中唯一需要水冷的组件是分子涡轮泵。系统的其他部件如电磁铁是风冷。一个风冷循环水冷却器将会随仪器提供。⑨数据采集等其他系统。

2. Panorama 应用

由于 Panorama 稳定同位素质谱仪具有超高的分辨率和极高的灵敏度，在古气候学、大气科学、同位素地球化学、岩石学和石油天然气勘探等前沿和新兴研究领域将具有广泛的应用。

（1）古气候学。通过高灵敏度 clumped 同位素分析，进行古气温状况的估算，结合古气候成因及大气物理学等理论，判别不同地质时期气候变化情况。

（2）大气科学。用于大气中各种气体及挥发和半挥发性化合物，通过分子内特殊位点及 clumped 同位素测定，进行温室气体源汇和大气污染物源解析等科研工作（Haghnegahdar et al.，2017）。

（3）同位素地球化学。通过稳定同位素在自然界中的丰度及其变化，研究稳定同位素在地球及其各圈层中的分布分配，在不同地质体中的丰度及其在地质作用过程中的活化与迁移、富集与亏损和衰变与增长的规律，以及同位素组成变异的原因。通过分子 clumped 同位素分析，可以直接了解到分子的形成、运输、存储和分解的情况（Young et al.，2017）。

（4）岩石学。可用于碳酸盐岩储层状况、成岩作用和成岩环境研究；利用碳和氧稳定同位素及其 clumped 同位素分析技术，提供地学过程研究的新信息，尤其在指示矿物形成温度等方面展示了广阔的应用前景。

（5）石油天然气勘探。可用于石油天然气中甲烷及烃类化合物的特殊位点及 clumped 同位素分析。分子离子和碎片离子用于特定位点同位素分析，高分辨率用于主质量数相同的多同位素体干扰的分离，大质量范围用于复杂分子如烃类化合物直接进样分析；可用于油气资源勘探、海洋溢油分析等工作。

（6）海洋深地生物圈蛇纹石化带甲烷的成因及生命起源研究。分析甲烷的clumped 同位素信号，鉴定甲烷的生物或非生物成因，研究蛇纹石化带微生物学和生物地球化学过程，探索生命的起源。

第六节 组学和生物信息技术平台的建设

一、组学时代深地生物圈微生物研究的挑战和机遇

深地生物圈与地表生物圈相比，不依赖光合作用，而是通过地球深层的化学能来维持。独特的黑暗环境使得深地微生物具有极大的特殊性，主要由具有厌氧、耐高温、高压和化能无机自养型等特点的微生物组成，这些特殊性对我们的研究分析提出了挑战。最主要的挑战在于，正常细胞通常比深地微生物至少大上百倍，深地微生物原位生长和新陈代谢速率极低，分裂一次需要数年甚至上千年，大多数很难人工培养，传统的细胞计数、推测微生物活性和 16S rRNA 测序等方法遭遇了研究瓶颈；深地微生物的多样性被严重低估，但是深地微生物在全球生物地球化学循环中扮演了重要的角色。

组学和生物信息技术在阐明深地微生物的多样性分布模式和群落动态及驱动因子（Holert et al., 2018），揭示深地微生物群落的优势类群和稀有类群的系统发育多样性、代谢潜能和生态位角色（Bagnoud et al., 2016），以及追溯深地微生物群体微进化过程和决定机制（Anderson et al., 2017）等方面，具有巨大的理论和实际意义，甚至有可能在矿藏开发、与深地生物圈有关的成矿成藏作用、二氧化碳和核废料封存及微生物资源利用等方面发挥重要作用。

对于深地生物圈的微生物研究需要超越以分类学描述为主的阶段，开展多学科交叉和多技术融合的研究。应当在目前这一组学不断发展的时代，多运用新的技术如宏组学技术（宏基因组、宏转录组、宏蛋白质组和宏代谢组）、单细胞测序（single-cell sequencing）技术及培养组学（culturomics）技术等，将传统手段和新手段相互结合，这将会为我们深入研究深地生物圈微生物多样性、起源和进化与群落生态学等及发掘其广泛的应用价值提供前所未有的机会。

二、传统的 16S rRNA 测序与新技术的结合

16S rRNA 测序技术是指对 16S rRNA 基因的核苷酸序列进行测定及生物信息分析的技术（Langille et al., 2013），被广泛应用于微生物的分类、系统进化（Yarza et al., 2014）和微生物多样性的分布模式及群落构建机制（Kuang et al., 2013；Kuang et al., 2016）等研究中。随着研究的深入，该技术的局限性越来越突出。例如，不同物种的 16S rRNA 基因序列相似性常常会高于 97% 的物种分类标准，影响微生物群落结构和多样性的分析结果，并且水平基因转移也会大大影响基于 16S rRNA 基因序列预测微生物群落功能的精确性。基于 16S rRNA 基因的 PICRUSt 功能预测软件、荧光原位杂交技术（FISH）、实时定量 PCR 技术（qPCR）和基因芯片技术等可在一定程度上解决这些问题（Chi et al., 2015）。Bomberg 等利用 16S rRNA 测序结合 PICRUSt，深入研究了芬兰的深部结晶岩裂隙地下水中微生物的代谢功能（Bomberg et al., 2015）；Dyksma 等采用 CARD-FISH 方法，结合 16S rRNA 参考数据库 SILVA（https：//www.arb-silva.de），鉴定得出三种 γ 变形菌在特定区域深海沉积物不同种群中的丰度，以及对黑炭固定的主导地位（Dyksma et al., 2016）；Wasmund 等结合 16S rRNA 和实时定量 PCR（qPCR）方法，鉴定了绿弯菌门（Chloroflexi）DEH 纲（Dehalococcoidia）从地表环境到海底沉积物不同梯度位置的物种多样性和丰度差异，推测了 DEH 纲的内部物种多样性与生理特性及所处生态环境的关系（Wasmund et al., 2015）。通过与新技术的结合，传统的 16S rRNA 测序分析技术焕发了生机，相信会有更多的新旧技术的结合促进深地微生物的研究。

三、宏组学技术：宏基因组、宏转录组和宏蛋白组技术

1. 宏基因组技术

在宏组学技术中，宏基因组技术处于核心地位。宏基因组技术指的是以特定生境中的整个微生物群落为研究对象，不需要对微生物进行分离培养，而是提取环境微生物总 DNA 进行研究。相对于单一物种的基因组测序，宏基因组可测定复杂群体的混合基因组序列。目前国际上已有三大宏基因组计划，即人类微生物组计划 HMP（Human microbiome project）、人类肠道宏基因组计划 MetaHIT（metagenomics of Human intestinal tract）和地球微生物计划 EMP（Earth microbiome project）。

由于地球生物圈中的微生物只有不到1%可被纯培养，因此宏基因组技术为研究这些未被纯培养微生物的多样性、群落结构、代谢潜能和微进化过程等提供了巨大的机遇（Chen et al.，2013；Chen et al.，2015；Hua et al.，2015；Chen et al.，2016；Huang et al.，2016；Castelle and Banfield，2018；Chen et al.，2018）。宏基因组技术可以从整体上揭示整个微生物群落的组成和基因组成（Chen et al.，2015），理清优势和稀有物种的代谢潜能和生态位角色（Hua et al.，2015；Chen et al.，2018），发现群落中新的类群，拓展我们对微生物暗物质尤其是深地微生物的认识，并可与宏转录组或宏蛋白质技术联合使用，从而更直接地反映微生物群落对环境的适应机制和对环境扰动的响应情况（Chen et al.，2015）。

从实验手段来看，目前宏基因组研究以高通量测序技术为主，以基因芯片技术及其他分析手段为辅。宏基因组的高通量测序技术和基因芯片技术各有优势和缺陷，相互结合可以实现优势互补。基因芯片技术基于已有的DNA序列设计芯片探针，所以它能从样品中筛选出已知物种或有明确功能的基因信息，经过系统分析得到这些已知物种或功能的生态分布或变化趋势。但是，它无法检测到未知物种或功能基因，因此很难用于估算生境中的物种和个体总量，是一个封闭体系。相对而言，高通量测序技术是一种开放体系，对其合理运用可以获取某一特定基因的大多数操作分类单元（OTU）及其个体数量或者宏基因组中的大片段DNA的信息，可以发现未知物种或功能基因，从而能够准确反映深地生境中微生物群落的组成、结构及遗传进化关系等。

宏基因组高通量测序技术主要包含采样、DNA提取、测序和生物信息分析四部分，每一部分的实施均需考虑深地微生物的特性，注意与地表微生物的差异。深地微生物样品主要为固态样品和液态样品。固态样品主要包含沉积物和岩石等，液态样品主要包含深部地下水或者流体等，对于它们的采集存在一定的差异。对于固态样品，可利用干净的封口袋或者灭菌离心管采集和封装，4℃（或冰盒）保存和运输，最好于4℃保存于实验室，并尽快进行DNA的提取。而对于液态样品，可通过在现场将水样通过滤膜收集细胞，将收集细胞的滤膜折叠存放于灭菌离心管中，再通过液氮进行样品的急速冷冻；过滤膜的体积大小视样品中微生物的细胞数目的多少而定，如需要进行DNA提取的同时进行RNA甚至蛋白质的提取，所需微生物的细胞数目则需大大提高，对于深地微生物样品，鉴于细胞大小比通常的微生物小，可采用孔径0.1μm的聚碳酸酯滤膜（ZTECG，Graver Technologies，Glasgow，USA）；另外，由于野外条件的限制，可将水样带回实验室再过滤膜，但该方法仅适用于 DNA 的提取，不能保存原位的 RNA 和蛋白质信息。样品运输时需要注意超低温冷藏以避免样品中微生物降解影响样品后续的提取及分析，在带回实验室后需要去除肉眼可见的杂质再进行分装，保存于 −80℃超低温冰箱中。

宏基因组 DNA 的提取方法通常有手工提取法和试剂盒法。试剂盒法适合大量样品的快速 DNA 提取，但对样品 DNA 的消耗相比手工提取法为多。考虑到深地微生物样品基本来自极端生境，微生物的含量较少，采用试剂盒更难以提取足够质量要求的 DNA，因此提取深地微生物的宏基因组 DNA 建议采用手工法。手工提取法的步骤主要包括样品前处理、样品 DNA 提取和样品 DNA 回收。样品前处理建议采用去腐剂清洗样品，可去除样品中混入的金属离子。对于微生物生物量过小的深地微生物样品，需要对总 DNA 进行多重置换扩增，（multiple displacement amplification，MDA）来获得足够的 DNA 量（一般要求大于 5μg）。可使用成熟的试剂盒进行 MDA 的操作，务必在超净工作台中进行实验，以避免引入污染的 DNA。需要注意的是，MDA 方法也存在局限性，如对基因片段的不同区域的扩增速率存在不一致现象，从而导致随后的定量误差。

宏基因组的测序策略包括测序方式的选择（平台和试剂）、文库构建的选择（长度）和测序量的确定等。下面以二代测序为例，介绍宏基因组测序策略的选择。

（1）测序方式的选择。目前最流行的二代测序平台是 Illumina MiSeq 和 HiSeq2500 这两个测序平台，可供选择的试剂盒也颇多，包括单端（single end）和双端（paired end）测序，主要的长度为 PE100、PE125 和 PE250 等，宏基因组测序选择 PE100 和 PE250 搭配较好。

（2）文库长度。PE100 测序选择 300bp 的插入长度比较合适，而 PE250 测序则可以制备 500bp 的文库。

（3）测序量主要根据微生物群落的多样性来确定。另外，不同文库的数据量也不一样，一般短文库的测序量较多，长文库的测序量则较少，具体视样品而定。

目前最流行的三代测序平台为 PacBio 测序平台，读长较长，是二代测序技术的有益补充。

宏基因组的生物信息分析流程的步骤主要包括序列的质量控制、序列拼接、基因预测及功能注释，以及一系列的深度的个性化分析。

目前最先进的基因芯片是环境功能基因芯片 GeoChip，其技术核心是基于全球基因组公共数据库（如 NCBI）的微生物功能基因设计的，且对微生物相关的各类功能基因具有特异性识别能力的寡核苷酸探针阵列（He et al.，2007）。该技术通过大量特定长度（通常 50 个核苷酸）的探针与待测样品中相应功能基因的特异性杂交，评估样品中微生物的功能基因多样性（He et al.，2010）。基于 GeoChip 可定制专业性的针对深地微生物的基因芯片，对于研究深地微生物生理生态、群落结构和生态系统功能等众多领域的相关问题具有重大意义。它虽然很难检测到新的物种和新的功能基因，但可以通过不断地更新，对深地环境中已知物种的微生物群落结构和功能基因多样性进行快速精确的定量检测；而且 GeoChip 基因芯片技术在排除干扰、检测限及可重复性等方面，比宏基因组的高通量测序技术更有优势。基因芯片技术与高通量测序技术结合，可以减少深地微生物基因信息的分析误差。

2. 宏转录组技术

宏转录组技术指的是以特定生境中的整个微生物群落为研究对象，通过提取环境微生物中的 mRNA 进行研究以确定环境微生物基因的调控模式和表达动态（Frias-Lopez et al.，2008）。由于 RNA 测序技术和基因芯片技术的发展，宏转录组研究目前十分活跃。宏基因组学虽然在微生物群落的生理、生态和进化等研究领域中应用广泛，但是不能用来探究微生物群落基因的调控模式和表达动态。而宏转录组可以被用来研究整个微生物群落的表达和调控模式、群落动态和基因组变异的决定因子，宏转录组还可以被用来阐述微生物的代谢策略和生态位角色及对环境扰动的响应机制（Shi et al.，2011；Chen et al.，2015；Hua et al.，2015），且与宏基因组联用还可以确定代谢活跃的微生物类群和功能重要的基因，宏转录组甚至还可以用来确定病毒和宿主的相互作用关系，揭示不同生境中病毒的多样性和代谢活力（Moniruzzaman et al.，2017）。通过宏转录组分析 RNA 表达，可理解深地微生物的营养关系，优化深地微生物的代谢模型。

3. 宏蛋白组技术

宏蛋白组技术指的是以特定生境中的整个微生物群落为研究对象，通过提取微生物群落的总蛋白质和蛋白质消化，利用气相色谱或者液相色谱分离多肽，利用质谱分析获得多肽的频谱并与蛋白质数据库进行比对以对微生物群落进行原位的功能分类和表征（VerBerkmoes et al.，2009）。宏基因组技术虽然可以用来揭示微生物群落的结构、代谢潜能和功能分区，以及微生物的微进化模式，但是宏蛋白组学可以用来更直接地反映微生物群落的结构、代谢活性和功能分区，以及微生物的重组模式和进化历史等（Ram et al.，2005；Lo et al.，2007；VerBerkmoes et al.，2009；Denef and Banfield，2012；Jansson and Baker，2016；Kleiner et al.，2017）。宏蛋白组学还可以用来评估微生物物种对微生物群落生物量的贡献度（Kleiner et al.，2017）和揭示微生物群落蛋白质翻译后修饰的模式和动态，确定蛋白质的翻译后修饰对于微生物的生态适应和进化的重要作用（Li et al.，2014；Jansson and Baker，2016）。宏蛋白组学甚至还可以鉴定病毒相关蛋白质，改善病毒暗物质结构蛋白的注释结果，产生对自然病毒群落的结构蛋白的新洞察（Brum et al.，2016）。基于宏蛋白组的分析，也可更好地理解深地微生物的营养关系，优化生物地球化学模型。

4. 宏组学技术在生物地球化学循环中的综合应用

宏组学技术的综合应用，除上述介绍的一些应用，还在于对生物地球化学循环的研究。微生物是生物地球化学循环（本质上是氧化还原反应）的驱动者，其中的还原反应基本上由深地微生物完成，并对环境产生重大影响。生物地球化学循环是化学元素或分子穿过地球的生物圈和非生物圈（岩石圈，大气和水圈）而不断循环的通路，也就是各种元素循环的集合。生物地球化学循环主要包括碳、氮、磷和硫等元素循环，与大气学、生态学和进化生物学等多个学科联系紧密，并对人类的生活、资源的开发利用和环境保护等有重要的影响。运用宏基因组、宏转录组及宏蛋白组等多组学技术，并结合理化因子可以探究微生物在群落水平和个体水平的时空功能动态（Chen et al.，2013；Chen et al.，2015；Hua et al.，2015；Huang et al.，2016；Chen et al.，2018）、生态位角色和原位的基因表达模式（Hua et al.，2015；Huang et al.，2016），以及其在生物地球化学循环中（Anantharaman et al.，2016；Fortunato et al.，2018）扮演的角色，特别是可以揭示微生物驱动的全球碳、氮和硫等元素循环过程的机制。宏组学技术在生物地球化学循环领域的综合应用，也促进了深地生物圈和地表乃至大气等多圈层的耦合研究，增强了深地生物圈研究的内涵。

四、单细胞基因组测序与分析技术

单细胞基因组技术是指通过分选、细胞裂解和基因组扩增及测序和生物信息分析，揭示最基础生物组织水平的遗传信息（Gawad et al.，2016）。单细胞基因组技术可以在不需要纯培养的情况下，表征微生物暗物质和生物体的遗传异质性（Gawad et al., 2016; Lan et al., 2017），与宏基因组和宏转录组联用可以探究未培养微生物类群的功能和生态复杂性（Mason et al., 2012; Embree et al., 2014; Seeleuthner et al., 2018），揭示微生物群体的生态位分化机制和过程（Kashtan et al., 2014）、原位情形下微生物之间的相互作用，以及水平基因转移和重组事件（Yoon et al., 2011; Embree et al., 2014）。单细胞基因组技术还可以揭示多细胞真核生物稀有的遗传变异和遗传镶嵌现象，阐明生物体的进化历史（Gawad et al., 2016）。尽管单细胞基因组技术已经取得了长足的进步，但是仍然有较大的改进空间：一是提高细胞分离的通量，改善细胞裂解的效率和基因组扩增的效果；二是将单细胞基因组技术与 RNA 和蛋白质测量等技术联用，更好地将基因型与表型联系起来（Gawad et al., 2016）。

单细胞基因组测序技术已被应用到深地微生物研究中。Labonté 等利用单细胞基因组测序技术，研究了 3km 深的深层地下水中厚壁菌门 *Candidatus Desulforudis* 属的 5 个细胞的细胞间基因组含量的差异，发现了水平基因转移和病毒感染的证据，证明了水平基因转移和病毒感染是栖息在高度稳定的深层地下环境中微生物的普遍性进化事件（Labonte et al., 2015）。Fullerton 等通过单细胞基因组测序技术，得到了无法人工培养的深海沉积物中的绿弯菌细胞的全基因组，完整度高于 90%，并扩展了对深地微生物营养循环和代谢潜能的研究潜力（Fullerton and Moyer, 2016）。

五、二代和三代测序技术的联合使用及生物信息方法学的发展

1. 二代和三代测序技术的联合使用

测序技术是支撑宏组学和单细胞测序等技术的核心技术，目前主要采用二代测序技术和三代测序技术。二代测序技术主要有连接法测序（sequencing by ligation）和合成法测序（sequencing by synthesis）这两种方法（Goodwin et al., 2016），主要有测序片段短、通量高、价格低且错误率相对三代测序较低等特点（Loman and Pallen, 2015; Goodwin et al., 2016），可以探究微生物的多样性、代谢潜能和相互作用网络及微进化模式等；而三代测序技术主要有单分子实时测序和合成测序这两种方法，主要有测序片段长、通量低、价格昂贵且错误率高但分布随机等特点（Sharon et al., 2015; Goodwin et al., 2016），可以辅助基因组组装、基因组构造的表征、代谢通路的重建、基因组复杂区域的解析，以及基因组结构变异和重排事件的检测等（Sharon et al., 2015; Goodwin et al.，2016）。

三代测序技术可以利用共线性原理对稀有或者近缘微生物基因组结构和代谢潜能进行研究，但是并不能显著改善基因组组装效果，故应将二代测序技术和三代测序技术联合使用（Sharon et al.，2015）。三代测序技术还可以利用微生物 DNA 甲基化信号及序列组成和覆盖度信息进行更精确的序列装箱，并且还可以把质粒和其他可移动遗传元件与宿主联系起来（Beaulaurier et al.，2018）。

随着测序技术的发展，深地微生物的组学信息将会得到更为清晰的揭示。

2. 生物信息方法学的发展

随着测序技术的不断进步，相应的生物信息方法学也在不断发展。1977年 Sanger 测序法问世，拉开了分子生物学的大幕。1995 年利用 Sanger 测序法和基于序列重叠的组装策略得到了第一个微生物物种即嗜血杆菌的基因组，使得我们用基因组测序和分析去研究微生物生态和进化及分子流行病学成为可能（Loman and Pallen，2015）。

Banfield 等于 2004 年发表了第一篇从宏基因组中挖掘到的近完整的微生物基因组文章（Tyson et al.，2004；Allen and Banfield，2005），这奠定了用宏基因组学研究微生物生态和进化研究的基础。之后，利用核苷酸序列组成和覆盖度信息对宏基因组序列进行装箱的分析方法成为主流的宏基因组分析方法（Iverson et al.，2012；Albertsen et al.，2013；Parks et al.，2017）。联合宏基因组学和单菌基因组或者宏蛋白组还有群体遗传学的方法论，Banfield 等还在研究极端环境酸性矿山废水（acid mine drainage，AMD）模式系统的重要微生物类群的微进化模式和过程中做了很多开创性的工作（Allen et al.，2007；Denef and Banfield，2012）。

在宏基因组学的分析领域中，稀有微生物物种基因组的挖掘、菌株水平基因组的鉴定和近缘微生物基因组的表征等一直都是颇具挑战性的问题；但是近年来随着测序手段的不断进步和生物信息方法学的不断发展，这些问题已经得到了较好的解决。例如，Hua 等利用"分而治之"的思路就解决了极端环境 AMD 模式系统中稀有微生物物种基因组挖掘的难题，阐述了这些稀有微生物物种的生态位角色（Hua et al.，2015）。利用核心基因集、菌株特有基因集和菌株基因之间的关系可以较好地解决结合菌株水平基因组的鉴定问题（Scholz et al.，2016）；条形码（barcode）标记的单细胞分选技术的小宏基因组分析可以较好地解决近缘微生物基因组的表征问题（Lan et al.，2017）。

与宏蛋白组学相关的实验方法学和计算方法学，近年来也取得了较大的进展，有力地推动了微生物的生态和进化生物学研究（VerBerkmoes et al.，2009；Denef and Banfield，2012；Li et al.，2014；Timmins-Schiffman et al.，2017）。

病毒是地球上丰度最高的生命实体，在影响宿主群落组成和结构、调节宿主代谢及影响全球生物地球化学过程中都发挥了重要作用；但是从宏基因组中挖掘得到病毒序列这个难题阻挠了病毒生态学的发展。近年来，利用隐马尔科夫模型、病毒特定类群的标记基因和核苷酸组成等从宏基因组中挖掘得到病毒序列很大程度上解决了这个问题，使得从宏基因组中挖掘病毒序列成为填补病毒生态学知识空白和回答病毒生态学关键问题的一种强有力的手段（Paez-Espino et al.，2016；Paez-Espino et al.，2017；Zhang et al.，2018）。

总之，生物信息方法学近20年来取得了很大的进展，有力地推动了深地微生物生态和进化生物学的研究，并将持续发展。

六、高通量纯培养及培养组学技术的运用

随着宏基因组测序等免培养技术的发展，对微生物的纯培养逐渐忽视；但宏基因组等生物信息技术存在一定局限性，仍然需要依靠纯培养技术进行补充优化。就宏基因组测序的局限性而言，它缺乏考虑微生物的生态学联系的能力，可能会增加复杂性甚至得到错误结果；因缺乏被注释的参考基因组数据，测序得到的宏基因组序列有7%～60%无法被准确分类，而参考基因组序列绝大多数必须由纯培养才能获得（Vilanova and Porcar，2016）。

随着对微生物纯培养需求的不断增强，纯培养开始复兴（Lagier et al.，2018）。新兴的培养技术主要体现在新生物反应器的设计和流程的体系化，具有高通量的特点。典型研究包括：厌氧氨氧化；大洋细菌SAR11与远洋杆菌属（*Pelagibacter*）；加利福尼亚州铁山（Iron Mountain）附近的微生物培养，其中包含极端环境AMD中的微生物（Colwell and D'Hondt，2013）。目前国际上的深地微生物培养大多不够系统，分离的纯培养菌株也十分有限。最近的培养成功量较多的研究成果是美国国家航空航天局太空生物学研究所在2018年的美国天文学会会议中发布的；他们通过地球化学数据结合多重培养条件，采用高通量的方法得到了一系列的深地微生物纯培养分离菌株，这批微生物位于霍姆斯特克金矿的地下800～2000ft[①]处（Obrzut et al.，2018）。我国的科学

---

① 1ft=0.3048m。

家也在不同的深地环境中策略性地成功分离并测序了深地微生物（Fang et al.，2017；Wei et al.，2017）。

自 2012 年始，更为系统的培养组学逐渐兴起，主要应用于人体微生物研究中。培养组学的核心技术为多重培养条件，基质辅助激光解吸电离飞行时间质谱（MALDI-TOF mass spectrometry）和 16S rRNA 测序。Lagier 等通过培养组学技术，鉴定出 1057 个原核生物物种，其中 531 种属于人体肠道菌群，大大增加了分离出的肠道菌群的物种数量（Lagier et al.，2016）。随后，Lagier 等利用培养组学首次从人体培养出 329 个新种和 327 种已知细菌，使人体已知细菌类目增加 29%；并且第一次分离得到 4 种人体肠道的古细菌，包括 2 个新种（Lagier et al.，2016）。深地生物圈和人体肠道均为厌氧环境，并具有许多共性，相信未来可以将培养组学技术优化，应用到深地微生物研究中，揭示深地微生物更广泛的多样性，从而有助于全面了解深地微生物的起源、进化、生态意义和应用价值。

七、组学和生物信息集成平台的建设

互联网和超级计算机的快速发展，为我们高效分析海量的深地微生物的生物信息提供了更好的机遇。目前，我国最先进的超级计算机计算速度处于国际顶尖水平，如"神威·太湖之光"和"天河二号"；预计到 2020 年，我国将研制出首台百亿亿次超级计算机，继续处于国际领先水平，这为我们提供了良好的计算分析条件。常规的生物信息分析需要人工不断重复操作，而将生物信息流程标准化和模块化，并将各种生物信息算法和工具集成到基于超级计算机搭建的服务器中，可大大加快生物信息分析的效率。

海量的生物信息数据，尤其是宏组学的测序数据，如果整合或保存不当，不利于数据的高效分析和更新。为了规范样本信息，有效存取海量数据信息，提供方便更新的数据源，我们需要建立规范的生物信息云存储平台。在建立组学和生物信息集成平台之时，需要借鉴国际领先的组学和生物信息平台、数据库及微生物物种库建设的经验，并形成特色鲜明的国际一流的专业化平台。基于完善的组学和生物信息存储、分析和服务集成平台，我们对深地生物圈微生物的研究将会更高效更深刻，有助于我国在深地微生物研究方面处于国际一流地位，进而推动国民经济和民生事业的发展。

第七节　生物地球物理学实验观测系统

生物地球物理学技术（biogeophysics）虽是一种新手段，但其对探测深地生物圈有极大的潜在可能性。

生物地球物理学属于地球物理学的一个分支学科，也是一个多学科交叉前沿研究领域。生物地球物理学利用地球物理学观测技术方法（如电阻率法、探地雷达、磁法、激发极化法、核磁共振谱和地震波等），观测近地表微生物的分布与活动，研究微生物与地质过程之间的联系。因此，揭示地下微生物与相关地质过程的相互作用是生物地球物理学的研究内容。

地下微生物的数量巨大，它们广泛参与着近地表环境中的生物地球化学过程，在碳、氮和铁等关键元素的地球化学循环中起着重要的作用。由于微生物具有体积微小、数量多、分布广、环境耐受能力强和代谢类型多样等特点，微生物对岩石和矿物的改造作用巨大。一方面，寄主矿物供给微生物所需要的营养成分和能量，微生物新陈代谢活动产生的有机酸、生物气和生物表面活性剂等又促使其寄主矿物发生元素迁移和同位素分馏；微生物改变了孔隙流体的氧化还原电位和酸碱度，又导致寄主矿物溶解或新矿物的生成。另一方面，微生物的生长、繁殖、生物膜的形成及新陈代谢活动的产物，可造成寄主岩石的孔隙的堵塞及孔隙形态和孔径的改变，导致岩石孔隙度、渗透率、矿物组分及孔隙水化学成分等发生变化。

生物地球物理学技术可用于探测地下微生物活动的主要依据是，地下微生物活动和岩石圈介质相互作用，可造成介质的孔隙、渗透率、含水量、离子浓度、氧化－还原电位及刚度属性等物理和化学性质改变，从而产生地球物理信号（如岩石的电阻率、自然电位、复电导率和声波等）异常。通过地球物理方法技术观测获得的地下介质特征信号，联合岩石物理模型，进而可观测与表征地下微生物过程或状态。与钻探和直接取样等传统调查地下微生物手段比较而言，生物地球物理方法具有最小化侵入、探测范围广、时空连续性好、跨尺度、快速、准确、信息量大、精度高和成本低等优点。

在过去的十多年里，全球范围内多个研究团队在这个全新的领域不断探索与创新。从实验室的模拟出发，结合地球化学和微生物分析手段，定量分析地球物理场的异常响应；以此为基础，逐步扩展到野外进行实时实地的大尺度观测，对近地面微生物活动进行表征。目前文献所报道的可应用于地下微生物研究的生物地球物理方法主要有以下五种。①电阻率法：探测地下孔隙介质电阻或导电率的分布。微生物活动及其代谢产物如细胞吸附、生物膜形成和矿物沉淀溶解等，使孔隙溶液浓度、孔隙度和矿物成分等发生变化，从而导致多孔介质的电导率参数发生相应的变化（张弛和董毅，2015）。②激发极化法：探测目标介质在电流作用下的激发极化效应，可分为时域法和频率域法。激发极化效应特征值（复电阻率 σ^*）可反映孔隙结构及岩石／孔隙液界面特征。微生物的活动及生物膜的生长会改变 σ^*（Davis et al.，2006；Ntarlagiannis and Ferguson 2008；Abdel Aal et al.，2009；Zhang et al.，2013；Zhang et al.，2014）。③自然电位法：在无外加电场的情况下，测量目标介质电化学性质改变而产生的自然电场，可用于监测地下微生物活动的氧化还原反应活性（张弛和董毅，2015）。④探地雷达法：利用天线发射和接收高频电磁波来探测目标介质内部介电性质，用于分析生物活动引起的生物量变化和生物气释放等（Cassidy，2008；Parsekian et al.，2011）。⑤磁学方法：测量微生物活动伴生的磁性矿物的生成与转化，岩石磁学方法能灵敏地反映微生物矿化生成磁性矿物，多适用于实验室研究，包括等温剩磁、非磁滞剩磁、磁滞回线、磁化率测量及各种低温磁学等方法，其中仅磁化率可用于野外测量（潘永信等，2014）。⑥地震波法：探测微生物活动所引起的介质弹性波性质和孔隙的几何形状变化（DeJong et al.，2006）。

　　本节将从实验室模拟研究平台和野外观测平台两个方面阐述最新进展，并提出下一步发展策略的粗浅建议。

一、实验室模拟研究平台

　　在实验室已知控制条件下开展模拟实验研究，建立物理模型，精确揭示微生物活动和地球物理信号（异常）之间的关系是生物地球物理学研究的基础。实验装置依据不同的具体实验设计的目标而设计和搭建。一般有微生物反应器、传感器和信号采集器。以激发极化法测量微生物的生长活动的实验设计为例，包括微生物反应柱、测量电极和电阻率信号提取装备，如图 3-9 所示。实例解析如下。

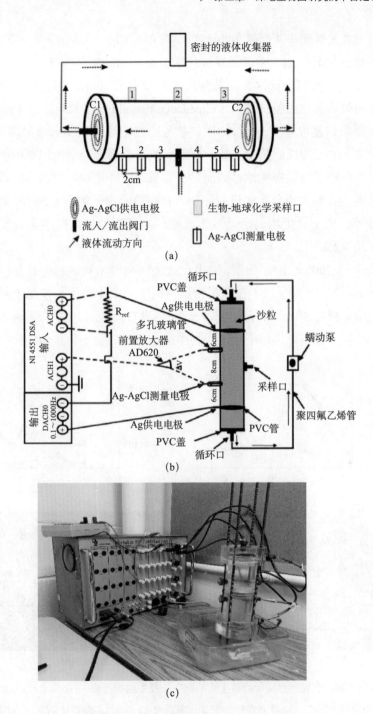

图 3-9 激发极化法实验室装置［改自 Abdel Aal 等（2004）］

（a）水平放置的实验沙柱装置；（b）垂直放置的实验沙柱及动态信号分析仪；（c）频谱激发极化法
SIP 实验室装置

1. 利用激发极化法监测微生物活动

频率域极化激发法（频谱激发极化法）是常用的生物地球物理方法之一。通常情况下，在实验中逐次改变低频段（一般小于 10kHz）交流供电的频率，观测试样随频率变化的阻抗幅值（impedance magnitude）和相位差（phase）的变化，从而得到复电导率（σ^*）的频谱信号。复电导率由实部电导率（σ'）和虚部电导率（σ''）构成，其中实部电导率反映了欧姆传导电流消耗的能量，而虚部电导率反映了介质极化储存的能量。如果地质介质中孔隙的物理及化学特性如孔隙度、孔径大小分布、比表面积、孔隙溶液离子浓度和岩石/溶液界面吸附特性等，由于微生物的活动发生改变，则试样的复电阻率也会发生改变（Slater et al., 2007）。

Davis 等（2006）使用频谱激发极化法来研究微生物细胞生长及生物膜的产生。Davis 等的实验模拟了在烃类污染情况下的微生物生长情况（图 3-10）。实验组使用一根长 30cm 内直径为 3.2cm 的填满石英砂的 PVC 管，混入营养液及柴油，并注入在当地烃污染处沉积物中纯培养出的微生物作为实验菌株。对

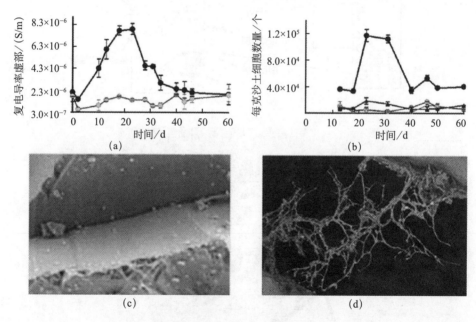

图 3-10　频谱激发极化法检测微生物细胞生长及生物膜形成（Davis et al., 2006）

（a）复电导率虚部 σ''；（b）矿物颗粒表面细胞浓度的变化；（c）生物组沙柱样品；（d）对照组沙柱样品。（a）和（b）中，黑色符号为生物组，灰色符号为对照组；其中（b）中圆形代表活细胞，三角形代表死细胞。环境扫描电镜（ESEM）观测结果（c）和（d），可明显看出实验组中的微生物的生长和在矿物表面的富集

照组实验柱也使用同样的 PVC 管，填满相同的石英砂，并用同样方式混入营养液和柴油，不加入微生物。垂直沙柱顶部有一个直径为 7.6cm 的液体储存器，用于实验过程中的液体采样。采用四极法，在实验组和对照组的垂直沙柱两端设置一对 Ag/AgCl 金属圈作为供电电极，并在沙柱中间相隔 9cm 放置一对 Ag 电极棒作为测量电极。供电电极和测量电极共同连接到一台动态信号分析仪，在 $0.1 \sim 1000$Hz 的频率下，通过动态信号分析仪获取样品的阻抗大小（impedance magnitude=$|\sigma|$）和相位差（phase φ），并由此计算得到样品复电导率（σ' 和 σ''）。实验还同步进行了生物化学测量，获取了液体的液体电导率和 pH 及对样品沙粒进行环境电子扫描电镜观测。结果显示 σ'' 在实验组中的变化与对照组的差异明显，其峰值的出现与生物组矿物颗粒表面活细胞浓度的变化情况相吻合。而环境扫描电镜观测结果验证，相对于对照组（非生物组）矿物颗粒表面，实验组可明显看出生物组中颗粒上微生物的生长及生物薄膜的生成和富集。而这些沙粒表面特性的改变可以解释观察到的复电导率虚部值的变化。

2. 利用自然电位法监测微生物活动

自然电位法是一种被动测量的地球物理方法，常见于水文地质调查。通过合理布置电极，自然电位法可以测得电化学电位差、氧化还原电位差和流动电位等，从而可以监测到微生物活动诱发的近地表氧化还原反应。与复电导率观测相结合，可以反映微生物群体的代谢活动，并获得微生物生长、生物膜形成和胞外聚合物分泌等信息。

Williams 等（2007）利用自然电位法跟踪了微生物硫酸盐还原过程。他们将 Ag/AgCl 作为参考电极，在实验室垂直沙柱中每隔 7cm 布置一个测量电极，对比微生物参与的硫酸盐还原过程和非生物过程的自然电位变化（图 3-11）。结果发现，将乳酸钠作为碳源加入有硫酸盐还原菌的培养器后，微生物的硫酸盐还原反应开始迅速进行，测得的自然电位值峰值超过 600mV。通过模拟在电极端不断添加浓度呈梯度变化的硫化物，并实时测量电位差，发现自然电位异常与半电池电位差（测量电极和参考电极电位差）呈正相关。据此推测，在微生物的硫酸盐还原过程中，硫化物富集形成相对还原区，与高度氧化的参考电极区形成电化学差异，从而导致自然电位异常。

3. 利用磁学方法检测微生物活动

微生物的一些代谢活动，如氧化还原过程和矿化过程，可伴随磁性矿物的新生或转化。磁学测量主要包括等温剩磁、非磁滞剩磁、磁滞回线、磁化率测量及低温磁性等。磁学方法能灵敏地反映微生物矿化生成磁性矿物，可用于无

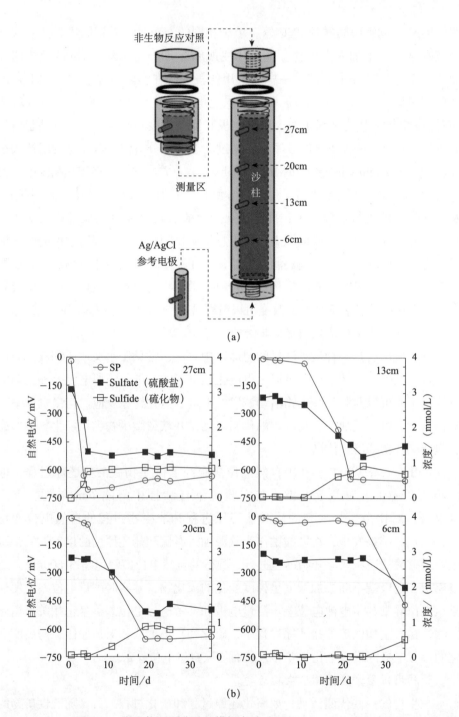

图 3-11　微生物还原硫酸盐模拟实验（Williams et al.，2007）
（a）实验反应装置图；（b）加入硫酸盐还原菌 *Desulfovibrio vulgaris* 后反应的化学和自然电位测量
结果；蓝色实心方框、空心方框和红色空心圆分别表示硫酸盐、总硫化物和自然电位值

损且快速鉴定样品中与铁氧化物或铁硫化物相关的微生物矿化作用。

二、野外生物地球物理学观测技术及装备

在实验室模拟研究和建立理论依据及方法的基础上，研究人员开始将生物地球物理技术应用于野外地下的实际监测（图 3-12）。微生物污染修复技术越来越多地被应用于修复土壤和地下水的污染，如烃类污染和重金属污染等。准确评估修复效果，有利于及时调整修复方案，要求有相应的快速有效的监测手段。通过生物地球物理手段监测动态的微生物对污染物降解，可为污染治理方案的修订等提供科学依据。最近几年地球物理成像技术发展迅速，用时域三维图像展示近地表微生物的改造过程成为可能（Atekwana and Slater，2009；Atekwana and Atekwana，2010，潘永信和朱日祥，2011）。

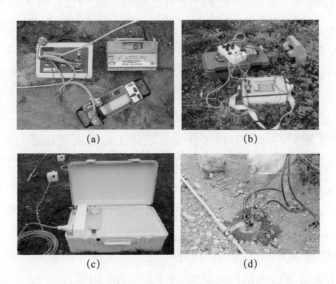

图 3-12　典型的野外观测地球物理仪器及观测区的排布示意图［改自 Revil 等（2012）］
(a)～(c) 各式电阻率仪；(d) 导线和电极探头

在受烃类污染的含水层中含有大量的有机碳源，微生物在繁殖过程中利用烃类有机碳作为新陈代谢的电子供体，从而有效降解烃类污染物，达到消除 /降低烃类有机物浓度的效果。微生物活动还导致含水层岩石的孔隙度、颗粒粗糙度、孔隙流体化学性质和氧化还原梯度等发生变化。这些微生物降解烃类污染物的过程能通过地表地球物理技术（如电导率和地质雷达）进行研究。在缺乏有机质碳源情况下，地下环境（土壤和地下水）修复还可以通过向地下注入

微生物所需要的营养物质，促进目标区域的微生物繁殖，从而促进污染修复。微生物的活动可以引起有机污染物成分发生变化；在这个过程中，产生的二氧化碳可以使得孔隙溶液的电导率升高，导致介质电导率变化，这些变化可以通过电阻率、激发极化法、探地雷达方法、电磁法或自然电位法等进行探测。

野外生物地球物理测量使用的仪器同其他地球物理方法常采用的仪器一致，如高密度电法/激发极化法仪器、探地雷达和瞬变电磁仪等。实例解析如下。

对进行微生物修复的 BTEX 污染物地区采集的样品进行测量时，激发极化法的参数 σ'' 和 φ 会有所增加（Aal et al., 2006）。Aal 等（2006）研究表明，附着在矿物表面的微生物细胞及生物膜的生长活动是 σ'' 和 φ 值增加的原因。Orozco 等（2012）利用激发极化法对德国蔡茨地区工厂污染区 BTEX（苯、甲苯、乙苯和二甲苯）污染的地下分布情况进行场地调查。图 3-13 中是通过时域激发极化法获得的相位差图（φ）及采样测得的 BTEX 的浓度的地下分布图。图 3-13（a）和图 3-13（b）存在的相位差图像的差异，可解释为加氢装置残余物对该地电导率和相位差的影响，尤其影响浅地表（大约至 5m 深）。对该场地前期调查表明，有氧和厌氧（硫酸盐还原和甲烷氧化）条件下的 BTEX 自然衰减持续进行。调查还发现，高相位差区域对应于低 BTEX 含量，频谱有峰值；而低相位差区域对应于高 BTEX 含量，频谱无峰值。使用德拜分解（Debye decomposition）方法对完整频域的数据进行分析，发现伴随着 BTEX 含量的增高，弛豫时间（τ）也增高。此外，由于地下微生物活性的生物刺激，φ 和 σ'' 与不同氧化还原状态下地下水的地球化学组成之间存在很强的相关性，而这也和许多实验室的模拟观测结果一致。

生物地球物理方法也被用于研究与生态系统相关的水文过程。Michot 等（2003）应用电阻率成像监测灌溉玉米时土壤的电阻率的变化，由此获得土壤含水量的变化；该方法能够对土壤层位进行二维划分，以及监测土壤中水分的运动。

三、下一步研究的策略和建议

生物地球物理技术在探测地下微生物活动中具有传统方法所不具备的优势。例如，以非侵入方式进行大时空范围连续的实时测量，可快速评估大范围地下地质内微生物活动。随着自动化多通道仪器的出现及改进，大时空尺度上

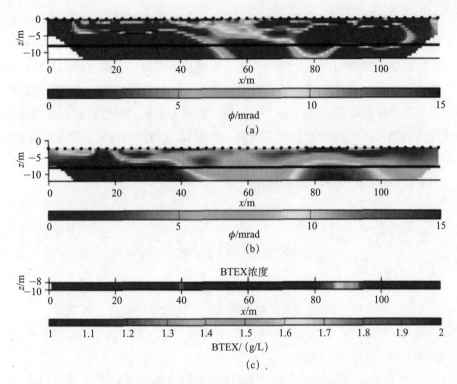

图 3-13　用时域激发极化法（time domain induced polarization）得到的相位差图
和采样测得的 BTEX 浓度分布图（Orozco et al., 2012）

（a）和（b）分别为沟渠挖掘前和挖掘后相位差（φ）空间分布图。黑色横线为地下水位，黑点为电
极位置。（c）地下 8～10m 地下水采样样品计算出 BTEX 浓度分布图

生物地球物理观测能力得到显著增强。需要指出的是，虽然与基于钻孔采样等
传统研究方法相比，生物地球物理学测量有相对低成本而快速等优势，但是生
物地球物理方法在实际应用中仍存在诸多挑战，如在很多情况下地下微生物活
动产生的地球物理异常的信号弱而难以探测和异常信号解释常常具有非唯一
性，以及缺乏完善的模型和机理不清等。换句话说，这一新的研究领域刚刚起
步，研究的挑战与机遇并存。目前，国外已有许多机构陆续开展了相关生物地
球物理研究，所获得的成功实例已显示出其应用前景；国内的本领域研究起步
较晚，亟待重视和加强。为此，应积极倡导在有条件的地学研究机构和大学开
展生物地球物理学研究；结合我国实际情况，面向国家发展的需求，建立生物
地球物理学研究平台和队伍，深入开展室内模拟（建模）和典型地区的野外观
测研究，服务深地生物圈探测。

　　地下微生物污染环境修复研究仍是生物地球物理学研究最为活跃的方向之

一。发挥多学科联合和交叉研究优势，监测地下微生物及微生物活动和微生物与矿物之间的相互作用等，拓展地下生物圈研究的研究手段，为认识关键带等地下微生物活动规律与环境治理和监测等提供技术支持。实验室模拟和物理模型的建立是基础，要系统建立特定微生物活动与生物地球物理异常信号之间的联系。开发对多孔介质中微生物生长、生物薄膜的形成和微生物矿化作用等具有较高的敏感度的地球物理技术和方法，评估微生物污染修复和微生物采油，远程监控生物膜，以及观察二氧化碳封存中微生物的活动。积极发展关键带研究中的生物地球物理技术方法和应用研究。

本章参考文献

陈丽媛，徐冲 . 2013. 微生物培养技术研究进展 . 微生物学杂志，33（6）：93-95.

戴欣，王保军，黄燕，等 . 2005. 普通和稀释培养基研究太湖沉积物可培养细菌的多样性 . 微生物学报，45（2）：161-165.

杜会静，2005. 纳米材料检测中透射电镜样品的制备 . 理化检验（物理分册），41（9）：463-466.

范念斯，齐嵘，杨敏 . 2016. 未培养微生物的培养方法进展 . 应用与环境生物学报，22（3）：524-530.

方家松，李江燕，张利 . 2017. 海底 CORK 观测 30 年：发展、应用与展望 . 地球科学进展，32（12）：1297-1306.

黄岚青，刘海广 . 2017. 冷冻电镜单颗粒技术的发展、现状与未来 . 物理，46（2）：91-99.

季福武，周怀阳，杨群慧，等 . 2016. 海底井下观测技术的发展与应用 . 工程研究 · 跨学科视野中的工程，8（2）：162-171.

林先进 . 1984. 透射电子显微镜 . 上海钢研，12（3）：1-6.

刘彻 . 2013. 扫描电镜的发展及其在聚合物材料研究中的应用 . 中山大学研究生学刊：自然科学与医学版，34（4）：7-12.

潘永信，朱日祥 . 2011. 生物地球物理学的产生与研究进展 . 科学通报，56（17）：1335-1344.

潘永信，林巍，吴文芳，等 . 2014. 地下深部生物圈的生物地球物理研究方法 . 北京：中国科学院地质与地球物理研究所 2013 年度（第 13 届）学术年会 .

汤雪明，戴书文 . 2001. 生物样品的环境扫描电镜观察 . 电子显微学报，20（3）：217-223.

王春朝，茅永强 . 2006. 透射电子显微镜（TEM）在孢粉学研究中的应用 . 古生物学报，45（3）：425-429.

王达，张伟，张晓西，等 . 2007. 中国大陆科学钻探工程科钻一井钻探工程技术 . 北京：科学出版社 .

王远亮，夏颖，董海良，等 . 2005. 中国大陆科学钻探（CCSD）地下岩心样品中的细菌群落分析 . 岩石学报，21（2）：533-539.

王宗禹，王建武，渠俐 . 2008. 钻爆法掘进与掘进机掘进施工方式的优化探讨 . 煤炭科学技术，36（39）：59-61.

吴世军 . 2009. 深海热液保真采样机理及其实现技术研究 . 杭州：浙江大学博士学位论文 .

吴征铠 . 1983. 拉曼光谱的发现和最近的发展 . 光谱学与光谱分析，3（2）：65-71.

徐恒 . 2017. 一种不可培养微生物原位模拟实验舱及原位研究系统 . 中国专利 CN20676808.

杨仁树 . 2013. 我国煤矿岩巷安全高效掘进技术现状与展望 . 煤炭科学技术，41（9）：18-23.

于丽芳，杨志军，周永章，等 . 2008. 扫描电镜和环境扫描电镜在地学领域的应用综述 . 中山大学研究生学刊：自然科学、医学版，29（1）：54-61.

张弛，董毅 . 2015. 生物地球物理：地球物理方法在研究生物地球化学过程中的应用和发展 . 地球物理学报，58（8）：2718-2729.

张大同 . 2008. 扫描电镜与能谱仪分析技术 . 广州：华南理工大学出版社 .

张洪勋，郝春博，白志辉 . 2006. 嗜酸菌研究进展 . 微生物学杂志，26（2）：68-72.

张伟，王达，刘跃进，等 . 2009. 深孔取心钻探装备的优化配置 . 探矿工程（岩土钻掘工程），36（10）：34-38.

张新言，李荣玉 . 2010. 扫描电镜的原理及 TFT-LCD 生产中的应用 . 现代显示，21（1）：10-15.

章晓中 . 2006. 电子显微分析 . 北京：清华大学出版社 .

赵怛耀 . 2013. 钻井保压密闭取心技术应用分析 . 科技资讯，（7）：109.

周小鹭 . 1996. 嗜热菌及其嗜热机制 . 林业科技情报，（3）：42-43.

朱杰，孙润广 . 2005. 原子力显微镜的基本原理及其方法学研究 . 生命科学仪器，3（1）：22-26.

庄生明，吴金生，张伟，等 . 2014. 汶川地震断裂带科学钻探项目 WFSD-4 孔取心钻进技术 . 探矿工程（岩土钻掘工程），9：126-129.

Aal GZA, Slater LD, Atekwana EA. 2006. Induced-polarization measurements on unconsolidated sediments from a site of active hydrocarbon biodegradation. Geophysics, 71(2): H13-H24.

Abdel Aal G, Atekwana E, Radzikowski S, et al. 2009. Effect of bacterial adsorption on low frequency electrical properties of clean quartz sands and iron - oxide coated sands. Geophysical Research Letters, 36(4): 121-136.

Abdel Aal GZ, Atekwana EA, Slater LD, et al. 2004. Effects of microbial processes on electrolytic and interfacial electrical properties of unconsolidated sediments. Geophysical Research Letters, 31(12): 197-206.

Abouna S, Gonzalez-Rizzo S, Grimonprez A, et al. 2015. First description of sulphur-oxidizing bacterial symbiosis in a cnidarian(Medusozoa)living in sulphidic shallow-water environments. PloS ONE, 10(5): e0127625.

Albertsen M, Hugenholtz P, Skarshewski A, et al. 2013. Genome sequences of rare, uncultured bacteria obtained by differential coverage binning of multiple metagenomes. Nature Biotechnology, 31(6): 533-538.

Allen EE, Banfield JF. 2005. Community genomics in microbial ecology and evolution. Nature Reviews Microbiology, 3(6): 489-498.

Allen EE, Tyson GW, Whitaker RJ, et al. 2007. Genome dynamics in a natural archaeal population. Proceedings of the National Academy of Sciences of the United States of America, 104(6): 1883-1888.

Anantharaman K, Brown CT, Hug LA, et al. 2016. Thousands of microbial genomes shed light on interconnected biogeochemical processes in an aquifer system. Nature Communication, 7: 13219.

Anderson RE, Reveillaud J, Reddington E, et al. 2017. Genomic variation in microbial populations inhabiting the marine subseafloor at deep-sea hydrothermal vents. Nature Communication, 8(1): 1114.

Atekwana Estella A, Atekwana Eliot A. 2010. Geophysical signatures of microbial activity at hydrocarbon contaminated sites: a review. Surveys in Geophysics, 31(2): 247-283.

Atekwana EA, Slater LD. 2009. Biogeophysics: a new frontier in Earth science research. Reviews of Geophysics, 47(4): RG4004.

Bagnoud A, Chourey K, Hettich RL, et al. 2016. Reconstructing a hydrogen-driven microbial metabolic network in Opalinus Clay rock. Nature Communications, 7: 12770.

Beaulaurier J, Zhu S, Deikus G, et al. 2018. Metagenomic binning and association of plasmids with bacterial host genomes using DNA methylation. Nature Biotechnology, 36(1): 61-69.

Bhartia R, Salas EC, Hug WF, et al. 2010. Label-free bacterial imaging with deep-UV-laser-induced native fluorescence. Applied and Environmental Microbiology, 76(21): 7231-7237.

Binnig G, Gerber C, Stoll E, et al. 1987. Atomic resolution with atomic force microscope. Europhysics Letters, 3(12): 1281.

Bomberg M, Lamminmäki T, Itävaara M. 2015. Estimation of microbial metabolism and co-occurrence patterns in fracture groundwaters of deep crystalline bedrock at Olkiluoto, Finland. Biogeosciences Discussions, 12(16): 13819-13857.

Brum JR, Ignacio-Espinoza JC, Kim E-H, et al. 2016. Illuminating structural proteins in viral "dark matter" with metaproteomics. Proceedings of the National Academy of Sciences of the United States of America, 113(9): 2436-2441.

Button DK, Schut F, Quang P, et al. 1993. Viability and isolation of marine bacteria by dilution culture: theory, procedures, and initial results. Applied and Environmental Microbiology, 59(3): 881-891.

Byrne ME, Ball DA, Guerquin-Kern JL, et al. 2010. *Desulfovibrio magneticus* RS-1 contains an iron-and phosphorus-rich organelle distinct from its bullet-shaped magnetosomes. Proceedings of the National Academy of Sciences of the United States of America, 107(27): 12263-12268.

Campbell KA, Lynne BY, Handley KM, et al. 2015. Tracing biosignature preservation of geothermally silicified microbial textures into the geological record. Astrobiology, 15(10): 858-882.

Cao B, Chakraborty S, Sun W, et al.2014. Imaging marine virus CroV and its host Cafeteria roenbergensis with two-photon microscopy. Proceedings of the SPIE, 8944: 89440E. DOI:10. 117/12. 2041121.

Cassidy NJ. 2008. GPR attenuation and scattering in a mature hydrocarbon spill: a modeling study. Vadose Zone Journal, 7(1): 140-159.

Castelle CJ, Banfield JF. 2018. Major new microbial groups expand diversity and alter our understanding of the tree of life. Cell, 172(6): 1181-1197.

Chen LX, Hu M, Huang LN, et al. 2015. Comparative metagenomic and metatranscriptomic analyses of microbial communities in acid mine drainage. The ISME Journal, 9(7): 1579-1592.

Chen LX, Huang LN, Mendez-Garcia C, et al. 2016. Microbial communities, processes and functions in acid mine drainage ecosystems. Current Opinion in Biotechnology, 38: 150-158.

Chen LX, Li JT, Chen YT, et al. 2013. Shifts in microbial community composition and function in the acidification of a lead/zinc mine tailings. Environmental Microbiology, 15(9): 2431-2444.

Chen LX, Mendez-Garcia C, Dombrowski N, et al. 2018. Metabolic versatility of small archaea Micrarchaeota and Parvarchaeota. The ISME Journal, 12(3): 756-775.

Chi L, Jiabao LI, Rui J, et al. 2015. The applications of the 16S rRNA gene in microbial ecology: current situation and problems. Acta Ecologica Sinica, 35(9): 2769-2788.

Colwell FS, D'Hondt S. 2013. Nature and extent of the deep biosphere. Reviews in Mineralogy and Geochemistry, 75(1): 547-574.

Connon SA, Giovannoni SJ. 2002. High-throughput methods for culturing microorganisms in very-low-nutrient media yield diverse new marine isolates. Applied and Environmental Microbiology, 68(8): 3878-3885.

Davis CA, Atekwana E, Atekwana E, et al. 2006. Microbial growth and biofilm formation in geologic media is detected with complex conductivity measurements. Geophysical Research Letters, 33(18): L18403.

DeJong JT, Fritzges MB, Nüsslein K. 2006. Microbially induced cementation to control sand response to undrained shear. Journal of Geotechnical and Geoenvironmental Engineering, 132(11): 1381-1392.

Dekas AE, Connon SA, Chadwick GL, et al. 2016. Activity and interactions of methane seep microorganisms assessed by parallel transcription and FISH-NanoSIMS analyses. The ISME Journal, 10(3): 678-692.

Denef VJ, Banfield JF. 2012. In situ evolutionary rate measurements show ecological success of recently emerged bacterial hybrids. Science, 336(6080): 462-466.

Dupont S, Corre E, Li Y, et al. 2013. First insights into the microbiome of a carnivorous sponge. FEMS Microbiology Ecology, 86(3): 520-531.

Dyksma S, Bischof K, Fuchs BM, et al. 2016. Ubiquitous *gammaproteobacteria* dominate dark carbon fixation in coastal sediments. The ISME Journal, 10(8): 1939-1953.

Edmond JM, Massoth G, Marvin L. 1992. Submersible-deployed samplers for axial vent waters. RIDGE Events, 3: 23-24.

Embree M, Nagarajan H, Movahedi N, et al. 2014. Single-cell genome and metatranscriptome sequencing reveal metabolic interactions of an alkane-degrading methanogenic community. The ISME Journal, 8(4): 757-767.

Engel A, Baumeister W, Saxton WO. 1982. Mass mapping of a protein complex with the scanning transmission electron microscope. Proceedings of the National Academy of Sciences of the United States of America, 79(13): 4050-4054.

Fang J, Kato C, Runko GM, et al. 2017. Predominance of viable spore-forming piezophilic bacteria in high-pressure enrichment cultures from ~1.5 to 2.4 km-deep coal-bearing sediments below the ocean floor. Frontiers in Microbiology, 8: 137.

Fantner GE, Barbero RJ, Gray DS, et al. 2010. Kinetics of antimicrobial peptide activity measured on individual bacterial cells using high-speed atomic force microscopy. Nature Nanotechnology, 5(4): 280-285.

Finzihart JA, Pettridge J, Weber PK, et al. 2009. Fixation and fate of C and N in the cyanobacterium trichodesmium using nanometer-scale secondary ion mass spectrometry. Proceedings of the National Academy of Sciences of the United States of America, 106(15): 6345-6350.

Fisk MR, Storrie - Lombardi M, Douglas S, et al. 2003. Evidence of biological activity in Hawaiian subsurface basalts. Geochemistry, Geophysics, Geosystems, 4(12):113.

Fortunato CS, Larson B, Butterfield DA, et al. 2018. Spatially distinct, temporally stable microbial populations mediate biogeochemical cycling at and below the seafloor in hydrothermal vent fluids. Environmental Microbiology, 20(2): 769-784.

Frias-Lopez J, Shi Y, Tyson GW, et al. 2008. Microbial community gene expression in ocean surface waters. Proceedings of the National Academy of Sciences of the United States of America, 105(10): 3805-3810.

Friedbacher G, Hansma PK, Ramli E, et al. 1991. Imaging powders with the atomic force microscope: from biominerals to commercial materials. Science, 253(5025): 1261-1263.

Fullerton H, Moyer CL. 2016. Comparative single-cell genomics of *chloroflexi* from the Okinawa trough deep-subsurface biosphere. Applied and Environmental Microbiology, 82(10): 3000-3008.

Gawad C, Koh W, Quake SR. 2016. Single-cell genome sequencing: current state of the science. Nature Review Genetics, 17(3): 175-188.

Goodwin S, McPherson JD, McCombie WR. 2016. Coming of age: ten years of next-generation sequencing technologies. Nature Review Genetics, 17(6): 333-351.

Haghnegahdar MA, Schauble EA, Young ED. 2017. A model for $^{12}CH_2D_2$ and $^{13}CH_3D$ as complementary tracers for the budget of atmospheric CH_4. Global Biogeochemical Cycles, 31(9): 1387-1407.

He ZL, Deng Y, Van Nostrand JD, et al. 2010. GeoChip 3.0 as a high-throughput tool for analyzing microbial community composition, structure and functional activity. The ISME Journal, 4(9): 1167-1179.

He ZL, Gentry TJ, Schadt CW, et al. 2007. GeoChip: a comprehensive microarray for investigating biogeochemical, ecological and environmental processes. The ISME Journal, 1(1): 67-77.

Henderson DJ, Brolle DF, Kieser T, et al. 1990. Transposition of IS117(the Streptomyces coelicolor

A3(2)mini-circle)to and from a cloned target site and into secondary chromosomal sites. Molecular and General Genetics MGG, 224(1): 65-71.

Holert J, Cardenas E, Bergstrand LH, et al. 2018. Metagenomes reveal global distribution of bacterial steroid catabolism in natural, engineered, and host environments. mBio, 9(1): e02345-17.

Hoppe P, Cohen S, Meibom A. 2013. NanoSIMS: Technical aspects and applications in cosmochemistry and biological geochemistry. Geostandards and Geoanalytical Research, 37(2): 111-154.

Hua ZS, Han YJ, Chen LX, et al. 2015. Ecological roles of dominant and rare prokaryotes in acid mine drainage revealed by metagenomics and metatranscriptomics. The ISME Journal, 9(6): 1280-1294.

Huang LN, Kuang JL, Shu WS. 2016. Microbial ecology and evolution in the acid mine drainage model system. Trends in Microbiology, 24(7): 581-593.

Ishii A, Sato T, Wachi M, et al. 2004. Effects of high hydrostatic pressure on bacterial cytoskeleton FtsZ polymers in vivo and in vitro. Microbiology, 150(6): 1965-1972.

Iverson V, Morris RM, Frazar CD, et al. 2012. Untangling genomes from metagenomes: revealing an uncultured class of marine Euryarchaeota. Science, 335(6068): 587-590.

Jansson JK, Baker ES. 2016. A multi-omic future for microbiome studies. Nature Microbiology, 1: 16049.

Kaeberlein T, Lewis K, Epstein SS. 2002. Isolating "uncultivable" microorganisms in pure culture in a simulated natural environment. Science, 296(5570): 1127.

Kashtan N, Roggensack SE, Rodrigue S, et al. 2014. Single-cell genomics reveals hundreds of coexisting subpopulations in wild *prochlorococcus*. Science, 344(6182): 416-420.

Kleiner M, Thorson E, Sharp CE, et al. 2017. Assessing species biomass contributions in microbial communities via metaproteomics. Nature Communications, 8(1): 1558.

Kuang JL, Huang LN, Chen LX, et al. 2013. Contemporary environmental variation determines microbial diversity patterns in acid mine drainage. The ISME Journal, 7(5): 1038-1050.

Kuang JL, Huang LN, He ZL, et al. 2016. Predicting taxonomic and functional structure of microbial communities in acid mine drainage. The ISME Journal, 10(6): 1527-1539.

Labonte JM, Field EK, Lau M, et al. 2015. Single cell genomics indicates horizontal gene transfer and viral infections in a deep subsurface Firmicutes population. Frontiers in Microbiology, 6: 349.

Lagier JC, Dubourg G, Million M, et al. 2018. Culturing the human microbiota and culturomics. Nature Reviews Microbiology, 16(9): 540-590.

Lagier JC, Khelaifia S, Alou MT, et al. 2016. Culture of previously uncultured members of the human gut microbiota by culturomics. Nature Microbiology, 1: 16203.

Lan F, Demaree B, Ahmed N, et al. 2017. Single-cell genome sequencing at ultra-high-throughput with microfluidic droplet barcoding. Nature Biotechnology, 35(7): 640-646.

Langer MR. 1992. Biosynthesis of glycosaminoglycans in foraminifera: a review. Marine Micropaleontology, 19(3): 245-255.

Langille MGI, Zaneveld J, Caporaso JG, et al. 2013. Predictive functional profiling of microbial communities using 16S rRNA marker gene sequences. Nature Biotechnology, 31(9): 814-821.

Lechene CP, Luyten Y, Mcmahon G, et al. 2007. Quantitative imaging of nitrogen fixation by individual bacteria within animal cells. Science, 317(5844): 1563-1566.

Lee JH, Kennedy DW, Dohnalkova A, et al. 2011. Manganese sulfide formation via concomitant microbial manganese oxide and thiosulfate reduction. Environmental Microbiology, 13(12): 3275-3288.

Lever MA, Teske A. 2013. Evidence for microbial carbon and sulfur cycling in deeply buried ridge flank basalt. Science, 339(6125): 1305-1308.

Li X, Mooney P, Zheng S, et al. 2013. Electron counting and beam-induced motion correction enable near-atomic-resolution single-particle cryo-EM. Nature methods, 10(6): 584.

Li Z, Wang Y, Yao Q, et al. 2014. Diverse and divergent protein post-translational modifications in two growth stages of a natural microbial community. Nature Communications, 5: 4405.

Lo I, Denef VJ, Verberkmoes NC, et al. 2007. Strain-resolved community proteomics reveals recombining genomes of acidophilic bacteria. Nature, 446(7135): 537-541.

Loman NJ, Pallen MJ. 2015. Twenty years of bacterial genome sequencing. Nature Reviews Microbiology, 13(12): 787-794.

Marshall CP, Carter EA, Leuko S, et al. 2006. Vibrational spectroscopy of extant and fossil microbes: relevance for the astrobiological exploration of Mars. Vibrational Spectroscopy, 41(2): 182-189.

Marshall CP, Marshall AO. 2010. The potential of Raman spectroscopy for the analysis of diagenetically transformed carotenoids. Philosophical Transactions of the Royal Society of London A: Mathematical, Physical and Engineering Sciences, 368(1922): 3137-3144.

Mason OU, Hazen TC, Borglin S, et al. 2012. Metagenome, metatranscriptome and single-cell sequencing reveal microbial response to Deepwater Horizon oil spill. The ISME Journal, 6(9): 1715-1727.

Maver U, Velnar T, Gaberšček M, et al. 2016. Recent progressive use of atomic force microscopy in biomedical applications. Trac Trends in Analytical Chemistry, 80: 96-111.

Michot D, Benderitter Y, Dorigny A, et al. 2003. Spatial and temporal monitoring of soil water content with an irrigated corn crop cover using surface electrical resistivity tomography. Water Resources Research, 39(5): 1138.

Milucka J, Ferdelman TG, Polerecky L, et al. 2012. Zero-valent sulphur is a key intermediate in marine methane oxidation. Nature, 491(7425): 541.

Moniruzzaman M, Wurch LL, Alexander H, et al. 2017. Virus-host relationships of marine single-celled eukaryotes resolved from metatranscriptomics. Nature Communications, 8: 16054.

Moser DP, Gihring TM, Brockman FJ, et al. 2005. *Desulfotomaculum* and *Methanobacterium* spp. dominate a 4- to 5-kilometer-deep fault. Applied and Environmental Microbiology, 71(12): 8773-8783.

Nichols D, Cahoon N, Trakhtenberg EM, et al. 2010. Use of ichip for high-throughput *in situ* cultivation of "uncultivable" microbial species. Applied and Environmental Microbiology, 76(8): 2445-2450.

Nielsen ME, Fisk MR, Istok JD, et al. 2006. Microbial nitrate respiration of lactate at *in situ* conditions in ground water from a granitic aquifer situated 450 m underground. Geobiology, 4(1): 43-52.

Nishiyama M, Kojima S. 2012. Bacterial motility measured by a miniature chamber for high-pressure microscopy. International Journal of Molecular Sciences, 13(7): 9225-9239.

Noble RT, Fuhrman JA. 1998. Use of SYBR Green I for rapid epifluorescence counts of marine viruses and bacteria. Aquatic Microbial Ecology, 14(2): 113-118.

Nogales E. 2015. The development of cryo-EM into a mainstream structural biology technique. Nature Methods, 13(1): 24.

Ntarlagiannis D, Ferguson A. 2008. SIP response of artificial biofilms. Geophysics, 74(1): A1-A5.

Obrzut N, Casar C, Osburn MR. 2018. Cultivation of deep subsurface microbial communities. American Astronomical Society, AAS Meeting #231, id. 401.01.

Oger PM, Daniel I, Picard A. 2010. *In situ* raman and X-ray spectroscopies to monitor microbial activities under high hydrostatic pressure. High-Pressure Bioscience and Biotechnology, 1189: 113-120.

Ohnesorge F, Binnig G. 1993. True atomic resolution by atomic force microscopy through repulsive and attractive forces. Science, 260(5113): 1451-1456.

Orcutt B, Wheat CG, Edwards KJ. 2010. Subseafloor ocean crust microbial observatories: development of FLOCS(flow-through osmo colonization system)and evaluation of borehole construction materials. Geomicrobiology Journal, 27(2): 143-157.

Orozco AF, Kemna A, Oberdörster C, et al. 2012. Delineation of subsurface hydrocarbon contamination at a former hydrogenation plant using spectral induced polarization imaging. Journal of Contaminant Hydrology, 136: 131-144.

Orphan VJ, Delong EF. 2001. Methane-consuming archaea revealed by directly coupled isotopic and phylogenetic analysis. Science, 293(5529): 484-487.

Ozkan AD, Topal AE, Dana A, et al. 2016. Atomic force microscopy for the investigation of molecular and cellular behavior. Micron, 89: 60-76.

Paez-Espino D, Eloe-Fadrosh EA, Pavlopoulos GA, et al. 2016. Uncovering Earth's virome. Nature, 536(7617): 425-430.

Paez-Espino D, Pavlopoulos GA, Ivanova NN, et al. 2017. Nontargeted virus sequence discovery pipeline and virus clustering for metagenomic data. Nature Protocols, 12(8): 1673-1682.

Parks DH, Rinke C, Chuvochina M, et al. 2017. Recovery of nearly 8, 000 metagenome-assembled genomes substantially expands the tree of life. Nature Microbiology, 2(11): 1533-1542.

Parsekian AD, Comas X, Slater L, et al. 2011. Geophysical evidence for the lateral distribution of free phase gas at the peat basin scale in a large northern peatland. Journal of Geophysical Research: Biogeosciences, 116(G3): 130-137.

Phillips H, Wells LE, Ii RVJ, et al. 2003. LAREDO: a new instrument for sampling and *in situ* incubation of deep-sea hydrothermal vent fluids. Deep Sea Research Part I Oceanographic Research Papers, 50(10-11): 1375-1387.

Pietilä MK, Atanasova NS, Manole V, et al. 2012. Virion architecture unifies globally distributed pleolipoviruses infecting halophilic archaea. Journal of Virology: JVI,86(11): 5067-5079.

Popa R, Weber PK, Pettridge J, et al. 2007. Carbon and nitrogen fixation and metabolite exchange in and between individual cells of Anabaena oscillarioides. The ISME Journal, 1(4): 354-360.

Priscu JC, Adams EE, Lyons WB, et al. 1999. Geomicrobiology of subglacial ice above Lake Vostok, Antarctica. Science, 286(5447): 2141-2144.

Ram RJ, VerBerkmoes NC, Thelen MP, et al. 2005. Community proteomics of a natural microbial biofilm. Science, 308(5730): 1915-1920.

Revil A, Karaoulis M, Johnson T, et al. 2012. Some low-frequency electrical methods for subsurface characterization and monitoring in hydrogeology. Hydrogeology Journal, 20(4): 617-658.

Salas EC, Bhartia R, Anderson L, et al. 2015. *In situ* detection of microbial life in the deep biosphere in igneous ocean crust. Frontiers in Microbiology, 6: 1260.

Scholz M, Ward DV, Pasolli E, et al. 2016. Strain-level microbial epidemiology and population genomics from shotgun metagenomics. Nature Methods, 13(5): 435-438.

Seeleuthner Y, Mondy S, Lombard V, et al. 2018. Single-cell genomics of multiple uncultured stramenopiles reveals underestimated functional diversity across oceans. Nature Communications, 9(1): 310.

Seewald JS, Doherty KW, Hammar TR, et al. 2002. A new gas-tight isobaric sampler for hydrothermal fluids. Deep Sea Research Part I Oceanographic Research Papers, 49(1): 189-196.

Sethmann I, Putnis A, Grassmann O, et al. 2005. Observation of nano-clustered calcite growth via a transient phase mediated by organic polyanions: a close match for biomineralization. American Mineralogist, 90(7): 1213-1217.

Sharma A, Scott JH, Cody GD, et al. 2002. Microbial activity at gigapascal pressures. Science, 295(5559): 1514-1516.

Sharon I, Kertesz M, Hug LA, et al. 2015. Accurate, multi-kb reads resolve complex populations and detect rare microorganisms. Genome Research, 25(4): 534-543.

Shi Y, Tyson GW, Eppley JM, et al. 2011. Integrated metatranscriptomic and metagenomic analyses of stratified microbial assemblages in the open ocean. The ISME Journal, 5(6): 999-1013.

Slater L, Ntarlagiannis D, Personna YR, et al. 2007. Pore - scale spectral induced polarization signatures associated with FeS biomineral transformations. Geophysical Research Letters, 34(21): 260-274.

Stevenson BS, Eichorst SA, Wertz JT, et al. 2004. New strategies for cultivation and detection of previously uncultured microbes. Applied and Environmental Microbiology, 70(8): 4748-4755.

Takai K, Komatsu T, Inagaki F, et al. 2001. Distribution of archaea in a black smoker chimney structure. Applied and Environmental Microbiology, 67(8): 3618-3629.

Thomas-Keprta KL, Bazylinski DA, Kirschvink JL, et al. 2000. Elongated prismatic magnetite crystals in ALH84001 carbonate globules: potential martian magnetofossils. Geochimica et Cosmochimica acta, 64(23): 4049-4081.

Timmins-Schiffman E, May DH, Mikan M, et al. 2017. Critical decisions in metaproteomics: achieving high confidence protein annotations in a sea of unknowns. The ISME Journal, 11(2):

309-314.

Trembath-Reichert E, Morono Y, Ijiri A, et al. 2017. Methyl-compound use and slow growth characterize microbial life in 2-km-deep subseafloor coal and shale beds. Proceedings of the National Academy of Sciences of the United States of America, 114(44): E9206-E9215.

Tyson GW, Chapman J, Hugenholtz P, et al. 2004. Community structure and metabolism through reconstruction of microbial genomes from the environment. Nature, 428(6978): 37-43.

VerBerkmoes NC, Denef VJ, Hettich RL, et al. 2009. Systems biology: functional analysis of natural microbial consortia using community proteomics. Nature Reviews Microbiology, 7(3): 196-205.

Vilanova C, Porcar M. 2016. Are multi-omics enough? Nature Microbiology, 1(8): 16101.

Wasmund K, Algora C, Muller J, et al. 2015. Development and application of primers for the class *Dehalococcoidia* (phylum *Chloroflexi*)enables deep insights into diversity and stratification of subgroups in the marine subsurface. Environmental Microbiology, 17(10): 3540-3556.

Wei Y, Cao J, Fang J, et al. 2017. Complete genome sequence of *Bacillus subtilis* strain 29R7-12, a piezophilic bacterium isolated from coal-bearing sediment 2.4 kilometers below the seafloor. Genome Announcements, 5(8): e01621-16.

Wilkins MJ, Daly RA, Mouser PJ, et al. 2014. Trends and future challenges in sampling the deep terrestrial biosphere. Frontiers in Microbiology, 5: 481.

Williams KH, Hubbard SS, Banfield JF. 2007. Galvanic interpretation of self - potential signals associated with microbial sulfate - reduction. Journal of Geophysical Research: Biogeosciences, 112(G3): G03019.

Woesz A, Weaver JC, Kazanci M, et al. 2006. Micromechanical properties of biological silica in skeletons of deep-sea sponges. Journal of Materials Research, 21(8): 2068-2078.

Wright SI, Nowell MM, Field DP. 2011. A review of strain analysis using electron backscatter diffraction. Microscopy and Microanalysis the Official Journal of Microscopy Society of America Microbeam Analysis Society Microscopical Society of Canada, 17(3): 316-329.

Yanagawa K, Nunoura T, McAllister SM, et al. 2013. The first microbiological contamination assessment by deep-sea drilling and coring by the D/V *Chikyu* at the Iheya North hydrothermal field in the Mid-Okinawa Trough(IODP Expedition 331). Frontiers in Microbiology, 4: 327.

Yarza P, Yilmaz P, Pruesse E, et al. 2014. Uniting the classification of cultured and uncultured bacteria and archaea using 16S rRNA gene sequences. Nature Reviews Microbiology, 12(9): 635-645.

Yin QJ, Zhang WJ, Qi XQ, et al. 2018. High hydrostatic pressure inducible trimethylamine N-Oxide reductase improves the pressure tolerance of piezosensitive bacteria vibrio fluvialis. Frontiers in Microbiology, 8: 2646.

Yoon HS, Price DC, Stepanauskas R, et al. 2011. Single-cell genomics reveals organismal interactions in uncultivated marine protists. Science, 332(6030): 714-717.

Young ED, Kohl IE, Lollar BS, et al. 2017. The relative abundances of resolved $^{12}CH_2D_2$ and $^{13}CH_3D$ and mechanisms controlling isotopic bond ordering in abiotic and biotic methane gases. Geochimica et Cosmochimica Acta, 203: 235-264.

Zengler K, Toledo G, Rappé M, et al. 2002. Cultivating the uncultured. Proceedings of the National Academy of Sciences of the United States of America, 99(24): 15681-15686.

Zhang B, Zhang W, Shen Z, et al. 2016. Element-resolved atomic structure imaging of rocksalt Ge2Sb2Te5 phase-change material. Applied Physics Letters, 108(19): 815.

Zhang C, Revil A, Fujita Y, et al. 2014. Quadrature conductivity: a quantitative indicator of bacterial abundance in porous media. Geophysics, 79(6): D363-D375.

Zhang C, Slater L, Prodan C. 2013. Complex dielectric properties of sulfate-reducing bacteria suspensions. Geomicrobiology Journal, 30(6): 490-496.

Zhang J, Chen P, Yuan B, et al. 2013. Real-space identification of intermolecular bonding with atomic force microscopy. Science, 342(6158):611-614.

Zhang T, Cao C, Tang X, et al. 2016. Enhanced peroxidase activity and tumour tissue visualization by cobalt-doped magnetoferritin nanoparticles. Nanotechnology, 28(4): 045704.

Zhang YZ, Shi M, Holmes EC. 2018. Using metagenomics to characterize an expanding virosphere. Cell, 172(6): 1168-1172.

第四章
深地生物圈的微生物生物量、活性
及微生物的相互作用

微生物在介导深地生物圈生物地球化学循环中起着关键作用。充分了解其丰度、多样性、活性及相互作用有助于我们阐明深地生命的生理、代谢、能量动力学、生命边界和进化过程。过去几十年的研究揭示了深地生物圈微生物群落的许多信息：它们的总体组成（细菌和古菌）、末端电子传导过程，以及对深地环境的适应性等。然而，许多重要的问题仍然有待回答，其中包括：微生物群落是如何在深地环境中形成的？这些微生物有哪些共同特征？微生物是如何相互作用的？哪些微生物代谢活跃，促成了相互作用的微生物代谢网络，进而驱动着地下微生物呼吸过程和生物地球化学循环？本章对深地生物圈中微生物（细菌、古菌、病毒和真菌）的丰度、多样性和相互作用等方面的最新认知进行了总结，并展望了深地地质微生物学的未来研究方向。

第一节　细菌和古菌

一、细菌和古菌的多样性

1. 细菌

实验室可培养的微生物不足 1%，因此微生物多样性的确定在很大程度上依赖于非培养的方法（Amann et al., 1995）。精准的高通量测序技术与生物信息学手段相结合，在古菌和细菌的多样性上极大地拓宽了生命进化树（Rinke et al., 2013; Hug et al., 2016; Parks et al., 2017）。许多在浅层和深层地下环境中生活的新谱系也首次被检测到（Castelle et al., 2013; Spang et al., 2015;

Momper et al.，2017）。在某些情况下，由深地样品重建得来的基因组草图中，40%～50% 代表着新的细菌门（Momper et al.，2017）。深地生物圈中微生物的异常多样性对于寻找生命的三个域之间的联系，以及寻找具有医学和生物技术应用前景的新生物分子和生物化学反应都非常有意义。

某些微生物群落具有极高的多样性，其中包含有多达 20～40 个细菌门（Lau et al.，2016）（图 4-1），而某些群落则由单一基因型主导，例如，*Candidatus* desulforudius audaxviator 和嗜盐菌属（*Halomonas* spp.）在高盐度深层地下水中占到了总量的 97% 以上（Chivian et al.，2008；Dong et al.，2014）。地质环境的多样性导致微生物多样性和组成上的高度变化。陆地热泉和海底热液喷口一样，为科学家提供了一个探索深地生物圈的窗口（Huber et al.，2007），而且它们经常表现出很大的样点之间的差异。热泉微生物群落与地下岩石的微生物群落之间的相似程度在一定程度上取决于地表与地下环境的连通程度。在我们熟知的细菌门中，厚壁菌门（Firmicutes）和变形菌门（Proteobacteria）在陆地和海洋深地环境都是最丰富的。然而，生物膜、沉积物（Biddle et al.，2008）和裂隙流体中（Jungbluth et al.，2013）的微生物群落在大陆与海洋深地环境具有很大的差异性。

2. 古菌

古菌是一种独特的生命形式，与"细菌"和"真核生物"共同组成了地球上的全部生命（Woese et al.，1990）。图 4-1（b）为最新报道的古菌进化树（Adam et al.，2017）。

古菌的群落结构在不同营养的海洋沉积物中有明显不同。特定环境的能量多少、底物可利用范围、电子受体和供体浓度等共同影响着微生物的代谢活动。在以南大洋环流区为代表的极度寡营养沉积物中，大多数古菌难以被检测到，仅有 MG-I（Marine Group I，现在称 Thaumarchaeota）出现在氧化性沉积物中。在寡营养沉积物中，难降解的有机质、低沉积速率和高能电子受体（O_2 和 NO_3^-）的渗透使得其古菌群落结构除 MG-I、DSAG（Deep Aea Archaeal Group，现在称 Lokiarchaeota、MBG-B（Marine Benthic Group-B，现在称 Thorarchaeota）和 SAGMEG（South African Gold Mine Euryarchaeotal Group，现在称 Hadesarchaea）外，还形成特有的类群如 MG-V、DSEG-2（Aenigmarchaeota 的一部分）、DSEG-4（Aenigmarchaeota 的一部分）和 MBG-A（Marine Benthic Group A，海洋深部 A 类群）。而在富营养化的沉积物中，MBG-B、MCG（Miscellaneous Crenarchaeotal Group）、SAGMEG 和 MBG-D 反复出现。

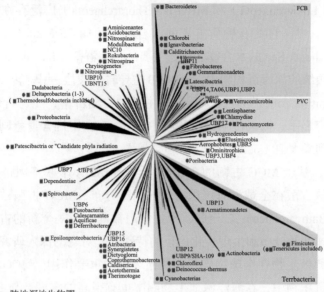

(a)

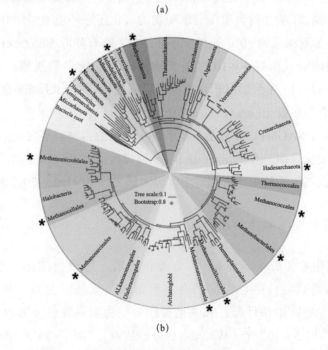

(b)

图 4-1 深地生物圈中已发现的细菌和古菌分类

（a）在 Parks 等（2017）对全部细菌所建立的进化树上基于 120 个保守基因蛋白序列构建的进化树，红色的方形和蓝色的圆形分别表示在陆地深地生物圈和海洋深地生物圈检测到的细菌。（b）是基于 38 个保守基因蛋白序列对现在已分类的古菌类群构建的进化树，星号表示在深地生物圈中已发现的古菌类群

DSAG（Lokiarchaeota）和 MBG-B（Thorarchaeota）广泛存在于深海沉积物和其他环境中。它在有机质丰富的水合物区（如 Cascadia Margin、Nankai Trough 和 Okhotsk Sea 的水合物区）是主要的古菌群落（Inagaki et al., 2006）。在秘鲁大陆边缘的深海沉积物中，MBG-B 主导着硫酸盐-甲烷转换带（sulfate-methane transition zone，SMTZ）顶部和中部的古菌群落，相对含量在 85% 以上。也有研究显示，海马冷泉区沉积物中 MBG-B 在甲烷含量急剧增加的层位相对含量达到最大值（62.5%）。

2014 年，基于 MCG 古菌的 23S rRNA-16S rRNA 串联基因进行系统发育分析，以及该古菌在全球深海沉积物中的广泛分布，MCG 古菌被重新命名为深古菌门（Bathyarchaeota）。至此，深古菌门被确立为一个新的古菌门类。由于其具有多样性及分布和生理生化途径的特殊性，对它的深入研究将有助于研究者们理解原核生物在全球物质和能量循环中的重要作用。MCG 广泛分布于海洋和河口沉积物中，在海洋深地生物圈中也有很高的丰度。与 DSAG 一样，MCG 某些类群可能具有甲烷代谢能力，但是其主要为异养生活方式（Biddle et al., 2006）。MCG 的相对含量随着沉积物的氧化还原环境增强而升高，可从浅层的 27% 增加到深层的 80% 左右，但在 SMTZ 略有降低（Lazar et al., 2015）。MCG 亚族 Bathy-6 和 Bathy-10 存在于硫化物含量较少的浅层沉积物中，而 Bathy-1 和 Bathy-15 在深层沉积物中占有较高的比例；Bathy-5/8 在富含甲烷的深层沉积物含量较高（Lazar et al., 2015）。

MBG-D 和 SAGMEG 也是海洋沉积物中常见的古菌群落之一，但是没有呈现出明显的变化规律。在 White Oak River 河口区，MBG-D 在硫酸盐含量较高，甲烷含量较低的沉积柱中出现相对丰度最大值（Lazar et al., 2015）。

二、深地原核微生物的生物量

原核微生物（Prokaryotes）即细菌和古菌。虽然目前还不能准确测定深地微生物的数量，但是根据已有实验结果可推测其总量。早在 1998 年，Whitman 和他的同事估计海洋和陆地深地微生物细胞数量分别为 3.5×10^{30} 个和 $0.25 \times 10^{30} \sim 2.5 \times 10^{30}$ 个（Whitman et al., 1998）。但是 Kallmeyer 等在 2012 年计算的结果显示，海洋深地微生物细胞数量仅为 2.9×10^{29} 个，总碳量为 4.1×10^{15}g，约占全球生物量的 0.6%（Kallmeyer et al., 2012）。不过 McMahon 和 Parnell（2014）推测陆地深地微生物细胞数量应该为 $0.5 \times 10^{30} \sim 5 \times 10^{30}$ 个，

总碳量为 $0.14 \times 10^{17} \sim 1.35 \times 10^{17}$ g，占全球生物量的 2%～19%，这与 Whitman 等估计的结果基本符合。

最近，Magnabosco 等（2018）收集了 3800 个深地生物量的数据，其中 1/3 的数据来自于地下水，2/3 的数据来自于岩石。通过对生物量与深度和温度关系的拟合并且假定生物圈的下限是 122℃，最终得出大陆深地的总生物量为 $2 \times 10^{29} \sim 6 \times 10^{29}$ 个细胞，如果采用同样的拟合公式，对洋壳深度 0.5～6.5km 进行积分，得出海洋深地生物量为 5×10^{29} 个细胞，因此全球的深地生物量总和大概为 $7 \times 10^{29} \sim 11 \times 10^{29}$ 个细胞。这个估计值不包括土壤和海水中的生物量。

陆地沉积物与岩石当中的生物量随着深度增加而降低，与海洋沉积物的生物量递减趋势基本一致（Kallmeyer et al.，2012），但是与岩石类型或者孔隙水的含量没有关系。岩石或者沉积物中的生物量与总有机碳的负相关只体现在表层 1～2m 处，随着温度和盐度的升高，生物量快速降低，表明温度和盐度是深地微生物的主要限制因素，与前人得出的结果相符。在 300m 以上，每立方厘米地下水中的生物量要低于每克岩石中的生物量，但是在 300m 以下，两者的生物量相当。与岩石中的生物量不同，地下水当中的生物量只与深度和温度相关，与 pH、盐度或者可溶性有机碳的含量无关。在 Magnabosco 等统计的 3800 个数据点之中，只有 57 个点有细菌和古菌丰度的数据；从这些数据总体来看，深地环境以细菌为主（>50%）。

三、细菌和古菌的活性

生物量随着深度的降低意味着微生物生存所面临的挑战。因此，深地微生物是否具有原位活性，以及它们是如何进行生命活动的引起了很多科学家的兴趣。一般来讲，由于深地生物圈能量供应有限，其中微生物的代谢活性较低。2004 年 D'Hondt 等指出海洋沉积界面之下超低的微生物代谢率，相比于表层生态系统几乎可以忽略不计（Parkes et al.，1994；Lipp et al.，2008；Morono et al.，2009；D'Hondt et al.，2002；2004；Hoehler and Jorgensen，2013）。然而微生物学、地球化学和遗传学等研究表明，从海洋沉积物表面至 1626m 处都存在大量微生物细胞和微生物活动（Parkes et al.，2005；D'Hondt et al.，2004；Roussel et al.，2008）。最近海洋深地样品的培养和富集研究表明，在实验室条件下，微生物生命活动可在一个大气压下（Fortunato and Huber，2016），某些更可在兆帕下（均为模拟原位压强）检测到。但是有些微生物需要高压，如Piezophiles（嗜压生物）已经从热液喷口中分离出来（Zeng et al., 2009）。相比之下，陆地深地样品研究得较少。这些非现场培养实验证明，地下微生物的确可生存并且进行代谢活动。然而，现在我们观察到的代谢速率大概不能准确代表深地原位环境的代谢速率。

近年来，总 RNA 分析揭示了哪些微生物及微生物过程在深部地下是活跃的。信使 RNA 的检测证实，深地微生物有能力参与细胞运动和分裂，氨基酸、脂质和碳水化合物的合成和转运，以及 DNA 修复等（Orsi et al., 2013）。除原核生物外，海底沉积物中真菌也发现具有转录活性。与周围海水不同，热液羽流中的类似交替单胞菌的异养菌（Alteromonas-Like Heterotrophs）和广古菌MG-II（Euryarchaeal Marine group II）可以循环利用有机碳和氨基酸（Baker et al., 2013）。该数据还证实，低丰度硝化螺旋菌门（Nitrospira）细菌具有高度活性，并与亚硝酸盐氧化相关。至于在大陆深地环境，硫氧化－反硝化细菌在总 RNA 中占异常高的百分比，它们在反硝化作用、硫氧化作用和使用 Calvin-benson-bassham 循环的碳固定过程中非常活跃，其中有可能存在"神秘的"氮循环和含硫化合物的再循环（Lau et al., 2016）。这项研究还展现出一个不同的地下自养微生物生态系统（SLiMEs）模型（Stevens and McKinley, 1995），其中硫驱动的反硝化作用高于氢驱过程。

据估计，尽管地下微生物的碳和蛋白质周转十分缓慢，可达 1000 年（Jørgensen and D'Hondt, 2006；Onstott et al., 2014），但科学家也观察到微生物群落组成对地球化学条件变化的响应（Jungbluth et al., 2013），这为深地微生物对环境变化的响应提供了进一步证据。据估计，在有 1000 万年之久的海洋沉积物中，每平方厘米有 107 个内生孢子用来协助深地微生物的生存（Lomstein et al., 2012）；而陆地深地环境的内生孢子丰度尚不清楚。

第二节 内 生 孢 子

过去的几十年中，科学家们针对深地生物圈进行了大量关于活细胞生物量的讨论；并认为随深度增加，环境条件越趋恶劣，因此活细胞数量会随深度的增加而减少（D'Hondt et al., 2004）。并且因为沉积物中有机碳的含量可以代表原核生物的含量，所以沉积物中有机碳含量随深度增加而降低，也证明了原核生物细胞数量随深度增加而减少。随着沉积物深度的增加，大部分微生物因无法抵抗极端环境而被淘汰，仅有少量幸存者，如嗜高压生物，能够承受极端环境并在其中生存，更多的微生物则在极端环境条件下形成具特殊结构的内生孢子。

一、内生孢子

内生孢子是细菌在抵抗极端恶劣环境时形成的用于保护其遗传信息的一种存在形式，以深度休眠、代谢率极低并且可以抵抗恶劣环境为特征。目前还没有人对内生孢子的细胞数量及其在深地生物圈中所占的份额进行定量描述。因为对于内生孢子在生物圈中的意义仍存在许多疑问，如内生孢子是否应该被视为细胞及它们是否像营养细胞一样参与生物地球化学过程等；并且人们发现深地沉积物中细菌内生孢子的数量远远超过了一般的营养细胞。有学者指出在深地沉积物中，相比于营养细胞，耐热的内生孢子更容易形成。由此如果将内生孢子视为细胞，在使用细胞数量统计深地生物量时，细胞数及生物量会随着深度的增加而增加。细胞随着深度的变化（即增加、维持稳定状态或是如前人所述减少）是一个亟待解决的科学问题。不论如何，都说明人们一直以来严重低估了深地生物圈的细胞（含内生孢子）总量。

革兰氏阳性菌及少量革兰氏阴性杆菌（如 *Sporomusa ovate* strain H1 DSM 2662）在极端环境中可以形成内生孢子来保护细菌的重要遗传物质，特别是 DNA。一般认为内生孢子处于休眠状态，具有极微弱的几乎无法检测到的代谢活动，可以一直保持这一状态长达数百万年。当环境条件变好时，孢子又可以萌发成为活跃的营养细胞（McKenney et al., 2012）。营养细胞转化为内生孢子的过程叫作孢子形成过程（图 4-2）。内生孢子的结构包括蛋白质外套、由生殖细胞的细胞壁转化而来的营养细胞的细胞壁、一个皮质膜（完成孢子形成过程中所需的脱水作用）、具渗透性的内膜和一个用于存放 DNA、核糖体与 DPA（dipicolinic acid，吡啶二羧酸）的细胞核（图 4-3）。一般情况下细菌会在环境营养物质不足的情况下形成休眠孢子，但也会在抵抗环境温度过高、紫外线太强、化学成分有变化及遭遇酶解等其他外界压力的情况下形成休眠孢子。

自然界中细菌会形成两种类型的休眠内生孢子，一种是在特定的环境条件下形成的外源性休眠内生孢子，另一种是由于细菌细胞内部某些基因的激活或抑制而形成的内源性休眠内生孢子。导致孢子休眠的三个主要因素：①形成对

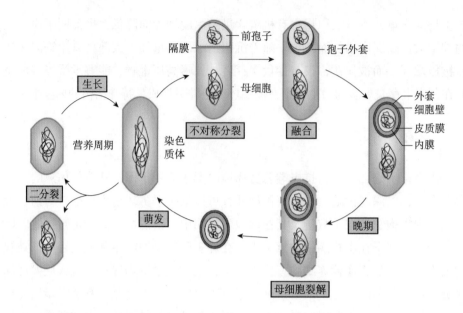

图 4-2　孢子形成过程图（McKenney et al., 2012）

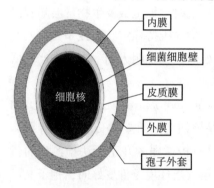

图 4-3　枯草杆菌内生孢子结构示意图
（Edwards, 2011）

特定营养物质具通透性的内膜；②代谢途径的可逆性被阻断；③孢子萌发因子活性被抑制。而环境中特定的物理或化学条件变化可以使孢子脱离休眠状态。例如，对休眠孢子外壁的物理破坏会激发其萌发因子，从而使内生孢子脱离休眠状态。

科学家们从 IODP337 航次采自海底之下 2406m 深处的沉积物中发现了产内生孢子的革兰氏阳性嗜高压细菌。从 Shimokita 煤层沉积物中分离培养的革兰氏阳性厚壁菌门嗜高压菌证明，海洋深地生物圈中的微生物群落结构及其物种多样性与表层生物圈差异较大。希望通过生物标志物 DPA（dipicolinic acid）定量检测海洋深地生物圈内生孢子数量，并试图确定内生孢子数量与 DPA 革兰氏阳性产孢子细菌浓度的关系，特别是嗜高压细菌。并假设将内生孢子考虑在内的情况下，海洋深地生物圈微生物总数量会随着深度的增加而增加。但问题在于，内生孢子数量随沉积物深度加深而增加具有怎样的相关性及深地生物圈的极限深度中存在多少内生孢子仍未探明。

二、内生孢子生物标志化合物吡啶二羧酸（DPA）

DPA 是内生孢子中重要的化学物质（图 4-4），并且仅存在于革兰氏阳性菌内生孢子细胞中。自然状态下，DPA 存在于内生孢子核部，占细菌孢子生物总量的 5%～15%。当内生孢子处于高温环境时 DPA 可以起到保护 DNA 的作用；也有一些变异细胞缺少 DPA

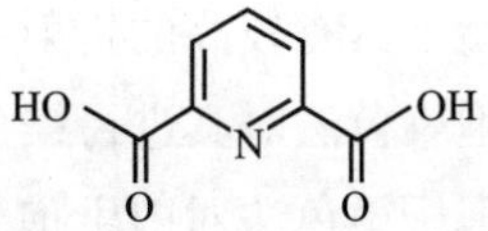

图 4-4 DPA 分子结构图

却同样具有耐热性。这意味着细胞内的其他生命机制同样具有耐热性，而 DPA 主要在耐高压方面发挥作用而不是抗高温。DPA 化合物在 230～240℃时会分解成为 MPA（monopicolinic acid）和吡啶（pyridine），这也是用 DPA 作为生物标志物检测和定量检测深地生物圈中内生孢子的原因之一。DPA 只形成于孢子形成过程中的产孢子母细胞中，然后被从母细胞中带到正在形成的孢子或前孢子中（Errington，1993）。但 DPA 的吸收机制目前并不清楚，可能与控制孢子形成的 DNA 操纵子 *sopVA* 有关。该操纵子在前孢子形成过程中 DPA 吸收之前进行转录（Errington，1993）。

不同条件下内生孢子萌发过程中 DPA 会被迅速释放，每个孢子中大概含有 3.65×10^{-16} mol DPA，由此在样品中 DPA 含量已知的情况下很容易计算出环境中孢子的数量。DPA 会在营养物质与萌发受体接触的瞬间或孢子的肽聚糖外套被水解时被释放出来，因此，在此过程中可以有效提取样品中来自内生孢子内部的 DPA。此时孢子几乎同时释放阳离子并吸收水分。DPA 的释放也在孢子受到外界热刺激而脱离休眠状态后发生，外界极端热刺激会使萌发的孢子数量增加。孢子因湿热刺激而失活的情况下 DPA 也会被释放。

内生孢子也富钙，细胞中大部分钙与 DPA 形成复杂的化合物，含量约为内生孢子干重的 10%。这些化合物在孢子形成过程中辅助脱水，并保护内生孢子免受潮湿和高温的侵袭。Ca-DPA 复合物的作用是插入核酸碱基之间增加 DNA 的稳定性，从而使 DNA 不会因高温侵袭而变性。

三、细菌及内生孢子染色鉴别法

1884 年 Hans Christian Gram 发明了染色鉴别法，使用革兰氏染色剂对未知细菌进行染色，并根据其着色难易程度及着色所需时间对细菌进行初步分类。通过革兰氏染色法可以将细菌分为两大类群：革兰氏阳性菌会被染成紫色，而革兰氏阴性菌则被染成粉红色。一般形成内生孢子的菌类为革兰氏阳性菌，极少有革兰氏阴性菌可以在极端环境下产生内生孢子。虽然内生孢子在光学显微镜下具有较高的折射率，比较容易与营养细胞进行区分，但是无法用一般的细胞染色法对其进行染色。由此微生物学家采用一种特殊的 Schaeffer-Fulton 内生孢子染色法对内生孢子进行染色。此方法采用孔雀石绿染料，加热使色素穿透内生孢子的外套，将内生孢子染成蓝绿色，用复染色染料将其他细胞染成红色与之形成对比，方便进行细胞数量统计。

总结已有的研究可以看出，深地极端环境下多数微生物以孢子或内生孢子的形式存在（Lomstein et al.，2012），蛰伏在极端恶劣的环境中，等待条件适宜时方可再次形成营养细胞并进一步繁殖。2017 年，方家松等从采自海底沉积界面之下 1.5～2.4km 处的钻孔沉积物中培养分离出了部分嗜压菌，发现这些嗜压菌的最优生长压力均小于样品采集位置的静水压力。这一结果说明这些微生物所反映的是所处地层沉积时期的环境条件，而不是现在的环境压力，有可能预示内生孢子还没有形成营养细胞。

目前关于深地生物圈中孢子及内生孢子的研究，主要围绕其形成机制、种群特征、群落结构、与环境的相互作用及对生物地球化学循环的影响等方面开展。希望通过更加深入的探究，对深地生物圈有更加确切明晰的认知，从而对其中可能存在的资源和能源进行合理开发利用；并且对其中丰富的产内生孢子微生物类群进行详细研究，可开发其在医药、环保乃至食品等方面的利用价值。

第三节　病　毒

病毒是一类能够感染几乎所有细胞的非细胞生物体，其形态多样，大多形体微小（20～300nm），基因组类型繁多（单链或双链 DNA 或 RNA、环状或线状），通常携带几个至几百个基因。病毒生活方式大致可分为三类：①烈性生长，即病毒感染宿主细胞，完成自身复制并装配子代病毒颗粒后，裂解宿主细胞，释放成熟子代病毒颗粒；②溶源生长，即病毒感染宿主细胞后，将病毒基因组整合至宿主基因组中，与宿主基因组共同复制，不杀死宿主细胞，经诱导后，可进入烈性生长途径；③携带者状态，即病毒感染宿主细胞后，以游离状态存在于宿主基因组之外，自主复制，不杀死宿主细胞，可在不裂解宿主细胞情况下释放成熟病毒颗粒，还可同时以溶源状态存在。由于病毒与宿主关系密切，生物演化实际上是细胞生物与病毒的共演化。

与地球上细胞生物的分布一致，病毒存在于地球上的各种环境。自 20 世纪七八十年代以来，研究人员在深海（Abrahao et al.，2018）、盐湖、热泉（Gudbergsdottir et al.，2016）和极地等几乎所有生境中均发现了病毒。目前，环境病毒的研究主要集中于海洋、湖泊和热泉等生态系统，关于深地生物圈病毒的丰度、多样性、分布特征及生态功能等的研究则刚刚起步。因为深地病毒的研究结果尚不多，而对于环境病毒的认知有助于了解深地病毒，本书将综述包括深地环境在内的病毒研究的主要发现，分析存在的技术问题，对如何开展深部地下病毒研究做出展望。

一、地球病毒总量

1979 年，Torrella 等在透射电镜下观察了海水样品中的类病毒颗粒（virus-like particle，VLP），估计其丰度约为每毫升 10^4 个，但由于其观察的是 0.2μm 孔径滤膜的截流样品，因此不可避免地低估了病毒丰度。近年来的研究结果显示，全球病毒总数约为 10^{31} 个，约为原核生物细胞数量的 10 倍（Suttle，2005）。值得注意的是，土壤中病毒的数量仅占全球病毒总量的 10% 左右，约 87% 的病毒存在于海洋沉积物中。ODP/IODP 航次沉积物样品的病毒丰度分析显示，沿岸富营养表层沉积物（德国 North Sea tidal-flat）病毒丰度约为每立方厘米 10^9 个，而寡营养海区表层沉积物（South Pacific Gyre）病毒丰度仅为每立方厘米 10^7 个（Engelhardt et al.，2014）。虽然随深度不断增加，病毒的丰度会逐渐减少（Engelhardt et al.，2014），但东赤道太平洋地区海床底下 320m 深处的病毒丰度依然高达每立方厘米 10^6 个。显然，在包括海洋沉积物等在内的研究尚少的深部地下存在巨量病毒资源。

二、环境病毒的多样性

在 NCBI 数据库中，可检索到的物种总数为 412 622 种（截至 2018 年 3 月 24 日），其中，病毒仅有 4050 种，不到已知物种总数的 1%；已完成基因组序列测定的病毒共有 12 546 株，其中，真核生物病毒为 9091 株（包括真菌病毒 232 株），细菌病毒（噬菌体）2912 株，古菌病毒 106 株，其他病毒 437

株。在地球上，原核生物的生物量最大，但已测序的原核生物病毒基因组数量仅为全部已测序病毒基因组数量的 24%，而基因组测序的古菌病毒则不足 1%。国际病毒分类委员会（The International Committee on Taxonomy of Viruses，ICTV）于 2018 年 3 月 12 日公布的病毒物种数仅为 4853 种（ICTV master species list for 2017，V1.0），这与丰度巨大的病毒完全不相称；究其原因，已培养病毒的数量还极为有限。有人对地球上病毒的多样性做出了估计，但估值差别很大，少的可以是 10^5 个，多的可达 10^8 个（Rohwer，2003）。

目前，绝大多数可培养细菌病毒的宿主仅局限于 45 个细菌门中的 3 个，即放线菌门、厚壁菌门和变形菌门，而这些可培养病毒大多并不是环境中的优势病毒。同样，可培养古菌病毒的宿主范围也非常有限，主要为分离自高温和高盐等极端环境的泉古菌门（Crenarchaeota）和广古菌门（Euryarchaeota）中的少数属种，而在其他古菌分支如不同生境中普遍存在的奇古菌（Thaumarchaeota）中，病毒信息却非常少。不过，采用传统噬菌斑筛选及丝裂霉素 C 诱导等方法，人们从深地生物圈获得了多株嗜热病毒（Mercier et al.，2018），包括古菌病毒（PAV1）；这说明，环境中，尤其在探索较少的深部地下，多种多样的病毒正等待发掘。

病毒的形态反映了其系统发育学关系，具有重要的分类学价值。可培养古菌的病毒虽然不多，但其形态多样性却非常高，包含了目前所有已培养病毒的形态；除了常见的球状、丝状和头尾状等，古菌病毒还具有瓶状、纺锤状、液滴状和螺旋管状等至今仅见于古菌病毒的形态（Prangishvili et al.，2017）。在环境病毒的研究中，电镜下的形态观察是常用手段。Borrel 等（2012）在淡水湖泊样品中观察到了与地热环境中病毒形态及深海沉积物中有尾病毒形态相似的病毒颗粒。研究提示，古菌病毒广泛存在于不同生境的沉积物中（Borrel et al.，2012）。Danovaro 等观察发现，在深海水体及沉积物中，随着深度的增加，古菌和病毒的丰度及生物量均保持稳定，而细菌丰度及生物量却逐渐降低，由此推测，古菌和病毒可能比细菌更能适应深地生物圈的生存环境。

病毒的培养受制于宿主的培养，由于绝大多数微生物目前还不能在实验室条件下培养，因此，也就无法获得感染这些微生物的病毒纯毒株，这也限制了传统培养方法在病毒多样性调查方面的应用。但近年来，随着分子生物学及生物信息学的进步，尤其是高通量测序技术的快速发展及测序费用的不断降低，人们在一定程度上摆脱了培养的限制。虽然病毒缺少类似于原核生物 16S rRNA 基因的分子标识，但一些特定病毒类群的保守基因，如类 T4 噬菌体衣壳蛋白基因（Filee et al., 2005; Jia et al., 2007）、类 picorna 病毒 RNA 聚合酶基因（Culley et al., 2003），以及藻类病毒的光合作用基因 psbA 和 DNA 聚合酶基因等，均可以用于相应类群病毒的多样性研究。而基于高通量测序的宏基因组学手段，更是大大拓展了人们对病毒多样性的认知，开始揭开地球病毒圈的神秘面纱。Brum 等（2015）通过对全球 43 个表层海水宏基因组数据的分析，发现了 5476 个广泛分布的病毒类群，其中，仅有 39 个可以确定其病毒种类。Paez-Espino 等（2016）在全球 3042 个不同环境及类型的样品宏基因组数据中，发现了多达 125 000 个新型病毒基因组。在包括南极湖泊、冻土（Adriaenssens et al., 2017）、深海水体和沉积物（Smedile et al., 2013）等生境的病毒宏基因组研究中，均发现了众多新型病毒序列，其中，多达 60%～99% 的病毒序列无法与现有病毒数据进行有意义的比对（Brum et al., 2015）。关于深地生物圈病毒的研究虽不多，但在西北太平洋海底以下 300m 处采集的流体样品，以及来自黑海、大西洋、地中海和极地的沉积物样品中，都发现了大量新型病毒。宏转录组分析显示，Peru Margin 深部沉积物中的主要病毒属于丝状噬菌体科（Inoviridae）、短尾噬菌体科（Podoviridae）、长尾噬菌体科（Siphoviridae）和肌尾噬菌体科（Myoviridae）。另外，采用宏基因组学方法，在 2.5km 深的页岩气压裂液生态系统中获得了 331 个病毒重叠群（contigs），主要包括肌尾噬菌体科和长尾噬菌体科的病毒。而在西北太平洋海底以下 300m 深的流体样品中，80% 的病毒为古菌病毒，超过 20% 的病毒无法确定分类地位。因此，如果病毒的分布也像其宿主微生物那样符合 "everything is everywhere" 的假设，那么地球上病毒的多样性可能不会像想象的那么高。

三、环境病毒的生态功能

病毒个体质量非常小（10～200fg），但由于其巨大的丰度，全球病毒颗粒所含碳、氮和磷的总量估计分别高达 $3.95 \times 10^9 t$、$0.96 \times 10^9 t$ 和 $0.36 \times 10^9 t$，因此，病毒本身就是这些元素的特殊存在方式和巨大储存库（Suttle, 2005, 2013）。仅从这个意义上看，病毒就是自然界元素循环的重要参与者。

病毒最重要的生态功能则通过其与宿主的相互作用得以体现。在地球上，微生物数量最多，生物量（biomass）占地球总生物量的一半，是地球重要元素循环的主要驱动者（Brum et al., 2015a; Falkowski et al., 2008）。环境病毒多以细胞微生物为宿主，主要通过以下三种方式影响和塑造微生物群落结构，进而影响元素循环：①裂解宿主细胞，释放可溶有机物；②携带辅助代谢基因（auxiliary metabolic genes，AMGs），感染宿主细胞后，重构宿主代谢途径；③通过水平基因转移，推动宿主微生物的演化。

宿主细胞被病毒裂解后，细胞内容物以可溶有机物形式释放，再被微生物吸收利用。这一过程在海洋物质循环中构成所谓病毒支流（viral shunt）。据Dell'Anno 等（2015）估计，在全球尺度，病毒每年裂解释放的有机碳总量约为 $3.7 \times 10^7 \sim 5 \times 10^7$ t。Suttle（2007）认为，表层海水病毒具有非常高的裂解活性，每天裂解 20%～40%（相当于 10^{28} 个微生物细胞）的细菌（Proctor and Fuhrman，1990）。Corinaldesi 等（2012）发现，地中海深部海水及沉积物中，每天约有 33% 的微生物细胞被裂解，而且，在病毒裂解的有机碳中，DNA 占比高达 47%（Corinaldesi et al.，2014）。这些由病毒裂解宿主细胞而来的有机物也就成了异养微生物有机碳的重要来源，直接或间接地影响了宿主的群落结构。同时，宿主群落结构也可能由于病毒的裂解活性发生改变。根据 "kill the winner" 假说，环境中的优势类群受病毒侵染裂解的概率较大，因此其丰度会由于病毒的裂解而迅速降低，从而导致群落结构的改变。但由于病毒的宿主特异性，在优势类群中，可能仅特定菌株的丰度受病毒的影响，该优势类群的整体丰度并不发生改变，因此，群落结构在较高水平上往往没有显著变化（Rodriguez-Brito et al.，2010）。病毒对群落结构的影响与其裂解活性直接相关。病毒的裂解活性一般用病毒与宿主的丰度比率 VPR（virus-to-prokaryote ratio）来评价。目前认为，全球尺度的平均 VPR 在 10 左右（Suttle，2005；Engelhardt et al.，2014）。但在已调查的不同生境中，VPR 差异非常大。例如，在深地生物圈中，已知的 VPR 值在 0.001～225（Engelhardt et al.，2014）。因此，不同生境中病毒介导的细胞裂解对群落结构的影响程度可能有很大差异。

病毒不仅能够通过裂解宿主的作用影响元素循环，也能够以溶源状态通过重构宿主代谢来影响元素循环。大约 50% 的可培养细菌基因组中含有整合型病毒，嗜热细菌病毒可被诱导产生成熟病毒颗粒（Mercier et al.，2018），这些都说明环境中尚存在着大量处于溶源状态的病毒。Engelhardt 等（2014）研究了海底深层沉积物中丰度较高的放射型根瘤菌及其所含的原噬菌体，发现从秘鲁沿岸到赤道东太平洋开阔海域的深海沉积物中，原噬菌体占全部病毒的 15% 左右，说明溶源现象是深部病毒的重要生存方式。这些病毒的存在可能有利于宿主适应极端环境。Hurwitz 等在病毒宏基因组中发现了编码磷酸戊糖途径、酮糖酸途径和 3- 乳酸循环等中央代谢中几乎所有步骤的相关基因。Anantharaman

等（2014）在来自深海热液口的硫氧化细菌 SUP05 的病毒基因组中发现了分别编码亚硫酸盐还原酶 α 及 γ 亚基的 *rdsr*A 和 *rdsr*C 基因，而 Roux 等利用单细胞基因组技术进一步发现了 *dsrC* 基因。此外，Anantharaman 等（2014）还在深海热液口发现了与维生素代谢、辅因子代谢及铁硫簇形成等相关的病毒 AMGs，这些 AMGs 可能有利于宿主适应热液极端生境。He 等（2017）发现，热液口病毒 AMGs 不仅参与宿主微生物的大多数代谢活动，而且可形成分支途径，如嘧啶代谢、丙氨酸、天冬氨酸和谷氨酸代谢等途径，这些病毒介导的代谢补偿有助于增强宿主的环境适应性。AMGs 被认为是病毒通过水平基因转移（HGT）的方式从宿主获取的，而其也可能再通过 HGT 将这些基因传递给其他宿主。病毒介导的 HGT 加速了宿主和病毒的共进化，增强了两者的环境适应性，甚至在一定程度上模糊了基因组水平上物种的边界。已经知道，环境病毒携带着大量功能未知的基因。例如，在古菌病毒中，80% 以上的基因功能未知。显然，病毒携带的 AMGs 的功能多样性可能远远高于目前的认知，它们的生态功能也有待更深入地研究。

第四节　真　　菌

真菌（Fungus）是具有细胞核和细胞壁的异养生物，真菌细胞既不含叶绿体，也没有绿色植物细胞所特有的质体，需要从动植物体（活的或死的）及其排泄物、枯枝落叶和土壤腐殖质中来分解和吸收其中的有机营养。其中，从死的有机体中吸取养料的真菌称作腐生菌；专性侵害活有机体而不能生活在死有机体上的真菌叫作绝对寄生菌；具有共生关系的真菌则被称为共生菌。真菌营养体除少数低等类型为单细胞外，大多是由纤细管状菌丝构成的菌丝体。低等真菌的菌丝无隔膜，高等真菌的菌丝都有隔膜；前者称为无隔菌丝，后者称为有隔菌丝。多数真菌细胞壁中含有甲壳质和纤维素。真菌通常包括酵母菌、霉菌和蕈菌（大型真菌），它们归属于不同的亚门。

真菌是一个古老的生物类群，在来自泥盆纪（4 亿多年前）的第一批植物化石中就发现有腐生和寄生的真菌。真菌在地球上存在了多长时间还不清楚，对真菌的起源也没有确切的结论。真菌栖息环境广泛，种类很多，有的生活在水域，有的生活在陆地和冷热酸碱等极端环境，甚至在深地环境都可以找到它们的踪迹，这些不同的生活方式和生长习性，都是在漫长的生物演化历史中形成的。真菌在生活中所需要的有机物都依赖于其他生物，这一特点决定了真菌的生存空间必须有其他类型的生物，特别是自养生物。从这个角度来说，既然在地球深部已发现有丰富的细菌和古菌类群，那么在地球的某些深部区域存在真菌也不是不可能的。刘梅（2011）通过 PLFA 法研究了柴达木第四系盐湖钻孔不同剖面的微生物组成，发现在 1600m 深的地下依旧能发现真菌的存在，细胞量可达 2.93×10^6 个 /g。总体来说，目前关于陆地深部真菌的研究非常有限。现在已经发现了 7 万多种真菌，这可能只是所有真菌的一小部分。据估计，地球上的真菌大约有 160 万种，这一数值接近估算的地球物种总数的 1/5。地球上真菌的生物量尚无法估算，这是因为具有多分枝的真菌菌丝体的生物量远比单一细胞的原核生物更难估算。

有关深地环境真菌的研究目前主要集中于海底沉积物。虽然地球上光合作用产生的有机碳中只有 1% 左右进入海洋形成深海沉积物；但经过亿万年的积累，深海沉积物含有丰富的有机物，总量占到全球有机碳储量的 1/3，这为数量众多的微生物的生长提供了条件，其中包括深海真菌。近年来发现了海底深地生物圈中有丰富的真菌类群（Lai et al., 2007；Xu et al., 2014），这是国际深海钻探计划（DSSP，1968～1983 年）、国际大洋钻探计划（ODP，1985～2003 年）及综合大洋钻探计划（IODP）实施过程中的重大发现。研究表明，海洋深地真菌与陆地及水生生态系统真菌具有较高的同源性和分类地位，预示着其具有与地表其他生态系统真菌相似的生物学特征和生态学作用；这些真菌在低温、高压和黑暗等极端因素的深海生态系统中不仅参与了海洋元素生物地球化学循环，也为探索新型抗生素等药物提供了潜在的菌种来源。目前，对深海沉积物中真菌的种类、分布及其生态作用的研究相对细菌而言较少，但越来越多的生物学家对此表现出了浓厚的兴趣。

真菌不仅是有机质的分解者，也是岩石矿物风化的重要参与者。真菌可以通过以下五种方式发挥其生态功能，并影响和塑造相关的微生物群落结构：①参与对岩石矿物的风化，促进元素的生物地球化学循环；②参与对有机质的降解和输送及元素的循环利用；③增加土壤有机碳的积累，促进植物生长；④通过与植物或细菌和古菌建立的生态关系，推动生物群落的协同演化；⑤水环境中的真菌参与水体有机质降解和元素的循环利用，并成为维护水体和沉积物生态系统稳定的重要成员。

新一代测序技术的快速发展为真菌多样性研究提供了大量可用的 DNA 序

列数据，使研究者在得到更全面真菌多样性结果的同时，还可以进一步解析真菌多样性形成的原因。目前用于真菌多样性分析的大多数公开数据集来自于土壤或植物。受到技术手段和理论知识的限制，人们迄今对于深地环境各类真菌的分布、丰度、多样性，以及与细菌和古菌的相互作用和生态学功能等问题的认识还很肤浅，甚至还一无所知。除微生物自身属性及取样限制外，测序深度也可能是影响真菌物种丰富度的重要因素。

第五节　微生物的相互作用

微生物间的相互作用包含种间共处、互生、共生、拮抗、互利、互养和竞争等诸多方面。微生物互作指的是代谢伙伴互相依赖以创造对各自代谢活动都有利的条件，并且严格说来，"相互依赖性不能通过简单地添加共基质或任何类型的营养素来消除"。例如，在海底地下环境中发现的 ANME（Anaerobic Methanotrophic Archaea，厌氧甲烷氧化古菌）和硫酸盐还原菌（Sulfate Reducing Bacteria，SRB）就是一种典型互作关系，虽然对这种互作关系的机制有不同说法（Milucka et al., 2012；Mcglynn et al., 2015；Wegener et al., 2015）。在寡营养大陆深地环境，由于许多生物化学反应在热力学上略微有利，微生物的互养作用在组建生物多样性和保持生态系统的稳定性方面可能发挥着至关重要的作用（Lau et al., 2016）。Lau 等（2016）揭示了三对微生物互养作用：ANME 和硫酸盐还原菌，产甲烷菌和 ANME，以及硫酸盐还原菌和硫氧化细菌。在后两种互作关系中，产甲烷菌和硫酸盐还原菌相对于其合作伙伴而言在产能上不太有利。它们的合作伙伴 ANME 和硫氧化细菌把产甲烷菌和硫酸盐还原菌的代谢产物迁出，从而分别为甲烷生成和硫酸盐还原持续进行提供了驱动力。此外，nanoarchaea 和它们的古菌宿主如 *Ignicoccus* spp. 间也存在着互利关系（Huber et al., 2002），后来地下水样品中报道了另一宿主 *Candidatus Altiarchaeum* sp.。这些结果表明，对于深地微生物而言，互养和共生关系是重要的物种间相互作用。以下介绍两种典型的微生物之间的互作关系。

一、微生物胞外电子传递

新近发现的基于微生物"种间直接电子传递"（direct interspecies electron transfer，DIET）的共生关系，很可能广泛存在于以深地生物圈为代表的自然环境中。微生物种间电子传递（interspecies electron transfer，IET）机制是地球表层生态系统中元素循环与能量代谢的核心驱动力。一种更为有效的微生物种间电子传递机制——种间直接电子传递首先被发现存在于细菌与细菌之间，以地杆菌 *Geobacter metallireducens* 和 *Geobacter sulfurreducens* 为代表的模式菌株，两者在以乙醇为底物的共培养条件下形成具有导电性的团聚体，实现 DIET。此外，研究发现，具有导电性的磁铁矿能够促进 *G. sulfurreducens* 和 *Thiobacillus denitrificans* 之间的直接电子传递，耦联乙酸氧化和硝酸盐还原反应。最近研究（He et al., 2017）报道了 DIET 同样存在于 *G. sulfurreducens* 和光合细菌 *Prosthecochloris aestaurii* 共培养体系中，光合细菌通过 DIET 机制与 *G. sulfurreducens* 互营降解乙酸进而进行厌氧光合作用。

微生物种间直接电子传递的方式，据称能够为微生物在极端环境下的生存尽可能节省能量。这种更有效的电子传递机制不仅存在于细菌间，也存在于细菌与古菌之间，这就是新近发现的产电细菌与产甲烷古菌之间的"电子驱动甲烷产生"机制。Liu 和 Rotaru 等（2015）通过实验室纯培养方法构建 *G. metallireducens* 和 *Methanothrix harundinacea/Methanosarcin barkeri* 共培养体系，发现在以乙醇为底物的共培养产甲烷过程中两者形成紧密接触的团聚体，并证实了产甲烷古菌 *M. harundinacea/M. barkeri* 具备直接从细菌 *G. metallireducens* 获得电子还原 CO_2 产甲烷的能力。与之类似，研究发现甲烷八叠球菌的另一种 *M. mazei* 能够与 Geobacter aceae 形成 DIET 所必需的产甲烷团聚体结构，暗示了 DIET 存在的可能性。

越来越多的研究表明，含有多种氧化还原价态的金属元素的矿物（如铁锰氧化物）直接或者间接地参与微生物驱动的物质循环。铁锰氧化物是深地生物圈中广泛存在的一种矿物，其介导的微生物胞外电子传递机制及其潜在的环境效应，已受到了与日俱增的关注。研究表明，纳米磁铁矿可以促进 *Geobacters* 种间直接电子传递并能够补偿一种关键的细胞色素 c 的电子传递能力；而表面经过修饰的磁铁矿，不仅可以显著改变 *Geobacters* 种间直接电子传递的效率，而且可以改变电子传递的途径。转录学及遗传学分析表明，*Geobacters* 种间直接电子传递过程中供体菌的导电菌毛（e-pili）和细胞色素 c（c-cyts）在种间电子传递过程中的作用要比受体菌更重要。

除此之外，研究发现，锰的生物地球化学循环尤其是锰还原过程，与微生物胞外电子传递紧密相关，且目前已知的胞外电子传递机制多与锰还原存在关联。然而，锰氧化物是否具有类似纳米磁铁矿的导电性从而影响微生物的胞外电子传递，亟待深入研究。现有的研究表明，海洋环境中广泛存在电活性微生物如 Shewanella；然而，深海中铁锰氧化物介导的"电子驱动甲烷产生"机制却尚未可知，特别是在可燃冰的形成及氧化过程中是否存在新的微生物种间电子传递机制值得探究。甲烷是可燃冰的主要成分，其储量绝大部分在海底；对全球可燃冰样品的分析数据表明，绝大多数海底可燃冰中的天然气以微生物气型为主，主要发生在海底高沉积速率（高有机碳沉积）和微生物高生产率的地区。因此，深入研究海底富含可燃冰区域的微生物种间电子传递机制，具有至关重要的科学价值。

二、厌氧甲烷氧化古菌和硫酸盐还原菌的互作关系

在海底冷泉区沉积物中，硫酸盐还原菌与厌氧甲烷氧化古菌形成一个极为典型的互作关系。厌氧甲烷氧化古菌（ANME）通常与 Delta 变形菌纲的硫酸盐还原菌形成互养聚集体完成甲烷厌氧氧化过程。目前共发现三个不同的簇：ANME-1（ANME-1a 与 ANME-1b），ANME-2（ANME-2a、ANME-2b 和 ANME-2c），ANME-3。ANME-2 趋向于分布在高硫酸盐含量和 AOM（anaerobic oxidation of methane, 甲烷厌氧氧化）速率较高的区域（SMTZ[①] 顶部）；而 ANME-1 则偏好厌氧和高硫化物含量的更深层沉积物中（SMTZ 下部和产甲烷上部）（Yoshinaga et al., 2015）。ANME-1 生理生态学功能取决于硫酸盐的含量，在低硫酸盐－高甲烷含量沉积物中，可以不依赖细菌进行 AOM 作用；在硫酸盐消耗较多的沉积物中，可能进行产甲烷作用；在硫酸盐含量丰富的沉积物中，与细菌形成聚集体进行 AOM 作用（Vigneron et al., 2013）。最新分支 ANME-2d 在淡水沉积物中，可能与硝酸盐还原和铁还原等结合在一起进行甲烷氧化（Haroon et al., 2013）。

产甲烷菌属于严格厌氧的广古菌门（Euryarchaeota）。产甲烷过程分为 H_2/CO_2 途径、乙酸发酵和 C_1 甲基化合物歧化。目前已经鉴定分离的 150 余株产甲烷菌中，大约74.5%利用H_2/CO_2为底物，包括甲烷微菌目（Methanomicrobiales）、

① SMTZ为sulfate-methane transition zone, 硫酸盐–甲烷转换带。

甲烷杆菌目（Methanobacteriales）和甲烷球菌目（Methanococcales）等；33%
以甲基化合物为底物，主要属于甲烷八叠球菌目（Methanosarcinales）和甲
烷叶菌属（*Methanolobus*）；8.5% 以乙酸为底物，主要属于甲烷八叠球菌属
（*Methanosarcina*）和甲烷鬃毛菌属（*Methanosaeta*）。在淡水沉积物中，几乎所
有的甲烷源于 H_2/CO_2 和乙酸。在海洋沉积物中，H_2/CO_2 和乙酸等"竞争性"底
物主要被硫酸盐还原菌利用，甲胺类、甲硫醇类和甲醇等 C1 甲基化合物"非竞
争性"底物主要被产甲烷菌利用。全球范围内盐度是影响产甲烷菌群落组成的
主要因素，在河口沉积物中常见产甲烷菌属于 *Methanosaeta*、*Methanobacterium*、
Methanoregula 和 *Methanoculleus*。在海洋沉积物中 *Methanoculleus* 和 *Methanosaeta*
最为常见。

第六节　展　　望

　　1992 年 Gold 发表了一篇里程碑性的文章，提出地球上还存在一个"深部
热生物圈"（deep hot biosphere）（Gold，1992），其中的微生物以来自地球深
层的化学能为能量来源。起初人们认为在海底沉积界面之下几百米深处生命
便无法生存（Jannasch et al.，1971）。但是随着综合大洋钻探计划（IODP）及
国际大陆钻探计划（ICDP）逐步实施，特别是从 2001 年开始使用无菌取样
技术，科学家发现，在数千米的深海沉积物中及其以下的基岩中到陆上的含
水层内和几千米深的大陆矿坑内，都有微生物的活动（Parkes et al.，2005；
Morono et al.，2009）。并且这些环境中微生物种类丰富，分异度很高，包括生
命进化树上许多新的深层进化分支。后续的微生物学和地球化学研究表明，从
海洋沉积物表面至沉积界面之下 2466m 处都存在大量微生物细胞和微生物活
动（Parkes et al.，2005；D'Hondt et al.，2004；Roussel et al.，2008；Inagaki et
al.，2015）。截至目前，人们对陆地深部生物圈的研究相对较少，已有的成果：
在 Fennoscandian 地盾（芬兰和瑞典）1390m 深的含水层中微生物细胞数可达
3.7×10^5 个 /mL；在南非 Witwatersrand 盆地，宏转录组学和宏蛋白组学研究证
明，活性微生物群体包括属于 4 个 α 变形菌属的自养菌，同时还有硫酸盐还原
菌、厌氧甲烷氧化古菌和产甲烷菌（Lau et al.，2016）。但目前对深地生物圈缺
乏深刻的认识，主要是不同微生物如细菌芽孢、病毒及真菌的存在形式和丰度

等方面问题。

一、细菌芽孢

一般认为，细菌芽孢是目前已知的最强壮（robust）的细胞，并可能存活数百万年，如从 25Ma 的多米尼加琥珀和 250Ma 的岩盐晶体中提取的活孢子，以及最近从海底以下 2406m 处 22Ma 沉积物中分离的活性孢子。因此，细菌芽孢可能在环境中聚集（Lomstein et al.，2012）。然而还有很多未解问题。例如，如何估计深地生物圈中芽孢的数量？在什么条件下芽孢能发芽？一旦芽孢发芽成为活性细胞，它们是否仍然保持原来母细胞的生理代谢特征？它们能否及在什么程度上参与深地生物圈生物地球化学循环？我们建议从以下几个方面开展深地生物圈内生芽孢的研究。

（1）深地环境细菌芽孢丰度和多样性。确定深地生物圈内生芽孢的多样性和丰度，从而对内生芽孢在深地生物圈的多样性和分布形成一个完整的认识。

（2）深地环境细菌芽孢分离鉴定。分离培养深地生物圈典型菌株的内生芽孢，进行全基因组测试分析，解析这些内生芽孢的生理和代谢特征。

（3）深地环境细菌芽孢活性及其生物地球化学循环作用。研究内生芽孢和细胞微生物之间及内生芽孢和内生芽孢之间的相互作用，包括芽孢化（sporulation）和芽孢活化（germination），阐述内生芽孢在深地生物圈元素地球化学过程中的可能作用。

二、病毒

病毒与其宿主相伴，是自然界中细胞微生物的巨人杀手。此外，作为蕴藏高度多样遗传和代谢可能性的移动遗传因子，病毒是物种进化的重要推手。尽管目前取得了这样一些认识，但对于环境中病毒的分布、丰度、多样性、与宿主的相互作用和生态学功能等问题，了解依然很少，而深部地下的病毒则几乎完全属于未知。显然，地球病毒圈在很大程度上还是一个谜。根据相关领域发展态势，建议从以下三个方面尽快布局深地环境病毒的研究，以期在这个新兴领域做出原创性重大贡献。

（1）深地环境特别是陆地深地环境病毒组研究。获取深地样品，分析病毒丰度及多样性，测定病毒宏基因组，从而形成对地球病毒圈的完整认识。

（2）深地生物圈病毒的分离、病毒－宿主系统的建立及病毒生物学研究。加大力度分离环境病毒，构建病毒－宿主系统，开展病毒生物学特别是病毒与宿主相互作用的研究，解析病毒基因功能，认识病毒所蕴含的遗传与代谢多样性。

（3）深地病毒在元素生物地球化学循环中的作用及其环境响应。探讨深地环境病毒对于环境中宿主及群落结构的影响，结合环境参数分析，研究病毒在物质转化和元素循环中的作用，以及对于环境变化的响应。

研究深地病毒在技术上是显而易见的巨大挑战，但同时也是一个应该努力抓住的机遇。可以预期，这一研究将大大拓宽甚至颠覆对地球病毒圈的认知，揭示病毒在地球生态系统中的巨大作用。

三、真菌

随着分子地质微生物学及相关技术的快速发展，海洋和陆地深地真菌将会受到关注并可能成为新的研究热点。我们建议从以下三个方面开始布局深部地下真菌的研究，以期在这个新兴领域做出原创性成果。

（1）深地真菌的研究。获取深地（特别是陆地深地）真菌样品，依托最新的基因测序技术，增加取样密度，加大测序深度，分析真菌丰度及多样性，测定真菌宏基因组，从而形成对深地真菌类群的完整认识。

（2）深地真菌的分离、真菌－细菌－古菌相互作用研究系统的建立及真菌地质生物学研究。探讨深地真菌的分离培养方法，分离深地生物圈中的真菌，构建真菌－细菌、真菌－古菌或真菌－细菌－古菌相互作用的深地环境模拟研究系统；开展真菌生物学特别是真菌与细菌或古菌及其环境的相互作用研究，解析真菌基因功能，并关注不同深地地质背景下微生物群落的构建和维持机制，认识深地真菌所蕴含的遗传与代谢多样性。

（3）深地真菌在元素生物地球化学循环中的作用及其环境响应。探讨深地真菌对所在环境及微生物群落结构的影响，结合深地地质环境参数分析，研究真菌在深地生物圈中对物质转化及元素循环的作用，探讨真菌对于深地环境变化的响应；运用最新的宏基因组技术，开展深地真菌功能多样性的研究，认识深地真菌的生态系统功能。

总之，研究深地真菌在技术和理论上都是巨大的挑战，但同时也是一个重要机遇。可以预期，这一研究将大大拓宽人们对深地真菌及深地生物圈的认知，并揭示真菌在整个地表及深地生态系统中的巨大作用。

本章参考文献

刘梅 . 2011. 柴达木第四系盐湖沉积地质微生物分布规律及影响因素 . 中国矿业大学（北京）博士学位论文 .

Abrahao J, Silva L, Silva LS, et al. 2018. Tailed giant tupanvirus possesses the most complete translational apparatus of the known virosphere. Nature Communications, 9(1): 749.

Adam PS, Borrel G, Brochier-Armanet C, et al. 2017. The growing tree of Archaea: new perspectives on their diversity, evolution and ecology. The ISME Journal, 11(11): 2407-2425.

Adriaenssens EM, Kramer R, Van Goethem MW, et al. 2017. Environmental drivers of viral community composition in Antarctic soils identified by viromics. Microbiome, 5(1): 83.

Amann RI, Ludwig W, Schleifer K-H. 1995. Phylogenetic identification and *in situ* detection of individual microbial cells without cultivation. Microbiological Reviews, 59(1): 143-169.

Anantharaman K, Duhaime MB, Breier JA, et al. 2014. Sulfur oxidation genes in diverse deep-sea viruses. Science, 344(6185): 757-760.

Baker BJ, Sheik CS, Taylor CA, et al. 2013. Community transcriptomic assembly reveals microbes that contribute to deep-sea carbon and nitrogen cycling. The ISME Journal, 7(10): 1962-1973.

Biddle JF, Lipp JS, Lever MA, et al. 2006. Heterotrophic archaea dominate sedimentary subsurface ecosystems off Peru. Proceedings of the National Academy of Sciences of the United States of America, 103(10): 3846-3851.

Biddle JF, Fitz-Gibbon S, Schuster SC, et al. 2008. Metagenomic signatures of the Peru Margin subseafloor biosphere show a genetically distinct environment. Proceedings of the National Academy of Sciences of the United States of America, 105(30): 10583-10588.

Borrel G, Colombet J, Robin A, et al. 2012. Unexpected and novel putative viruses in the sediments of a deep-dark permanently anoxic freshwater habitat. The ISME Journal, 6(11): 2119-2127.

Brum JR, Sullivan MB. 2015. Rising to the challenge: accelerated pace of discovery transforms marine virology. Nature Reviews Microbiology, 13(3): 147-159.

Brum JR, Ignacio-Espinoza JC, Roux S, et al. 2015. Patterns and ecological drivers of ocean viral communities. Science, 348(6237): 1261498.

Castelle CJ, Hug LA, Wrighton KC, et al. 2013. Extraordinary phylogenetic diversity and metabolic versatility in aquifer sediment. Nature Communications, 4: 2120.

Chivian D, Brodie EL, Alm EJ, et al. 2008. Environmental genomics reveals a single-species ecosystem deep within Earth. Science, 322(5899): 275-278.

Corinaldesi C, Dell'anno A, Danovaro R. 2012. Viral infections stimulate the metabolism and shape prokaryotic assemblages in submarine mud volcanoes. The ISME Journal, 6(6): 1250-1259.

Corinaldesi C, Tangherlini M, Luna GM, et al. 2014. Extracellular DNA can preserve the genetic signatures of present and past viral infection events in deep hypersaline anoxic basins. Proceedings of the Royal Society B-Biological Sciences, 281(1780): 20133299.

Culley AI, Lang AS, Suttle CA. 2003. High diversity of unknown picorna-like viruses in the sea. Nature, 424(6952): 1054-1057.

D'Hondt S, JørgensenBB, Miller DJ, et al. 2004. Distributions of microbial activities in deep subseafloor sediments. Science(New York, N.Y.), 306(5705): 2216-2221.

D'Hondt S, Rutherford S, Spivack AJ. 2002. Metabolic activity of subsurface life in deep-sea sediments. Science, 295(5562): 2067-2070.

Dell'Anno A, Corinaldesi C, Danovaro R. 2015. Virus decomposition provides an important contribution to benthic deep-sea ecosystem functioning. Proceedings of the National Academy of Sciences of the United States of America, 112(16): E2014-E2019.

Dong Y, Kumar CG, Chia N, et al. 2014. Halomonas sulfidaeris-dominated microbial community inhabits a 1.8 km-deep subsurface Cambrian Sandstone reservoir. Environmental Microbiology, 16(6): 1695-1708.

Edwards KJ. 2011. Oceanography: carbon cycle at depth. Nature Geoscience, 4(1): 9-11.

Engelhardt T, Kallmeyer J, Cypionka H, et al. 2014. High virus-to-cell ratios indicate ongoing production of viruses in deep subsurface sediments. The ISME Journal, 8(7): 1503-1509.

Errington J. 1993. *Bacillus subtilis* sporulation: regulation of gene expression and control of morphogenesis. Microbiological Reviews, 57(1): 1-33.

Falkowski PG, Fenchel T, Delong EF. 2008. The microbial engines that drive Earth's biogeochemical cycles. Science, 320(5879): 1034-1039.

Filee J, Tetart F, Suttle CA, et al. 2005. Marine T4-type bacteriophages, a ubiquitous component of the dark matter of the biosphere. Proceedings of the National Academy of Sciences of the United States of America, 102(35): 12471-12476.

Fortunato CS, Huber JA. 2016. Coupled RNA-SIP and metatranscriptomics of active chemolithoautotrophic communities at a deep-sea hydrothermal vent. The ISME Journal, 10(8): 1925-1938.

Gold T. 1992. The deep, hot biosphere. Proceedings of the National Academy of Sciences of the

United States of America, 89(13): 6045-6049.

Gudbergsdottir SR, Menzel P, Krogh A, et al. 2016. Novel viral genomes identified from six metagenomes reveal wide distribution of archaeal viruses and high viral diversity in terrestrial hot springs. Environmental Microbiology, 18(3): 863-874.

Haroon MF, HuS, ShiY, et al. 2013. Anaerobic oxidation of methane coupled to nitrate reduction in a novel archaeal lineage. Nature, 500(7464): 567-570.

He TL, Li HY, Zhang XB. 2017. Deep-sea hydrothermal vent viruses compensate for microbial metabolism in virus-host interactions. mBio, 8(4): 271 -283.

Hoehler TM, Jørgensen BB. 2013. Microbial life under extreme energy limitation. Nature Reviews Microbiology, 11(2): 83-94.

Huber H, Hohn MJ, Rachel R, et al. 2002. A new phylum of Archaea represented by a nanosized hyperthermophilic symbiont. Nature, 417(6884), 63-67.

Huber JA, Welch DM, Morrison HG, et al. 2007. Microbial population structures in the deep marine biosphere. Science, 318(5847): 97-100.

Hug LA, Baker BJ, Anantharaman K, et al. 2016. A new view of the tree of life. Nature Microbiology, 1: 16048.

Inagaki F, Kubo Y, Bowles MW, et al. 2015. Exploring deep microbial life in coal-bearing sediment down to ~2.5 km below the ocean floor. Science, 349(6264): 420-424.

Inagaki F, Nunoura T, Nakagawa S, et al. 2006. Biogeographical distribution and diversity of microbes in methane hydrate-bearing deep marine sediments on the Pacific Ocean Margin. Proceedings of the National Academy of Sciences of the United States of America, 103(8): 2815-2820.

Jannasch HW, Eimhjellen K, Wirsen CO, et al. 1971. Microbial degradation of organic matter in the deep sea. Science, 171(3972): 672-675.

Jia Z, Ishihara R, Nakajima Y, et al. 2007. Molecular characterization of T4-type bacteriophages in a rice field. Environmental Microbiology, 9(4): 1091-1096.

Jungbluth SP, Grote J, Lin H-T, et al. 2013. Microbial diversity within basement fluids of the sediment-buried Juan de Fuca Ridge flank. The ISME Journal, 7(1): 161-172.

Jørgensen BB, D'Hondt S. 2006. A starving majority deep beneath the seafloor. Science, 314(5801): 932-934.

Kallmeyer J, Pockalny R, Adhikari RR, et al. 2012. Global distribution of microbial abundance and biomass in subseafloor sediment. Proceedings of the National Academy of Sciences of the United

States of America, 109(40): 16213-16216.

Lai X, Cao L, Tan H, et al. 2007. Fungal communities from methane hydrate-bearing deep-sea marine sediments in South China Sea. The ISME Journal, 1(8): 756-762.

Lau MCY, Kieft TL, Kuloyo O, et al. 2016. An oligotrophic deep-subsurface community dependent on syntrophy is dominated by sulfur-driven autotrophic denitrifiers. Proceedings of the National Academy of Sciences of the United States of America, 113(49): E7927-E7936.

Lazar CS, Biddle JF, Meador TB, et al. 2015. Environmental controls on intragroup diversity of the uncultured benthic *archaea* of the miscellaneous Crenarchaeotal group lineage naturally enriched in anoxic sediments of the White Oak River estuary(North Carolina, USA). Environmental Microbiology, 17(7): 2228-2238.

Lipp JS, Morono Y, Inagaki F, et al. 2008. Significant contribution of Archaea to extant biomass in marine subsurface sediments. Nature, 454(7207): 991-994.

Liu F, Rotaru AE, Shrestha PM, et al. 2015. Magnetite compensates for the lack of a pilin-associated c-type cytochrome in extracellular electron exchange. Environ Microbiol, 17(3): 648-655. doi: 10.1111/1462-2920.12485.

Lomstein BA, Langerhuus AT, D'Hondt S, et al. 2012. Endospore abundance, microbial growth and necromass turnover in deep sub-seafloor sediment. Nature, 484(7392): 101-104.

Mcglynn SE, Chadwick GL, Kempes CP, et al. 2015. Single cell activity reveals direct electron transfer in methanotrophic consortia. Nature, 526(7574): 531-535.

McKenney PT, Driks A, Eichenberger P. 2012. The *Bacillus subtilis* endospore: assembly and functions of the multilayered coat. Nature Reviews Microbiology, 11(1): 33-44.

Mercier C, Lossouarn J, Nesbo CL, et al. 2018. Two viruses, MCV1 and MCV2, which infect *Marinitoga* bacteria isolated from deep-sea hydrothermal vents: functional and genomic analysis. Environmental Microbiology, 20(2): 577-587.

Milucka J, Ferdelman TG, Polerecky L, et al. 2012. Zero-valent sulphur is a key intermediate in marine methane oxidation. Nature, 491(7524): 541-546.

Momper L, Jungbluth SP, Lee MD, et al. 2017. Energy and carbon metabolisms in a deep terrestrial subsurface fluid microbial community. The ISME Journal, 11(10): 2319-2333.

Morono Y, Terada T, Masui N, et al. 2009. Discriminative detection and enumeration of microbial life in marine subsurface sediments. The ISME Journal, 3(5): 503-511.

Onstott TC, Magnabosco C, Aubrey AD, et al. 2014. Does aspartic acid racemization constrain the depth limit of the subsurface biosphere? Geobiology, 12(1): 1-19.

Orsi WD, Edgcomb VP, Christman GD, et al. 2013. Gene expression in the deep biosphere. Nature, 499(7457): 205-208.

Paez-Espino D, Eloe-Fadrosh EA, Pavlopoulos GA, et al. 2016. Uncovering Earth's virome. Nature, 536(7617): 425-430.

Parkes RJ, Cragg BA, Bale SJ, et al. 1994. Deep bacterial biosphere in Pacific Ocean sediments. Nature, 371(6496): 410-413.

Parkes RJ, Webster G, Cragg BA, et al. 2005. Deep sub-seafloor prokaryotes stimulated at interfaces over geological time. Nature, 436(7049): 390-394.

Parks DH, Rinke C, Chuvochina M, et al. 2017. Recovery of nearly 8, 000 metagenome-assembled genomes substantially expands the tree of life. Nature Microbiology, 2(11): 1533-1542.

Prangishvili D, Bamford DH, Forterre P, et al. 2017. The enigmatic archaeal virosphere. Nature Reviews Microbiology, 15(12): 724-739.

Proctor LM, Fuhrman JA. 1990. Viral mortality of marine-bacteria and cyanobacteria. Nature, 343(6253): 60-62.

Rinke C, Schwientek P, Sczyrba A, et al. 2013. Insights into the phylogeny and coding potential of microbial dark matter. Nature, 499(7459): 431-437.

Rodriguez-Brito B, Li L, Wegley L, et al. 2010. Viral and microbial community dynamics in four aquatic environments. The ISME Journal, 4(6): 739-751.

Rohwer F. 2003. Global phage diversity. Cell, 113(2): 141.

Roussel EG, Bonavita M-AC, Querellou J, et al. 2008. Extending the sub-sea-floor biosphere. Science, 320(5879): 1046.

Smedile F, Messina E, La Cono V, et al. 2013. Metagenomic analysis of hadopelagic microbial assemblages thriving at the deepest part of Mediterranean Sea, Matapan-Vavilov Deep. Environmental Microbiology, 15(1): 167-182.

Spang A, Saw JH, Jørgensen SL, et al. 2015. Complex archaea that bridge the gap between prokaryotes and eukaryotes. Nature, 521(7551): 173-179.

Stevens TO, McKinley JP. 1995. Lithoautotrophic microbial ecosystems in deep basalt aquifers. Science, 270(5235): 450-454.

Suttle CA. 2005. Viruses in the sea. Nature, 437(7057): 356-361.

Suttle CA. 2007. Marine viruses - major players in the global ecosystem. Nature Reviews Microbiology, 5(10): 801-812.

Suttle CA. 2013. Viruses: unlocking the greatest biodiversity on Earth. Genome, 56(10): 542-544.

Vigneron A, Cruaud P, Pignet P, et al. 2013. Archaeal and anaerobic methane oxidizer communities in the Sonora Margin cold seeps, Guaymas Basin(Gulf of California). The ISME Journal, 7(8): 1595-1608.

Wegener G, Krukenberg V, Riedel D, et al. 2015. Intercellular wiring enables electron transfer between methanotrophic archaea and bacteria. Nature, 526(7574): 587-590.

Whitman WB, Coleman DC, Wiebe WJ. 1998. Prokaryotes: the unseen majority. Proceedings of the National Academy of Sciences of the United States of America, 95(12): 6578-6583.

Williamson KE, Radosevich M, Smith DW, et al. 2007. Incidence of lysogeny within temperate and extreme soil environments. Environmental Microbiology, 9(10): 2563-2574.

Woese CR, Kandler O, Wheelis ML. 1990. Towards a natural system of organisms - proposal for the domains archaea, bacteria, and eucarya. Proceedings of the National Academy of Sciences of the United States of America, 87(12): 4576-4579.

Xu W, Pang KL, Luo ZH. 2014. High fungal diversity and abundance recovered in the deep-sea sediments of the Pacific Ocean. Microbial Ecology, 68(4): 688-698.

Yoshinaga, Marcos Y, Lazar, et al. 2015. Possible roles of uncultured archaea in carbon cycling in methane-seep sediments. Geochimica et Cosmochimica Acta, 164(1): 35-52.

Zeng X, Birrien J-L, Fouquet Y, et al. 2009. Pyrococcus CH1, an obligate piezophilic hyperthermophile: extending the upper pressure-temperature limits for life. The ISME Journal, 3(7): 873-876.

第五章
陆地典型深地生物圈

　　与海洋深地生物圈的研究相比，陆地深地生物圈的研究相对滞后。第一章笼统叙述了沉积环境及岩浆岩和变质岩环境中的微生物，本章则选择四类典型的陆地深地环境进行生物圈的详细阐述。陆地深地生物圈的研究目前主要集中在油藏微生物、煤层微生物、大陆深地基岩与流体中的微生物及陆地洞穴微生物。油藏微生物、煤层微生物及超深钻和地下深部断裂带流体中微生物研究样品采集主要依赖于资源和能源开采过程中的钻井或矿山，而洞穴微生物样品的采集则集中在天然形成的洞穴中。陆地深地生物圈的主要特征是黑暗，缺乏光合作用合成的有机质，与地球表面相比，油藏、煤田或矿井深部的温度通常较高，可达60℃以上；而洞穴中的温度一般与所在地的年平均温度接近，但受洞穴形态和洞口数目的影响，有冷洞和暖洞之分。陆地深地生物圈的能量来源与微生物所处的环境有关，油藏中的微生物可以以石油烃为能量来源，煤层中的微生物可能以复杂的古老有机质为碳源与能源，而地下深部断裂带流体中的微生物则主要以岩石化学反应产生的氢气等还原性气体为能源，洞穴中的微生物则以滴水或地下河或者蝙蝠带进来的少量有机质或地下含硫化氢的流体带来的还原性物质等为能量。陆地深地生物圈的研究以原核微生物为主，而真核微生物和病毒等的研究相对匮乏。下面对油藏微生物、煤层微生物、地下深部断裂带流体中微生物和洞穴微生物分别加以论述。

第一节　油藏微生物

一、概述

　　油藏是指原油在单一圈闭中具有同一压力系统的基本聚集体，是一个典型的集高温（约 180℃）、高压（数十兆帕）、高矿化度（约 20%）、厌氧，以及油 / 气 / 水共存为一体的多孔介质环境，这种特殊环境造就了深部地下一个独特的微生物生态系统。由于油藏环境因子（特别是温度）和油藏开发历史不同，油藏微生物类型多样，功能各异，在深部地下元素循环与生物地球化学过程中发挥着重要的作用（Van Hamme et al.，2003；Daniel et al.，2006）；同时，油藏微生物和功能基因及酶是一类宝贵的生物资源，在生物采油及油藏环境 CO_2 生物转化等领域具有巨大的潜在应用价值（Head et al.，2003）。

　　油藏微生物寄居于油藏多孔介质孔隙环境，从微观上看，这些微生物存在于孔隙中的水相、油 / 水界面或生物膜等微环境中（Meckenstock et al.，2014），离开了多孔介质就谈不上油藏微生物。在油藏微生物认识方面，自 1926 年证实油藏存在微生物以来，已经从初期的纯培养模式，发展到随后的基于 16S rRNA 基因克隆文库方法（Voordouw et al.，1996），以及近年来的全基因组测序、宏基因组测序、新一代高通量测序和单细胞测序（Khelifi et al.，2014）等方法。特别是近几年宏组学方法引入以来（Li et al.，2017），在油藏原位环境微生物活动、代谢途径及转录表达水平等基础研究上取得了许多新的认识；在油藏微生物应用方面，生物采油的一些技术方法已经进入工业化试验，取得了一系列重要成果（Safdel et al.，2017）。本节将从三个方面总结和讨论油藏微生物研究进展及应用。

二、油藏微生物多样性及群落结构特征

　　油藏环境因子决定着油藏微生物的多样性；同时，钻井与完井、注水及三次采油等开发过程对微生物组成亦有直接影响（李辉和牟伯中，2008）。目前油藏微生物报道较多的是细菌和古菌。

1. 细菌和古菌多样性

油藏环境细菌的组成主要有变形菌门（α-Proteobacteria、β-Proteobacteria、γ-Proteobacteria、δ-Proteobacteria 和 ε-Proteobacteria）、厚壁菌门（Firmicutes）、拟杆菌门（Bacteroidetes）、放线菌门（Actinobacteria）、绿弯菌门（Chloroflexi）、热袍菌门（Thermotogae）和热脱硫杆菌门（Thermodesulfobacteria）等 15 个门，同时还有厌氧氨氧化细菌等。古菌组成类型主要有甲烷囊菌属（*Methanoculleus*）、甲烷砾菌属（*Methanocalculus*）、甲烷绳菌属（*Methanolinea*）、甲烷鬃菌属（*Methanosaeta*）、甲烷食甲基菌属（*Methanomethylovorans*）、甲烷热杆菌属（*Methanothermobacter*）、甲烷杆菌属（*Methanobacterium*）、甲烷胞菌属（*Methanocella*）、盐几何菌属（*Halogeometricum*）、热裸单胞菌属（*Thermogymnomonas*）和热球菌属（*Thermococcus*）等，以产甲烷菌为主（Li et al., 2017），同时还有氨氧化古菌及大量尚未分类的古菌（Li et al., 2010）。

对中国陆上 32 个水驱油藏样品的分析表明（Wang et al., 2012），细菌主要包括 γ 变形菌门（γ-Proteobacteria）、厚壁菌门（Firmicutes）和 δ 变形菌门（δ-Proteobacteria）等 8 个门，相对丰度总计大于 95%。其中属于 γ 变形菌门（γ-Proteobacteria）的细菌相对丰度最高，这类细菌能在厌氧情况下生长，在厌氧烃降解产甲烷过程中起着重要的作用；其次为厚壁菌门（Firmicutes），属于能够厌氧降解烃类化合物或者利用烃降解中间产物的细菌；δ 变形菌门（δ-Proteobacteria）相对丰度居第三，大部分为三价铁还原菌和硫酸盐还原菌，以及与产甲烷菌共生的互营菌科。古菌主要包括甲烷热杆菌属（*Methanothermobacter*）、甲烷绳菌属（*Methanolinea*）和热球菌属（*Thermococcus*）等 10 种类型，大部分属于产甲烷菌，主要为 CO_2 还原及乙酸共生氧化菌。

对中国海洋水驱油藏样品（QHD32-6）的分析表明，细菌主要属于厚壁菌门（Firmicutes）、热袍菌门（Thermotogae）、硝化螺旋菌门（Nitrospirae）和变形菌门（Proteobacteria）；古菌归属于甲烷热杆菌属（*Methanothermobacter*）、甲烷短杆菌属（*Methanobrevibacter*）和甲烷球菌属（*Methanococcus*），全部为产甲烷菌（Li et al., 2007）。

2. 未注水及注水开发油藏微生物组成特征

油藏开发过程特别是注水开发和注化学剂采油过程会对油藏原位微生物多样性和分布产生直接影响。一方面，注入的化学剂会引起油藏原位微生物组成的变化；另一方面，由注水过程引入的外源微生物会适应油藏环境并参与油藏原位活动，成为油藏微生物的家族成员（Voordouw et al.，1996）。Li 等对比分析了已报道的注水与非注水油藏微生物种群组成特点（Li et al.，2017），发现非注水油藏中优势细菌主要为厚壁菌门（Firmicutes）、热袍菌门（Thermotogae）和脱硫杆菌门（Deferribacteres），而注水油藏中优势细菌主要为变形菌门（γ-Proteobacteria、ε-Proteobacteria、β-Proteobacteria、α-Proteobacteria 和 δ-Proteobacteria）。值得指出的是，在注水油藏中检测到浮霉菌门（Planctomycetes）和梭杆菌门（Fusobacteria），提示这两类菌可能不是油藏原位细菌。非注水油藏中优势古菌主要为甲烷球菌目（Methanococcales）和古丸菌目（Archaeoglobales），而注水油藏中优势古菌主要为甲烷杆菌目（Methanobacteriales）、甲烷八叠球菌目（Methanosarcinales）、热球菌目（Thermococcales）和除硫球菌目（Desulfurococcales）；且只有在注水油藏中检测到热变形菌目（Thermoproteales）、甲烷胞菌目（Methanocellales）和甲烷菌第七目（Methanomassiliicoccales）等，说明注水开发油藏微生物多样性远超过未注水油藏。

3. 油藏产出液 / 油水乳化体系中微生物种群组成特征

由于直接采集油藏原位样品十分困难，通过油藏产出液分析油藏微生物是目前的主要手段。产出液通常为油 / 水混合物，传统的方法是将产出液进行油和水相分离后，通过分析水相中微生物来认识油藏微生物种群组成，未考虑油 / 水混合物 "油相" 中的微生物。然而，有研究者在不同油藏产出液油 / 水混合物的 "油相" 中也检测到了微生物（Wang et al.，2014）。事实上，油 / 水混合物的油相仍然是乳状液，所检测到的微生物存在于乳状液微小水环境中，目前尚未有微生物存在于纯油相的报道（Meckenstock et al.，2014）。这一结果提示，为系统认识油藏微生物组成，需要同时对产出液油 / 水混合物的水相和油相（乳状液）进行综合分析。

4. 油藏温度与微生物组成的相关性

油藏温度是影响油藏微生物多样性及分布的最重要的因素之一。以 50℃为参照，在高温油藏（温度≥50℃）中的优势细菌为 γ 变形菌门（γ-Proteobacteria）、厚壁菌门（Firmicutes）、热袍菌门（Thermotogae）和热脱硫杆菌门（Thermodesulfobacteria）；优势古菌为甲烷杆菌目（Methanobacteriales）、热球菌目（Thermococcales）、甲烷球菌目（Methanococcales）、古丸菌目（Archaeoglobales）和热变形菌目（Thermoproteales）。而低温油藏（< 50℃）中优势细菌为 ε 变形菌门（ε-Proteobacteria）、α 变形菌门（α-Proteobacteria）、β 变形菌门

（β-Proteobacteria）和 δ 变形菌门（δ-Proteobacteria），优势古菌为甲烷八叠球菌科（Methanosarcinales）、甲烷微菌目（Methanomicrobiales）、除硫球菌目（Desulfurococcales）和甲烷胞菌目（Methanocellales）。以上说明温度不同油藏微生物组成存在明显差异（Li et al., 2017）。

5. 油藏流体化学组成与微生物组成的相关性

油藏流体的化学组成对油藏微生物生长繁殖及菌群结构演替具有正（营养）反（毒性）两方面的作用。由于环境厌氧，油藏微生物的生长依赖于环境中可获取的电子受体而不是分子氧。统计分析表明，油藏环境中拟杆菌门（Bacteroidetes）、α 变形菌门（α-Proteobacteria）和放线菌纲（Actinobacteria）与流体中 NO_3^- 浓度呈正相关，γ 变形菌门（γ-Proteobacteria）和绿弯菌门（Chloroflexi）与 SO_4^{2-} 及 PO_4^{3-} 浓度呈正相关，而厚壁菌门（Firmicutes）及甲烷嗜热杆菌属（*Methanothermobacter*）与 CH_3COO^- 浓度呈正相关（Wang et al., 2012）；说明油藏流体化学组成对微生物生长繁殖及菌群结构有直接影响。

三、油藏主要生物化学作用及关键功能基因与生物标志物

油藏是一个独特的生态系统，在不同时空尺度上发生着矩阵式的复杂的生物地球化学作用。在时间尺度上，跨越地质时期石油生成、油藏形成和成熟油藏到现代开发与利用。在空间尺度上，以深度为纵向参照，油藏纵深从距地表几米（露头油藏）至 4000m 以下，存在着温度和压力等环境因子的梯度变化；在横向上，随油藏与圈闭环境及其与地下水赋存关系、地层流体分布及化学组成变化等，形成了相应的溶解氧和营养等环境因子的梯度分布。特别是经历开发以后，油藏与外部环境之间同时存在能量与物质交换，因而成为开放系统；在工程层面看，是一个理想的适合于研究深部地下微生物代谢过程的地质生物反应器（Hallmann et al., 2008）。在这个反应器中，同时发生着 C、N 和 S 等元素循环和能量流动及石油烃的厌氧生物降解等物理变化和化学反应，微生物特定的功能基因所编码的酶在这些反应中起着不可替代的作用。下面以功能基因为切入点，总结讨论油藏环境主要的生物化学作用、反应途径及相关的生物标志物。

1. 硝酸盐还原作用

氮转化是油藏环境重要的元素循环过程之一。硝酸盐（NO_3^-）作为电子受体存在时，硝酸盐还原菌（nitrate-reducing bacteria，NRB）能够优先获得能

量将 NO_3^- 转化为氨（NH_3），抑制硫酸盐还原菌（SRB）活动及 H_2S 的产生，在油藏环境 SRB 腐蚀生物控制方面具有应用价值。硝酸盐还原酶功能基因（*narG* 和 *napA*）和亚硝酸盐还原酶功能基因（*nirS*、*nirK* 和 *nrfA*）可用于分析表征油藏环境 NRB 及其相关作用过程。基于这些功能基因，采用克隆文库方法对中国陆上 25 个油藏（21～95℃）环境样品分析表明，油藏环境 NRB 组成类型主要为变形菌门（α-Proteobacteria、β-Proteobacteria、γ-Proteobacteria、ε-Proteobacteria 和 δ-Proteobacteria）、厚壁菌门（Firmicutes）、拟杆菌门（Bacteroidetes）、放线菌门（Actinobacteria）、蓝藻门（Cyanobacteria）、芽孢杆菌纲（Bacilli）及甲烷微菌纲（Methanomicrobia）和古丸菌纲（Archaeoglobi）。小分子酸（CH_3COO^- 和 $HCOO^-$ 等）、NO_3^-、Cl^- 和 pH 等因子在很大程度上影响油藏环境 NRB 的多样性及分布（Guan et al.，2013）。

2. 硫酸盐还原作用

硫酸盐还原菌（SRB）是油藏环境中最早报道的一类微生物。由于大多数油藏微生物不可培养，应用功能基因检测油藏环境 SRB 并解析其作用过程是一种有效手段（Callaghan et al.，2010）。功能基因 *apr* 和 *dsr* 可作为油藏环境 SRB 以 SO_4^{2-} 为电子受体并产生 H_2S 引起生物腐蚀过程的特征指示（Müller et al.，2015）。利用功能基因 *dsr* 分析表明，油藏环境 SRB 主要为脱硫弧菌目（Desulfovibrionales）、脱硫杆菌目（Desulfobacterales）、互营杆菌目（Syntrophobacterales）、梭菌目（Clostridiales）和古丸菌目（Archaeoglobales），其中脱硫微菌（*Desulfomicrobium*）、脱硫肠状菌属（*Desulfotomaculum*）及脱硫弧菌（*Desulfovibrio*）出现频率最高（Guan et al.，2013，2014）。说明油藏环境中 SRB 类型丰富，并能以乙酸和丙酸等小分子酸为碳源，通过代谢还原硫酸盐并产生 H_2S 导致油藏酸化和油田管道的微生物腐蚀（Li et al.，2017）。

3. CO_2 生物固定与生物转化

CO_2 地质封存（carbon capture and storage，CCS）进一步引起了人们对油藏环境 CO_2 生物转化的关注。事实上，油藏是一个天然的 CO_2 生物转化反应器（Hallmann et al.，2008）。将 CO_2 注入油藏后，除了可能的物理化学转化途径外，还存在 CO_2 生物转化的途径，是一个热力学可行的过程（Dolfing et al.，2008）。然而，完成 CO_2 生物转化过程，还需要转化反应的电子供体。研究表明，零价态铁作为电子供体（Ma et al.，2017），以可再生光伏电能通过微生物电化学方式（Schreier et al.，2017），以及通过微生物种间直接 / 间接电子传递（Shi et al.，2016）均可实现 CO_2 生物转化这一过程。Liu 等对中国陆上水驱油

藏中 CO_2 生物转化途径与功能基因做了分析，在功能基因水平上提示油藏环境 CO_2 生物转化的途径（Liu et al., 2015）。

4. 石油烃厌氧生物降解产甲烷过程

油藏环境石油烃厌氧生物降解是重要的生物地球化学过程之一。油藏环境石油烃厌氧生物降解过程中，微生物利用电子受体进行厌氧呼吸，并将厌氧呼吸链与底物的降解过程相结合，从低能量的烃厌氧代谢过程中获取微生物生长所需的能量。厌氧微生物可利用的底物范围较窄，很少观察到既能利用烷烃又能利用芳烃的微生物。电子受体不同，微生物可能采取不同的降解途径，生成不同的末端产物。从热力学看，以十六烷为例，烃降解耦合下游产甲烷反应时，整个烃降解产甲烷是一个热力学可行过程（Dolfing et al., 2008）。所以，从油藏微生物应用及工程意义来说，目前的关注点是烃降解产甲烷的动力学问题，也就是反应速率、反应限制步骤及其调控机制；而动力学问题的解决则依赖于对其反应途径、功能基因及相关的生物标志物的认识。

1）降解途径与关键功能基因

初始活化是烃厌氧降解反应的第一步，与之对应的 C—H 键的活化是反应的关键步骤，不同烃的 C—H 键解离能之间存在差异，因而会涉及不同的初始活化机制。目前提出的烃降解理论途径主要有富马酸加成途径和羧基化 / 羟基化途径，这些途径的起始活化反应、催化该反应的酶及其编码的功能基因则是烃厌氧生物降解反应途径的核心问题（Mbadinga et al., 2011）。

（1）富马酸加成起始活化反应途径。烷烃和芳烃是石油烃的主要组成成分，在反应体系中，石油烃（非甲烷）作为底物经历起始活化反应并产生 2-（1- 甲基烷基）琥珀酸盐、苯基甲基琥珀酸盐和萘基甲基琥珀酸盐，随后经历碳骨架重排、脱羧和 β- 氧化等反应步骤完成烃的厌氧降解（图 5-1）。起始活化反应分别是在特定的功能基因编码的合成酶催化下完成的，所以，烷基琥珀酸合酶基因（*masD/assA*）、苯基甲基琥珀酸合成酶基因（*bssA*）及萘基甲基琥珀酸合成酶基因（*nmsA*）是富马酸加成起始活化反应途径的关键功能基因（Callaghan et al., 2010；2012）。基于这些功能基因，分析了有代表性的中国陆上 12 个水驱油藏产出水样品，结果表明，样品的克隆序列属于 *assA/masD* 基因。

（2）羧基化 / 羟基化途径。利用碳同位素标记技术，发现硫酸盐还原菌 Hxd3 对石油烃厌氧生物降解采取了不同于富马酸加成的途径（Chi et al., 2003）（图 5-2）。由这种酶催化的羟基化初始活化反应发生在烷烃的次末端碳上，接着被氧化形成酮，再在 C-3 位上进行羧基化（图 5-2 左）；或者，初始活化反应发生在烷烃的次末端碳上，接着被氧化形成酮，再在 C-3 位上进行羧基化后，生成 2-乙酰基羧酸（图 5-2 右），再发生进一步降解（Callaghan et al.，2009）。然而，与羧基化 / 羟基化途径相关的报道较少，该途径所涉及的功能基因及相关代谢标志物到目前为止尚未见报道，需要进一步深入研究。

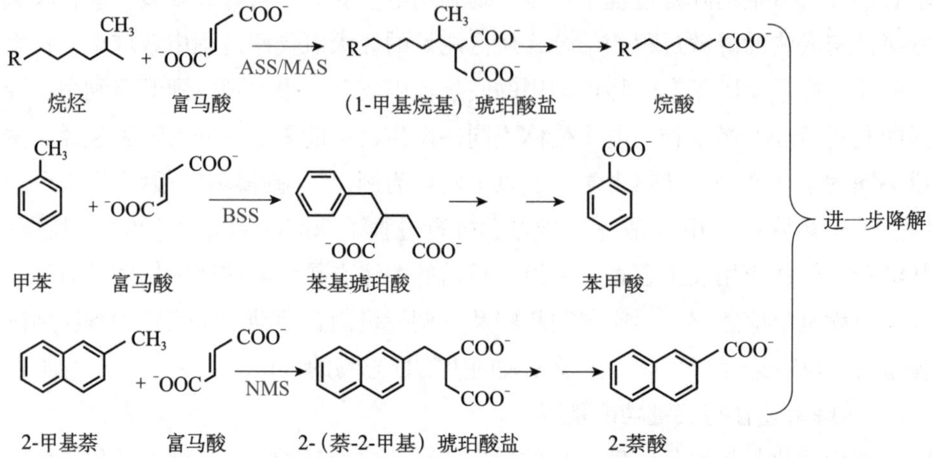

图 5-1　石油烃厌氧生物降解富马酸加成起始活化反应途径

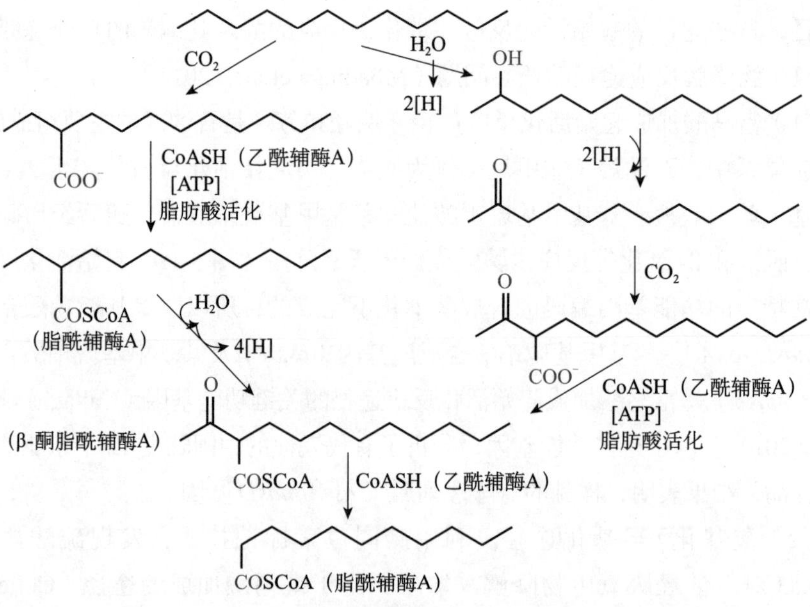

图 5-2　石油烃厌氧生物降解羧基化 / 羟基化代谢途径

2）生物标志物及其质谱特征

富马酸加成和羧基化/羟基化是目前提出的两个主要的烃厌氧降解途径。以烷烃为例，富马酸加成反应在经历起始活化反应并产生 2-（1-甲基烷基）琥珀酸盐，随后经历碳骨架重排等反应步骤完成烃的厌氧降解，因此，2-（1-甲基烷基）琥珀酸盐及其衍生物是富马酸加成降解途径的重要生物标志物（图5-1）。在羟基化和羧基化两个降解途径中，都具有一个重要的中间代谢产物，乙酰基羧酸或其衍生物（图5-2）；这种化合物结构独特，可以作为烷烃羟基化和羧基化降解途径的生物标志物。然而，目前仍然缺乏这些生物标志物和重要的中间代谢产物的证据，国际上也少有报道。主要原因是这些途径中代谢产物类型多而丰度低，且目前可利用的质谱库中缺少该类化合物及其衍生物的标准谱图数据。为此，牟伯中所在实验室首先合成了这些生物标志物化合物并阐明相应的质谱特征，建立了生物标志物的测定方法，以期为进一步认识石油烃厌氧降解途径提供支持。

（1）烃基琥珀酸盐及其衍生物。Bian 等合成了石油烃在厌氧微生物作用下，经富马酸加成途径生成的 5 种具有代表性的初始活化的生物标志物（Bian et al.，2014）。通过甲酯化、乙酯化和丁酯化等衍生化方法，制备了相应的衍生物，确定了烃厌氧生物降解富马酸加成的生物标志物在不同衍生化条件下的质谱特征。以甲酯化为例，这 5 种化合物在质谱图中都具有 2 个特征峰 m/z 114 和 m/z 146，这 2 个特征峰只与烷基取代的琥珀酸二甲酯的结构有关；另外 2 个特征峰 M^+-31 和 M^+-73 分别是失去一个甲酯部分（OCH_3）和失去乙酸甲酯基（·CH_2COOCH_3）后的质荷比，只与烷基化的链长有关，表示分子的大小。烃厌氧生物降解富马酸加成途径中重排产物在不同衍生化条件下的质谱表明，特征峰质荷比 m/z173、m/z160 及 m/z132 是烃厌氧生物降解富马酸加成途径中重排产物的特征；质荷比 m/z $[M-45]^+$ 是失去乙酯部分的结果，与取代基链长有关，用于确定重排产物的分子大小。

（2）乙酰基羧酸及其衍生物。以烷烃为例，如前所述，在羟基化和羧基化两个降解途径中，都具有一个重要的中间代谢产物，乙酰基羧酸或其衍生物（图5-2），这种化合物结构独特，可以作为烷烃羟基化和羧基化降解途径的生物标志物，实验室合成了 4 种羧基化-羟基化途径的生物标志物。通过甲酯化、乙酯化和丁酯化等衍生化方法，确定了生物标志化合物的质谱特征。以甲酯化的衍生物质谱为例，这 4 种化合物在质谱图中都具有 3 个特征峰（m/z116、m/z 101 和 m/z 87）；其中 m/z 116 是失去 2- 烷基并有氢转移形成的［CH_3CO

（H）·CHCOOCH₃], m/z 101 是 m/z116 进一步失去甲基后的产物，m/z87 是失去乙酰基及部分烷基并伴随氢的转移的碎片离子。这些质荷比是该类化合物甲酯化衍生物在质谱图中的特征峰，只与 2-乙酰脂肪酸结构有关；[M-42]⁺ 则表示这些生物标志物易失去乙酰基，代表了 2-乙酰-2-烷基脂肪酸的分子相对大小。

（3）生物标志物的新证据。牟伯中应用石油烃厌氧降解生物标志物质谱特征和质谱指纹图谱对来自江苏油田（油藏温度 80~90℃）、华北油田（油藏温度 37~45℃）和新疆油田（油藏温度 37℃）3 个水驱油藏的 32 个样品进行了烃厌氧代谢途径的研究。结果表明，油藏产出水中含有侧链长度为 C_1~C_8 的烷基琥珀酸、2-苄基琥珀酸和萘甲酸等厌氧生物标志物，以及烷基丙二酸、5,6,7,8- 四氢萘甲酸、长链和挥发性脂肪酸等烃厌氧降解下游代谢产物。所检测到的有机酸可以构成一条相对完整的烃厌氧代谢途径，证实了油藏环境中存在有烷烃、单环芳烃和多环芳烃富马酸加成途径的厌氧烃降解过程。实现了同时在基因水平和标志物分子水平上证实油藏环境中富马酸加成的烃厌氧代谢途径，为认识油藏环境石油烃厌氧生物降解途径及相关的生物标志物提供了新证据。

四、油藏微生物的利用

油藏环境中的微生物及其功能基因和酶是一类宝贵的生物资源，在生物修复、挥发性石油烃的吸收和降解、原油及其炼制过程中的脱硫和脱氮、微生物腐蚀与生物控制（Li et al.，2017）及化石能源生物开采等方面具有潜在的巨大工业应用价值。目前研究比较活跃的领域是生物采油技术（Safdel et al.，2017）。生物采油技术（MEER）是油田开发过程中所应用的生物技术的总称，主要包括微生物驱油、枯竭油藏残余油生物气化开采、稠油等复杂油藏生物改造和枯竭油藏环境 CO_2 生物转化与利用等技术。

1. 微生物驱油

微生物驱油技术（MEOR）是利用微生物在油藏中的活动及其代谢产物与原油流体的相互作用（周蕾等，2011），通过提高驱油效率和扩大波及体积来提高原油采收率的一种方法（包木太等，2000），也是目前研究和应用比较多的一种方法。自 1926 年提出微生物采油的基本原理及 1947 年注册第一个微生物采油专利以来，特别是 1954 年首次外源微生物采油在美国及随后的首次内源微生物采油在俄罗斯试验成功后，引起了国际同行普遍关注（Safdel et al.，2017）。我国自1960年开始微生物采油研究工作（王修垣和毕炬新，1964）。1990年在玉门和大庆油田开展了微生物单井吞吐增产试验（王修垣，2008），随后在大港（马世煜和陈智宇，1997）、大庆（邢宝利等，2000；伍晓林等，2013）、华北（苏俊等，2000）和胜利（王斌和杜文贞，2001）等油田开展了具有一定规模的微生物驱油先导试验和应用，取得了许多宝贵的经验（邹少兰和刘如林，2002；汪卫东，2017）。随着技术进步，在方法上，已经由传统的微生物采油向枯竭油藏残余油生物气化开采、复杂油藏生物改造和油藏环境CO_2生物转化与利用等生物开采方向发展，形成了多元化技术与方法。

2. 枯竭油藏残余油生物气化开采

与微生物驱油不同，枯竭油藏残余油生物气化开采技术的基本原理是利用微生物的作用将枯竭油藏原本难以采出的残余油原位降解转化为甲烷，以天然气的形式开采，进一步提高原油采出程度（图5-3；王立影等，2010）。美国能源部预期这将是一项突破性提高采出程度的方法（Jones et al.，2008）。但该项技术目前仍处于实验室研究阶段（Aitken et al.，2004，Hallmann et al.，2008，Mbadinga et al.，2011，Li et al.，2017），尚未见到国际上有关先导试验的报道，也没有成型的技术可供借鉴。

3. 复杂低品位油藏生物改造

油藏环境存在温度梯度和溶解氧梯度，利用环境中好氧、兼性厌氧和厌氧微生物的活动及微生物代谢产物在系统中的传递与利用，通过对稠油的部分生物降解、乳化和原位生物产气扰动等途径，对复杂油藏进行生物改造，改善油藏环境及稠油的流动性，提高稠油等复杂油藏开采水平。复杂油藏生物改造目前仍处于实验室研究阶段（Head et al.，2003，Kniemeyer et al.，2007，Dolfing et al.，2008，Ma et al.，2017），尚未见到国际上有关先导试验的报道。

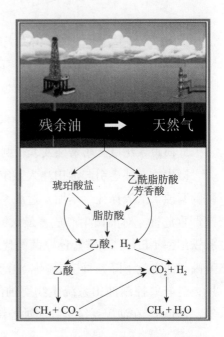

图 5-3　枯竭油藏环境残余油生物降解转化途径

4. 枯竭油藏环境 CO_2 生物转化与利用

油藏是一个天然的地质生物反应器，其中生活着丰富的 CO_2 还原型微生物，利用这些微生物将 CO_2 在油藏原位环境转化为甲烷，实现 CO_2 再生利用，是油藏微生物应用新方向（图 5-4）。美国能源部就此提出了枯竭油藏环境 CO_2 生物转化的技术概念图，并认为这是一项有应用前景的 CO_2 再生利用的技术（Bachmann et al., 2014）。该项技术目前仍处于实验室研究阶段，需要进一步开展转化途径及电子供体来源（Ma et al., 2018b）等方面的基础研究。

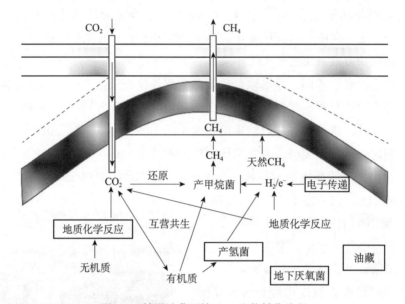

图 5-4　枯竭油藏环境 CO_2 生物转化途径

5. 油田系统微生物腐蚀及其控制

微生物腐蚀会引起油田注入系统和采出系统，以及原油集输金属管线和设备的腐蚀，造成穿孔、结垢及过滤系统和地层的阻塞，给油田生产系统设施带来严重危害。对油田生产危害最大的是硫酸盐还原菌，其次是腐生菌（TGB）和铁细菌（FB）。硫酸盐还原菌的代谢和腐蚀产物会堵塞地层，造成注水压力升高与注水量下降，直接影响原油产量。利用微生物种群间的生物竞争抑制作用，是有效控制油田系统生物腐蚀的技术手段（Greene et al., 2010；陈昊宇等，2013），在油田系统生物腐蚀控制中将发挥重要作用（Voordouw, 2011）。

第二节　煤层微生物

一、概述

我国已有的 5.57 万亿 t 煤炭资源中，埋深在 1000m 以下的约为 2.95 万亿 t，占煤炭资源总量的 53%（彭苏萍，2008；谢和平等，2015）。煤层气是煤炭伴生资源，根据成因类型可以分为生物成因气和热解气两大类，其中生物成因气是由产甲烷菌等厌氧菌代谢煤或煤层物质产生的以甲烷为主要成分的气体。我国深部煤层中赋存着丰富的煤层气资源（秦勇等，2012），并且存在生物成因煤层气，尤其是在以中低阶煤为主的煤层（李贵红和张弘，2013；李勇等，2016）。深部煤层中也存在能够利用煤炭产甲烷的微生物，即使是在深海 2.5km 大洋底部褐煤煤层中同样存在能够利用褐煤产甲烷的微生物（Inagaki et al.，2015）。基于此，国内外研究人员提出了"深部煤炭生物流态化开采"的概念，即通过向煤层中注入营养液刺激本源产甲烷微生物群落或者是直接注入外源产甲烷菌群，代谢煤或煤层中有机组分以获取甲烷的一项新技术（Jones et al.，2010；Welte，2016），它具有安全、开发成本低、环境友好、对原生煤层利用率高和能耗少等优势。因此开展煤层微生物尤其是深部煤层微生物研究，对发展和完善煤层气生物地质理论，以及后期实现深部煤资源高效与清洁利用均具有重要科学意义和现实意义。本节针对当前国内外有关煤层微生物尤其是煤层气赋存环境中微生物群落多样性和群落功能与生物成因煤层气形成机理进行综述，并对存在的一些问题进行分析总结。

二、煤层微生物群落多样性

微生物是生物成因煤层气形成的关键因素，它们在煤层、孔隙水和排出水中有广泛分布。研究表明煤层中产气功能微生物种群具有多样性，经报道发现存在于煤层或煤层水中的微生物主要有细菌 α 变形菌、β 变形菌、γ 变形菌、放线菌、厚壁菌、螺旋体菌、古菌和少量真菌等。

1. 细菌多样性

煤层或煤矿地下水细菌多样性的报道主要集中在美国、澳大利亚和加拿大，我国及其他国家的研究报道相对较少。研究表明不同来源的煤层环境样品中细菌种类差异明显。例如，美国圣胡安盆地中主要微生物菌群为变形菌门（Proteobacteria）和厚壁菌门（Firmicutes）细菌，其中 δ 变形菌门（δ-Proteobacteria）种群丰度最高。美国蒙大拿州和怀俄明州东北部煤层气井排出水中主要细菌为 β 变形菌门（β-Proteobacteria），其次为放线菌门（Actinobacteria）和厚壁菌门（Firmicutes），其中醋酸弧菌属（*Acetivibrio*）、梭菌属（*Clostridium*）和脱硫弧菌属（*Desulfovibrio*）是丰度最高的细菌属（Barnhart et al.，2013）。而印度某煤矿煤层中细菌种群主要有反硝化功能菌属（*Azonexus*）、偶氮螺旋藻（*Azospira*）、脱氯菌属（*Dechloromonas*）和索索氏菌属（*Thauera*）的微生物（Singh et al.，2012）。澳大利亚三个煤层样品中细菌主要为革兰氏阴性菌，占主导的为 β 和 ε 变形菌和拟杆菌（Bacteroidetes）（Li et al.，2008）。我国山东赵楼一处不产煤层气的煤矿中取回的煤层水样品中细菌 88% 属于变形菌门（Proteobacteria）及厚壁菌门（Firmicutes），分别属于不动细菌属（*Acinetobacter*）、鼠孢菌属（*Sporomusa*）、短小芽孢杆菌属（*Lysinibacillus*）、厌氧棍状菌属（*Anaerotruncus*）、梭菌属（*Clostridium*）和脱亚硫酸菌属（*Desulfitobacterium*）。即使同一环境来源样品煤层和煤层水中细菌群落分布也存在差异。例如，鄂尔多斯盆地煤层水中分布最多细菌是弓（形）杆菌属（*Arcobacter*）和固氮卷菌属（*Azonexus*），而煤层中最多的细菌是泡囊短波单胞菌（*Brevundimonas*）、帕氏氢噬胞菌（*Hydrogenophaga*）和鲍氏不动杆菌（*Acinetobacter*）。煤层水中微生物也会在煤颗粒表面形成生物膜，例如，生物产气过程中煤岩薄片表面吸附生物膜和溶液中游离的微生物主要为脱硫单胞菌属（*Desulfuromonas*），弯曲菌属（*Campylobacter*）、硫黄单胞菌属（*Sulfurospirilum*）和链杆菌属（*Streptobacillus*）是产气初期吸附到煤表面的微生物，对生物膜的形成可能有促进作用（Vick et al.，2016）。也有少量研究报道煤层水中存在大量的硫酸盐还原菌与少量硝化杆菌属（*Nitrobacter*）、气单孢菌属（*Aeromonas*）、氨基杆菌属（*Aminobacter*）、亚硝化螺菌属（*Nitrosospira*）和红球菌属（*Rhodococcus*）（4.1%）及寡养食单胞菌（Stenotrophomonas）等（Gutierrez-Zamora et al.，2015）。

2. 古菌多样性

煤层中有机组分经细菌分解后最终通过产甲烷菌形成甲烷，因此产甲烷菌在煤层气的形成中扮演重要角色。根据《伯杰细菌鉴定手册》，产甲烷菌主要可分为两个门——广古菌门（Euryarchaeota）和奇古菌门（Thaumarchaeota），分属 4 个目的 27 个属；而目前煤层产甲烷菌主要来自不同的 9 个属，主要包括甲烷八叠球菌属（*Methanosarcina*）、产甲烷球菌属（*Methanococcus*）和甲烷粒菌属（*Methanocorpusculum*）等。例如，加拿大阿尔伯塔煤田环境中产甲烷菌为八叠球菌（*Methanosarcina* sp.）（Penner et al.，2010）。而印度煤层水中的古菌属主要有甲烷杆菌属（*Methanobacterium*）、嗜热弯曲甲烷热杆菌属（*Methanothermobacter*）和甲烷绳菌属（*Methanolinea*）（Singh et al.，2012）。伊利诺斯盆地和澳大利亚三个煤层中古菌分别为甲烷粒菌属（*Methanocorpusculum*）和古球状菌属（*Archaeoglobus*）（Li et al.，2008）。也有研究发现煤层和煤矿地下水中产甲烷菌的群落结构也存在显著差异，煤层中的产甲烷菌主要有 *Methanobacterium thermoaggregans*、亨氏甲烷螺菌（*Methanospirillum hungatei*）、*Archeoglobis fulgidus* 和甲烷嗜热菌（*Methanopyrus kandleri*）；而煤层水中产甲烷菌为 *Methanocaldococcus vulcanus*、甲烷热球菌（*Methanothermococcus* sp.）和活动甲烷微菌（*Methanomicrobium mobile*）（Donald et al.，2008）。

3. 厌氧真菌多样性

目前有关煤层中厌氧真菌报道不多，我国沁水盆地煤层水中真菌有子囊菌门（Ascomycota）、担子菌门（Basidiomycota）、壶菌门（Chytridiomycota）和接合菌门（Zygomycota）；其中子囊菌门和担子菌门占主导地位，它们分别属于隐球酵母属（*Cryptococcus*）、马拉色霉菌属（*Malassezia*）、曲霉属（*Aspergillus*）、青霉菌（*Penicillium*）、红酵母（*Rhodotorula*）、疱霉属（*Phoma*）、被孢霉属（*Mortierella*）和丛赤壳属（*Nectria*）（Guo et al.，2017）。

三、煤层微生物的群落功能

煤炭的生物成气是通过一系列的功能微生物，在厌氧条件下将煤炭中可利用的有机质组分解聚和转化，生成最终代谢产物甲烷的过程。当前研究人员大多支持生物成气形成过程遵循经典的厌氧发酵"四阶段"理论（Strapoć et al.，2011；Mayumi et al.，2016），其具体过程如图 5-5 所示。煤炭中复杂的有机化合物先经微生物作用，分解为有机酸或者醇类、酯、碳水化合物、氢气和二氧化碳；这一过程主要由厌氧和兼性厌氧的水解性细菌或发酵性细菌来完成，包括梭菌属（*Clostridium*）、拟杆菌属（*Bacteroides*）、丁酸弧菌属（*Butyrivibrio*）、优杆菌属（*Eubacterium*）和双歧杆菌属（*Bifidobacterium*）

等专性厌氧菌及链球菌属（*Streptococcus*）兼性厌氧菌。再经产氢产酸菌，如水螺菌属（*Aquaspirillum*）、绿脓杆菌（*Pseudomonas*）、气单孢菌属（*Aeromonas*）、不动细菌属（*Acinetobacter*）和产黄菌属（*Flavobacterium*）作用分解为有机酸、氢气和二氧化碳。最后，经由严格厌氧的产甲烷菌群，利用单碳化合物、乙酸和氢气等形成甲烷。最近有研究人员发现了一类产甲烷菌可以直接利用煤中苯甲氧基来生成甲烷（Mayumi et al.，2016）。生物产气系统中，产甲烷菌与产甲烷菌及非产甲烷菌之间均存在相互影响关系，相互依赖，互为对方创造良好的环境和条件，构成互生关系；同时，双方又互为制约（Strapoć et al.，2011；王尚等，2013）。有研究表明，硫酸盐还原菌与产甲烷菌存在底物竞争关系故会抑制甲烷的产生。但是也有研究表明，硫酸盐还原菌与产甲烷菌可以在煤层水中共存，但较高的硫酸根离子浓度会对产甲烷菌产生抑制作用。最近有研究表明，煤中碳氢化合物的降解产气会促进煤层环境中硝化细菌的硝化反应（Gutierrez-Zamora et al.，2015）。

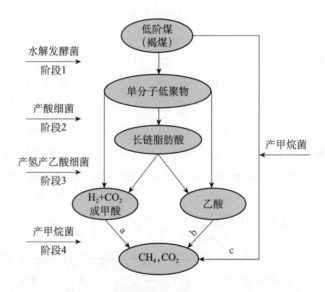

图 5-5　厌氧发酵"四阶段"理论

a. 氢营养型产甲烷菌；b. 乙酸营养型产甲烷菌；c. 苯甲氧基营养型产甲烷菌

四、煤层微生物成气营养底物和代谢机理

目前，国内外学者通过分析煤层水中碳氢化合物的组成和模拟产气实验等方法研究了煤层生物成气的底物。煤由多环芳烃大分子构成，因此仅仅是煤层

中的可溶有机质、二氧化碳、氢气、气态重烃及水可成为产气的能源底物。淮南烟煤经过生物产气后，煤岩正构烷烃和类异戊二烯烷烃遭到降解（陶明信等，2014）；而云南褐煤族组分中饱和烃是被微生物优先降解的主要成分，到后期长链烷烃才被明显降解（王爱宽和秦勇，2011）。通过分析产气前后煤层水中化合物种类和浓度变化，发现煤中分子量较小的并且水溶性较好的有机物可被用来作为微生物的代谢底物。例如，烟煤生物降解产气过程中，$C_{22}\sim C_{36}$ 的烷烃和棕榈酸浓度有着明显的变化。采用有机溶剂萃取技术分析煤中可利用能源底物，结果发现微生物菌群更趋向于利用甲醇萃取的有机组分，并且富含镜质组的煤萃取有机组分产生更多甲烷（Furmann et al.，2013；葛晓光等，2015）。厌氧条件下，能源底物经微生物活化降解处理来经酯化、羟基化、羧化和甲基化反应等进行降解代谢（Georg et al.，2011）。参与该反应的酶包括苯甲基琥珀酸合酶（Leuthner et al.，1998）、萘基 -2- 甲基琥珀酸合酶（Selesi et al.，2010）、烷基琥珀酸合酶（Grundmann et al.，2008）、苯乙基脱氢酶（Johnson et al.，2001）和厌氧苯羧化酶（Abu et al.，2010）等。

综上所述，煤层微生物尤其是深部煤层微生物的基础研究对完善煤层气生物成因理论和深部煤炭开采技术实现煤炭清洁利用均具有重要科学和现实意义。从目前研究现状可知，国内外学者已经从不同方面研究煤炭生物产气过程，但是仍然存在许多的问题和空白之处，主要表现：①对深部煤层中用于微生物产气的营养底物了解不清楚；②对煤层中微生物群落结构信息认识不清晰，尤其是深部煤层中的微生物群落，导致目前用于煤炭生物产气高效菌种资源较少，关于微生物与煤的相关作用关系研究几乎为空白；③对煤炭生物产气能源底物和代谢机理缺乏深入研究。

第三节 大陆深地基岩与流体中的微生物

一、概述

深地微生物可以栖息于多种岩石与流体环境，如洋底沉积物和基岩下方的岩浆岩含水层、变质岩、大陆沉积岩、古代的盐岩和洞穴中（Onstott et al.，2003）。沉积岩、岩浆岩和变质岩在地球上的分布、物理化学条件及其对深地微生物的影响在第一章已经有详细的描述。这里需要指出的是，岩浆岩和变质岩形成时都经历了高压和高温作用，其形成过程都类似于一次灭菌事件；这些新形成的岩石冷却后会产生裂隙或断层，地质流体从周边的岩石中携带微生物进入冷却后的岩石中，并可能在其中定居形成生物膜；因此不同于沉积岩，在岩浆岩和变质岩中生活的微生物可能都是后期迁移进去的。

由于岩石圈孔隙度与渗透率低，流体迁移较慢，流体在岩石圈中的滞留时间可以从 20Ma 到 15 亿年（Lippman et al.，2003）。较长的流体滞留时间可使水岩相互作用充分进行，最终导致微生物的繁殖与生长。虽然地下深部的物理环境相对稳定，但随着深度的增加，温度和压力也会随之增加，会给微生物的生存带来一定的挑战。此外，地下环境的稳定性也会受到地震活动或者人类活动的扰动从而影响深地微生物。尽管如此，在地球表层以下数公里的断层或者断裂带中仍然发现了微生物的活动，为深地生物圈的存在提供了有力证据。

与地球表层和近表层微生物不同的是，深地生物圈中生物的生长不依赖于阳光或者光合作用合成的有机质，它们的生存主要依赖于深地环境产生的化学能，其生物量和多样性分布与地质条件相关（图 5-6）。陆地深地环境是一个强还原和寡营养的环境，其中栖息的微生物必须适应这种低能量的环境。通常，地质来源的电子供体和受体足以支撑微生物地下的生命活动。例如，含铀岩层的放射性能量导致水的裂解产生 H_2、自由基和氧化剂（Stevens and McKinley，1995；Lin et al.，2006；Sherwood et al.，2014），这些氧化剂可以氧化岩石中的矿物，如将黄铁矿（Fe_2S）氧化成 SO_4^{2-}（Lin et al.，2006）从而为深地微生物提供电子受体。此外，蛇纹石和水的相互作用也可以产生 H_2（Stevens and McKinley，2000）。虽然地下深部非生物成因的 H_2 和 CH_4 产生的速率较低，但是可以满足某些微生物的生长，如产甲烷菌、产乙酸菌和硫酸盐还原菌。一部分电子供体如 CH_4 和短链有机质可由产甲烷微生物、Fisher-Tropsch 反应和非生物过程产生，从而促进厌氧甲烷氧化和有机质降解等过程（Etiope and Sherwood Lollar，2013）。此外，自然界中的 NH_3/NH_4^+ 可以从层状硅酸盐浸出，经过辐射作用 NH_3 可转变为 NO_3^-。由于大陆深部电子受体的浓度往往低于电子供体的浓度，因此电子受体往往是限制微生物能量代谢的主要环境因子。

二、大陆深地环境微生物群落多样性

研究发现大陆深地岩石与流体蕴含着多样的微生物类群，由于原核生物对温度和压力具有较高的耐受能力，因此它们是深地生物圈中的主要类群；也

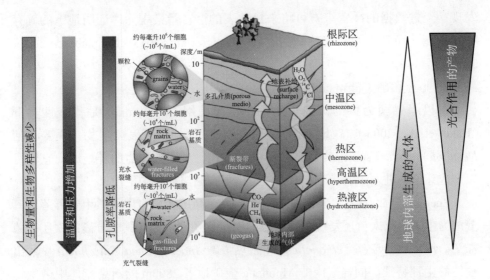

图 5-6 环境条件与深地微生物随深度变化的示意图［据 Kieft（2016）修改］

随着深度的加大，温度与压力升高，岩石孔隙度降低，地表带入的有机质减少，生活在岩石孔隙水中的生物量、活性、功能多样性也随之降低，但是由地质过程产生的气体（CH₄、H₂、CO₂ 和 He 等）升高，可以孕育一些深地特有的微生物

有少量关于真核生物的报道。已报道的深地微生物群落主要分为两大类：一类以厚壁菌门（Firmicutes）占优势，另一类则以变形菌门（Proteobacteria）占优势。

1. 细菌的多样性

1）变形菌门（Proteobacteria）

变形菌门具有较高的物种多样性和代谢多样性。陆地深部的变形菌以 α 变形菌、β 变形菌、γ 变形菌和 δ 变形菌为主（Gihring et al.，2006；Magnabosco et al.，2014）。一般来讲，以变形菌门为主的深地环境中至少有数十种变形菌类群，但也有例外。例如，从美国伊利诺伊州的 Mt. Simon Sandstone 1800m 利用深钻获得的盐水样品，其生物多样性非常低，其中嗜盐的 γ 变形菌 *Halomonas* spp. 占到微生物群落的 97%～99%（Dong et al.，2013）。*Halomonas* spp. 比较富集的原因是该类微生物对地下高盐环境具有较强的耐受性，且在高盐环境下可能能利用多种营养物质和有机质。

由于多种变形菌在采矿水和钻井液中也有发现（Onstott et al.，2003），这给微生物污染识别带来一定的困难。那些只存在于采矿水和钻井液中的微生物多是来自地表的污染，但有些类群则同时在原始地下流体及矿井泥浆中被发现；经过数据的严密审查可将来自地表的潜在污染剔除，证明地下的确存在变形菌，而且它们具有较高的丰度（Dong et al.，2013；Magnabosco et al.，2014）。

2）厚壁菌门（Firmicutes）

在以厚壁菌为主的深地生物圈中，梭菌纲（Clostridia）是代表性类群（Baker et al.，2003）。在地下深部发现的梭菌纲均是厌氧微生物，主要包括 *Desulfotomaculum* spp.；其具有多种代谢方式，当遇到恶劣的环境时，它们可以形成芽孢，进入休眠状态。有些梭菌也可在高温环境中生长。

Zhang 等（2005）发现，在东海—苏鲁超高压变质岩中的微生物群落以厚壁菌为主，研究人员还发现多种嗜热的铁氧化还原细菌，其中分离的铁还原菌株 *Thermoanaerobacter ethanolicus* 和耐热嗜碱 *Anaerobranca gottschalkii* 显示出独特的生理特征。同样，南非 Mponeng 金矿地下 2800m 的断裂流体中微生物群落以厚壁菌为主，其中以一种新的类群 *Candidatus* Desulforudis audaxviator 占主导，其相对丰度高达 97%～99%（Chivian et al.，2008）。尽管目前尚未获得该菌的纯培养物，通过对其代谢途径分析表明，*Candidatus* Desulforudis audaxviator 是一株硫酸盐还原型自养微生物，可以将硫酸盐还原和氢气氧化相耦合，具有完整的碳、氮代谢途径，在地下环境中完全可以自给自足。*Candidatus* Desulforudis audaxviator 在其他陆地深部样品中也有发现（Baker et al.，2003）。最近，科学家从海洋沉积物中获得一株未培养 *Candidatus* Desulfopertinax cowenii 的基因组，它在分类学上与 *Candidatus* Desulforudis audaxviator 具有较高的相似性（Cowen et al.，2003）。这些研究结果表明，*Candidatus* Desulforudis audaxviator 及其相似微生物很有可能是地下原位特有的物种。

3）其他细菌

得益于分子生物学技术的发展和应用，深地生物圈中发现的微生物已经超过 30 个门，包括产水菌门（Aquificae）、衣原体（Chlamydiae）、绿弯菌门（Chloroflexi）、NC10、硝化螺旋菌门（Nitrospirae）、浮霉菌门（Planctomycetes）及多种未培养的分类单元，但这些微生物丰度普遍较低（Gihring et al.，2006；Magnabosco et al.，2014）。

2. 古菌（Archaea）的多样性

广古菌门（Euryarchaeota）（主要是产甲烷菌）是深地生物圈主要的古菌类型，且在深地微生物群落中相对丰度较高。例如，南非 Evander 金矿地下

3200～3300m 断裂流体样品中，*Methanobacterium* 和 *Desulfotomaculum* spp.（后被命名为 *Cadidatus* Desulforudis audaxviator）的相对丰度分别超过古菌和细菌克隆文库的 98% 和 97%。通过对南非 Tau Tona 金矿地下 3000m 断裂流体样品的分析发现，广古菌丰度仅次于细菌的厚壁菌门，分别占宏基因组结果的 22% 和 57%（Magnabosco et al., 2016）；产甲烷菌纲主要由 Methanococci 和 Methanobacteria 组成。在以变形菌为主的群落中，古菌丰度非常低，相对丰度不超过 5%（Simkus et al., 2016）。广古菌门主要包括产甲烷菌 Methanobacteria 和 Methanomicrobia，包含有产甲烷菌的 Thermoplasmata 及厌氧甲烷氧化古菌 ANME-1、ANME-2 和 ANME-3 类群（Gihring et al., 2006；Young et al., 2017；Magnabosco et al., 2018）。除此之外，越来越多的地下特有微生物类群也被发现，例如，早期发现于南非金矿地下深部的古菌的 16S rRNA 基因序列，被定名为南非金矿广古菌群（South Africa gold mine euryarchaeota group，SAGMEG）和南非金矿泉古菌群（South Africa gold mine crenarchaeota group，SAGMCG）（Takai et al., 2001）。近来，SAGMEG 被重新命名为 Hadesarchaeota，并被确定为广古菌门下面较古老的的根部类群（Baker et al., 2016）。

3. 真核生物（Eukaryota）的多样性

2011 年，在南非金矿 900～3600m 深的断裂流体中，首次报道了多细胞生物的存在（Borgonie et al., 2011），并且发现了新的线虫（Nematoda）物种 *Halicephalobus mephisto*。近来，Borgonie 等从南非 Kopanang and Driefontein 金矿深度为 1000～1400m 的岩心水中检测到 17 种真核生物，分别隶属于线虫、扁形动物门（Platyhelminthes）、轮虫纲（Rotifera）、环节动物门（Annelia）、节肢动物门（Arthropoda）、原生动物门（Protozoa）的变形虫（Amoeba）和真菌（Fungi）等（Borgonie et al., 2015a）。同年，他们在 1300～3100m 的矿坑顶部钟乳石层间也发现了线虫、古菌与细菌（Borgonie et al., 2015b）。作者认为夹在钟乳石层间的微生物是来自断裂流体，然后在钟乳石形成的过程中被困其中。

4. 病毒的多样性

迄今，人们对陆地深部的病毒多样性的认识还十分有限，更没有病毒侵染其他生物的直接证据。然而，对在深部断裂流中发现的 *Candidatus* Desulforudis audaxviator 的基因组分析表明，其细胞受到了病毒或者噬菌体的侵染，导致古菌基因和溶原性病毒的噬菌体基因整合到了 *Candidatus* Desulforudis audaxviator 基因组中（Chivian et al., 2008）。

三、生物分布特征及其与环境因子之间的关系

由于地质环境条件和营养程度的差异，深地微生物组成在空间分布上有很大的差异。深度对地下微生物的分布有重要影响。通常来讲，微生物的多样性、丰度与深度之间呈现显著的负相关（图5-6）（Gihring et al., 2006）。以变形菌为主的群落分布在较浅的地层，地层流体较年轻，且盐度相对较低，并且流体与地表流体交换相对比较频繁；而地下深部流体则分布于较古老的地层中，地层流体具有较高的盐度，其中的微生物以厚壁菌门和广古菌门为主。随着深度的增加，能够产生芽孢的厚壁菌门占据优势。但厚壁菌门在地下深部是以具有活性的细胞还是以休眠的芽孢的形式存在目前还不得而知。

在埋深较浅的年轻岩石与流体中，难以区分时间和空间对地下微生物地理分布的影响。Davidson等（2011）分析了南非Evander金矿钻孔开放前后十五周内裂隙水样品中的微生物群落演替，结果发现微生物群落从初始的厚壁菌门和泉古菌门的混合群落变成了后期的变形菌门和厚壁菌门的混合群落，而且开放十五周后古菌群落以广古菌门为主。Magnabosco等科学家对南非Beatrix金矿中微生物群落进行了长达三年的监测，发现微生物群落随时间动态变化，并且微生物群落的变化与环境因子（如辐射产生的惰性气体浓度）有关（Magnabosco et al., 2018），暗示了裂隙水的来源与成分随采样时间发生变化。采样时，大量断裂流体从采样点流出，从而导致来自于不同断裂带和不同年龄的古孔隙水汇聚到钻孔采样点，同时将不同的营养物质甚至微生物群落携带到孔隙水样品中，增加了样品的复杂性。

陆地深地微生物群落空间分布的控制因素比较复杂，有时群落的差异与环境条件的关系并不显著。如通过对六个南非矿井（Beatrix、Driefontein、Finsch、Masimong、Zondereinde和Tau Tona）获得的七个孔隙水样品中的微生物群落分析发现，尽管样品的水化学特征和微生物群落都有变化，但无法用单一的环境因子解释地下微生物群落之间的差异（Magnabosco et al., 2014）。另外，通过分析16S rRNA基因和亚硫酸盐还原酶的基因序列，发现硫酸盐还原菌在陆地深部分布十分普遍（Baker et al., 2003；Gihring et al., 2006），主要由厚壁菌门和δ变形菌门的微生物组成。为了从地球化学循环的角度深刻解读深地微生物的地理分布，Lau等分别对南非五个地点（Beatrix、Driefontein、Finsch、Masimong和Tau Tona）地下深部水样中参与碳、氮和硫等元素循环的微生物关键酶进行了分析（Lau et al., 2014），发现在这些以变形菌门为主的群

落中，只有极少量的关键酶在所有的样品中均有发现；并且不同地点微生物类群的差异不能用常见的生态学影响因素解释，如地理隔离、物理化学特征、深度及水的滞留时间等。

同样，深古菌门不仅存在于表层沉积物和热泉中，也存在于地下深部岩层中。Lazar 等（2015）的研究也证实了这一发现，深古菌门在许多环境普遍出现，只是这些深古菌门在地下深处较为富集。但也有研究发现不同介质下深地微生物代谢过程存在差异。因此未来研究不仅要关注深地微生物种类，更要关注其代谢过程、生态功能和地质条件之间的关系。

四、大陆深地微生物参与的元素循环及其途径

在特定的地球化学条件下，微生物介导的氧化还原 H_2 反应可以根据热动力学反应来预测（Lin et al.，2006；Magnabosco et al.，2016）。H_2 可以驱动地下深部的多种生物地球化学循环过程（Sherwood-Lollar et al.，2014）。H_2 氧化可以和多种电子受体的还原过程相耦合，其中典型过程包括由硫酸盐还原菌介导的硫酸盐还原、一些硫酸盐还原菌将 H_2 和 CO_2 转化为乙酸及氢、营养型产甲烷菌将 H_2 和 CO_2 转化为 CH_4（详见第一章）。上述过程产生的乙酸可以支撑乙酸营养型的产甲烷菌和乙酸发酵；产生的 CH_4 可以用来支撑嗜甲烷（甲烷氧化）微生物的生存（Simkus et al.，2016；Lau et al.，2016；Magnabosco et al.，2018）。最近，得益于基因组重建技术，Baker 等发现哈迪斯古菌（Hadesarchaea）可以在消耗 H_2 的同时耦合 NO_2^- 还原，并从中获得能量（Baker et al.，2016）；Dong 等发现 *Halomonas* spp. 可以在消耗 H_2 的同时耦合 NO_3^- 或 NO_2^- 的还原（Dong et al.，2013）。宏基因组学分析表明，与 *Sulfuritalea* spp. 相似，*Halomonas* spp. 可以在氧化单质 S 和 H_2 的同时还原 NO_3^-，从而获得能量（Lau et al.，2016）。因此，H_2 的利用对深地生物圈至关重要。

作为环境中的主要反应过程，硫酸盐还原和产甲烷过程在地下深部广泛存在（Li et al.，2016；Young et al.，2017）；然而利用同位素地球化学手段，上述反应的逆过程如硫氧化及甲烷氧化过程却很难被检测到。最近，基于宏转录组和宏蛋白质组的技术，在深部流体样品中发现了硫氧化和甲烷氧化过程，以及相应的功能微生物（Lau et al.，2016）。结合热动力学和同位素地球化学数据，证实了在陆地深地环境中，硫氧化和硫酸盐还原过程以及产甲烷和甲烷氧化过程可以同时发生，并且其中的氧化过程比还原过程还要活跃。这项研

究还首次报道了陆地深部隐秘（cryptic）的氮循环过程：固氮作用、硝酸盐异化还原成氨和厌氧氨氧化等是次要过程，主要过程是硝酸盐还原和反硝化过程。硫氧化微生物 *Sulfuritalea* 和亚硫酸盐氧化微生物 *Sulfuricella* 通过还原硝酸盐，耦合氮和硫循环过程。值得关注的是，这类优势微生物采用了能耗最高的 Calvin-Benson-Bassham 循环来固定无机碳维持自身生长，这与前期报道的地下化能自养微生物生态系统（subsurface lithoautotrophic microbial ecosystem，SLiME）的特征相矛盾。前期研究发现地下微生物中存在 Wood-Ljungdahl 代谢途径（Reductive acetyl CoA pathway，还原乙酰辅酶 A 途径）中的关键基因（Baker et al.，2016）；而 Wood-Ljungdahl 代谢途径是细菌和古菌中能耗最低的最原始的代谢途径（Berg et al.，2010），其中的原因还不清楚。

迄今在深地生物圈中，微生物介导的金属异化还原和氧化过程还鲜有报道。从 3200m 深的南非金矿中分离到一株兼性厌氧的 *Thermus scotoductus* SA-01 菌株，具有还原 Fe（Ⅲ）、Mn（Ⅳ）和单质硫的能力（Kieft et al.，1999）。某些铁还原细菌和锰还原细菌最适生长温度可达 90℃，属于嗜热微生物类群，其蛋白质具有很高的热稳定性。Kazem 曾分离到嗜热铁还原菌，中国大陆超深钻流体中也分离到了嗜热铁还原菌；对美国科罗拉多州 Piceance 盆地地下 856～2096m 的岩心样品进行的富集培养实验同样显示微生物具有金属还原能力。此外在地下 2700m 深处也有参与铁锰还原的厌氧芽孢杆菌的报道。这些结果表明，金属异化还原过程（如依赖金属还原的厌氧甲烷氧化）在地下深部可能存在。

五、展望

过去 20 余年来对陆地深地样品的研究为深部地下生物圈理论带来了创新和革命性突破，这很大程度上依赖于野外考察的科研人员、地质学家、采矿和钻探公司的后勤人员，以及不断扩大的跨学科研究机构及团队的精诚合作。但深地生物圈尚有许多未知的领域等待探索。例如，据天冬氨酸的消旋率估算，在深地环境中蛋白质的周转时间为 1～1000 年（Onstott et al.，2014）；但如何确定深地原位微生物的生长速率和代谢通量目前仍缺乏有效的方法；共生被认为是深地微生物克服代谢能量障碍的重要方式（Lau et al.，2016），但如何研究深地生物圈中共生微生物的内在关系、相互适应和协同进化仍然需要继续探索。对深部地层的采样受时间和空间的限制，未来的研究需要技术和工程创新来保障科研样品的采集。此外，目前大多数研究集中在地下流体中浮游微生物群落上；由于岩石样本采集的限制和岩石中极低的生物量，人们对原位微生物生物膜的研究严重缺乏，生物膜与浮游生物的来源及进化关系有待深入研究。深地环境温度较高，有研究认为压力的升高能增加微生物所能承受的上限温度（Fang et al.，2010）；然而目前关于深地生物圈的温度和压力极限尚没有明确答案，深地生物圈是否存在极限深度还不得而知。由于深地生物圈中黑暗、高压、高温和厌氧等环境特点，很难对其中的微生物进行分离培养，也有可能在采样过程中便已破坏了其中包含的生物信息，因此在未来研究中需要发展新的采样方法、采样设备和微生物室内培养方法及检测技术，以更好地模拟深地生物圈环境条件，结合组学数据来提高人们对这类微生物的富集及培养效果。随着地球生物学检测技术的提高，如同对外星生命的探索一般，对深地生命的探索必将会进一步对地球生命的起源和生存边界做出新的解译。

第四节　陆地洞穴微生物

一、洞穴微生物概述

洞穴是由于受到溶解、物理性风化、火山活动及冰川融化等过程影响而形成的岩石空洞，是喀斯特地貌的一种特征。大多数喀斯特洞穴都是由于地下水对可溶性岩石的化学溶蚀作用形成的，位于地下水的饱水带。根据岩溶发育的方向，可分为地表岩溶作用（epigenetic dissolution）和地下岩溶作用（hypogenic dissolution）（图 5-7）。地表岩溶作用由大气降水向下渗透，经过包气带抵达饱水带，下渗过程中地下水与土壤中的 CO_2 及下伏的可溶性岩石相互作用，形成系列岩溶地貌。饱水带中地下水以水平运动为主，在化学溶蚀和重力垮塌作用下，形成岩溶洞穴。而地下岩溶作用则是富含硫酸等腐蚀性流体的热液由下而上运动，通过与可溶性岩石的相互作用形成的（Engel，2010）。

由于缺少阳光，洞穴生态系统缺乏直接来自光合作用的有机质，加上地理位置相对隔离等，洞穴通常被认为是一种寡营养的极端环境；但洞穴中仍然生存着大量微生物，因此洞穴是研究深地微生物圈的天然实验室。地表岩溶作用形成的洞穴中微生物主要依靠风和流水/滴水携带的或者粪便中的外来有机质进行异养生活；而地下岩溶作用形成的硫化物洞穴中化能无机自养微生物则可

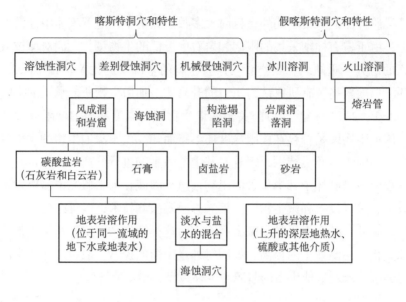

图 5-7　常见类型的洞穴和它们形成的过程（溶解和风化）[据 Engel（2010）修改]

灰色方框代表已经被用来进行微生物研究的洞穴类型，特别是通过分子生物学的方法

利用 H_2S 氧化所产生的能量进行生长，合成初级生产力（Chen et al.，2009）。

洞穴中孕育着大量未知的微生物资源，尤其是放线菌，它们是抗生素最重要的来源；但是洞穴微生物（如真菌）也能破坏壁画等文化遗迹（Saiz-Jimenez et al.，2012），甚至导致洞穴蝙蝠白鼻病的爆发，给洞穴生态系统带来毁灭性的打击。除此之外，碳酸盐洞穴中的石笋还蕴含着丰富的古气候变化信息，能反映古温度和古降水的变化（Hu et al.，2008），为了解人类文化的变迁提供重要线索，是古气候研究中的热点。因此，洞穴无论在科学研究、资源开发和生态系统的维持中都具有十分重要的意义。

应当说明，洞穴微生物与其他典型深地生物圈微生物存在一定的差别。一方面，它们能量来源非 H_2 驱动，与地表环境有一定的开放接触（如氧气和温度等），能反映古温度、古水文及人类活动；另一方面，它们与其他深地生物圈成员一样，缺乏光合作用，同属于黑暗世界生物圈，且多数在地表以下，所以本书将其纳入。由于洞穴样品获取和连续监测等工作的开展相对容易，又缺乏来自光合作用的有机质，大多情况下属于寡营养条件，因此洞穴微生物的研究对开发深地生物圈的微生物资源、挖掘保存在岩石中的微生物信息及阐明微生物新的代谢途径等方面均具有重要的启示意义。

二、洞穴微生物群落的组成和多样性

细菌、古菌和真菌是洞穴微生物多样性的主要贡献者，并且在洞穴各个小生境中广泛分布，如风化岩壁（Ortiz et al.，2014）、滴水、沉积物（Wu et al.，2015）、上覆土壤（Ward et al.，2009）及蝙蝠粪便（Man et al.，2015）等。人们可以通过纯培养、克隆文库及高通量测序技术认识洞穴微生物的多样性。

1.洞穴细菌的多样性

通过纯培养的方法，在洞穴中能够分离得到不少微生物，对进一步了解洞穴微生物的代谢途径及生态功能至关重要。例如，在西班牙北部 Altamira 洞穴内，通过形态学、生理学和化能分类的方法确定了大约 350 种放线菌（Actinobacteria）。而洞穴滴水中可培养细菌中革兰氏阳性菌主要为芽孢杆菌属（*Bacillus*），丰度比沉积物和土壤中的低；革兰氏阴性菌丰度由高到低依次为气单胞菌属（*Aeromonas*）、不动杆菌属（*Acinetobacter*）和肠杆菌属（*Enterobacter*）。在湖北和尚洞洞穴滴水中可培养微生物主要是假单胞菌属（*Pseudomonas*）和丛毛单胞菌属（*Comamonas*），并推测这些微生物可能参与次生碳酸钙的沉淀。此外，在一些比较特殊的洞穴中还发现了甲烷氧化菌、紫硫细菌及铁锰氧化菌等。

随着高通量技术的发展，人们对洞穴细菌多样性的认识越来越全面。洞穴中细菌主要类群为变形菌门（Proteobacteria）、放线菌门（Actinobacteria）、厚壁菌门（Firmicutes）和拟杆菌门（Bacteroidetes），且变形菌门主要由 α、β、γ 和 δ 变形菌纲组成（Barton and Jurado，2007；Wu et al.，2015；Yun et al.，2016）。甘肃省金家洞岩壁上的细菌以变形菌门（Proteobacteria）和放线菌门（Actinobacteria）为主，与全球洞穴岩壁上的微生物群落结构一致（Wu et al.，2015），同时与石笋表面的细菌群落结构相似（Barton and Jurado，2007；Ortiz et al.，2013）；而洞穴沉积物中细菌丰富度和群落结构则与上覆土壤中的微生物群落有一定的可比性和相似性（Ortiz et al.，2013；Yun et al.，2016）。洞穴各个小生境之间的细菌群落结构除了具有相似性之外，也具有高度的特异性：洞穴风化岩壁的细菌群落以放线菌门（Actinobacteria）为指示门，克洛氏菌属（*Crossiella*）、尤泽比氏菌属（*Euzeby*）和红色杆菌属（*Rubrobacter*）为指示属；绿弯菌门（Chloroflexi）、硝化螺旋菌门（Nitrospirae）、芽单胞菌门（Gemmatimonadetes）和厚壁菌门（Firmicutes）是洞穴沉积物的指示门，*Gaiella* 是沉积物的指示属；滴水中细菌指示类群为变形菌门，且与滴水中克隆文库的结果一致，特别是 γ 和 β 变形菌门，其中滴水中的指示属比较多，包括沉积物杆状菌属（*Sediminibacterium*）、短波单胞菌属（*Brevundimonas*）、嗜酸菌属（*Acidovorax*）、嗜氢菌属（*Hydrogenophaga*），单胞菌属（*Polaromonas*）、不动杆菌属（*Acinetobacter*）、透明球菌属（*Perlucidibaca*）和假单胞菌属（*Pseudomonas*）（Yun et al.，2016）。

就整个洞穴系统而言，pH 和 TOC 是控制细菌群落空间分布的重要环境因子，厚壁菌门（Firmicutes）、芽单胞菌门（Gemmatimonadetes）和装甲菌门（Armatimonadetes）与 pH 正 相 关，WD272、WCHB1-60、酸 杆 菌 门（Acidobacteria）、浮霉菌门（Firmicutes）和疣微菌门（Verrucomicrobia）与 pH负相关；疣微菌门（Verrucomicrobia）、酸杆菌门（Acidobacteria）和浮霉菌门（Planctomycetes）与 TOC 正相关。且在 pH 较低而 TOC 较高的样本中，细菌的群落结构多样性相对较高（Yun et al.，2016）。

2. 洞穴真菌多样性

洞穴真菌的研究主要集中在北美和欧洲，真菌以子囊菌门（Ascomycota）为主。对中国湖北和尚洞中可培养真菌的研究表明，真菌类群主要是子囊菌门（Ascomycota）、担子菌门（Basidiomycota）及接合菌门（Zygomycota），且以子囊菌门占优势（Man et al.，2015）。洞穴真菌高通量的研究进一步表明，洞穴真菌多样性在洞穴滴水中最高，其次是风化岩壁、蝙蝠粪、沉积物和空气样品。真菌组成显示出高度的生境特异性，其中风化岩壁和洞穴滴水中的特异性类群占比较高，分别为 12% 和 9%。此外，空气中真菌群落以 *Penicillium mallochii*（>30%）和 *P. herquei*（>9%）占优势，且群落的丰富度从洞口向洞内逐渐升高。真菌异养生活的特征，使得它们能够在有机质相对丰富的小生境（如蝙蝠粪）中快速生长；蝙蝠粪与洞穴其他生境样品相比较不仅具有相对较高的生物量，而且蝙蝠粪中的真菌种属多样性最丰富。真菌爆发事件在近些年来得到了广泛关注。真菌的爆发不仅会影响到岩壁画作的保存，而且还会引起蝙蝠白鼻病，造成蝙蝠的大量死亡和蝙蝠野生物种多样性的降低。

3. 洞穴古菌多样性

相对于细菌及真菌来讲，对洞穴古菌的研究略显薄弱。虽然在大多数洞穴中古菌多样性相对于细菌较低，但其在洞穴微生物生态系统中也发挥着重要作用。在斯洛文尼亚 Domica 洞穴中的蝙蝠粪便堆积物表面发现，主要的古菌类群是常温泉古菌，占到 99%；依据当时的分类，大部分序列属于泉古菌 I.1a 和I.1b（现在已经划分为奇古菌门）及广古菌。这是首个有关洞穴蝙蝠粪便堆积物奇古菌和广古菌的报道。随后，古菌相继在洞穴沉积物和矿物表面被发现。在沉积物中隶属于奇古菌门的氨氧化古菌比氨氧化细菌的数量高出4个数量级。通过16S rRNA克隆文库及细胞膜上四醚键膜化合物（GDGT）的分析均证实奇古菌门是古菌群落中的优势类群，在碳酸盐洞穴中以Group I.1a和I.1b为主（Tetu et al.，2013），而非碳酸盐洞穴中则以Group I.1c为主。同时潜在硝化作用速率结果显示奇古菌对洞穴沉积物中氨氧化的贡献高达40%以上。

4. 岩溶地下水微生物多样性

岩溶地下水占全世界淡水的20%，并且因其与可溶性基岩的充分反应而进行成分的不断更替，是我国许多地区重要的饮用水源。对阿尔卑斯山白云岩和石灰岩含水层泉水中微生物的季节性监测结果表明，不同岩石类型岩溶泉中的微生物细胞数和生物量不同，但微生物群落在时间尺度上相对稳定，暴雨对细菌的群落结构影响不大。然而岩溶地下河中的微生物种群构成在时间和空间上都有显著变化，地下河中的细菌、放线菌和真菌的相对丰度均表现为旱季低而雨季高；在空间尺度上，不同采样点中的微生物群落结构组成也有显著差异。地下水微生物组成的变化与当地的碳酸盐岩地球化学条件显著相关，尤其是钙离子浓度和碱度。进一步通过对七个含硫的岩溶泉中微生物群落结构的分析证实，地球化学条件才是控制岩溶泉中硫氧化微生物群落组成的主导因子，而非生物地理因素。

5. 人类活动对洞穴微生物的影响

洞穴通常是一个稳定而又脆弱的封闭环境，极易受到人类活动干扰。人为地开放洞穴会诱发洞穴微气候的变化，由于这个过程会引起原位空气的流动，导致大气作为运输和分散洞穴空气中的微生物和营养物质的媒介作用的加强；同时空气中微生物的流动性及由游客引起的水蒸气、温度和二氧化碳的增高，会加速岩石表面的风化，特别是那些有史前绘画和雕刻品的岩石表面。有研究发现洞穴旅游人数与空气中细菌浓度之间存在显著的正相关关系。在自然洞穴的大多数位置缺乏光合微生物。但在安装了人工照明的洞穴中光合微生物却广泛存在，不仅严重破坏了洞穴的原始生态，而且也促进光合微生物（如蓝细菌和藻类）的生长，进而增加了与之相关的异养微生物的数量，造成洞穴景观被藻类附着，影响了美观。

三、洞穴微生物的生态功能

1. 洞穴微生物参与的碳氮硫循环

在近中性的洞穴（Movile cave，pH 为 7.4）水样中，利用功能基因和核酸稳定同位素探针的方法，同时发现了参与二氧化碳固定、硫氧化和氨/亚硝酸盐氧化作用的功能微生物类群（Chen et al.，2009）。在富硫化氢的酸性 Frasassi 洞穴，利用宏基因组、rRNA 及脂类地球化学的方法证实洞穴中的微生物席中以嗜酸氧化硫硫杆菌（*Acidithiobacillus thiooxidans*）为主（>70%），且在此菌株中同时发现了参与二氧化碳固定和硫氧化作用的功能基因（Jones et al.，2011）。利用宏基因组的方法，对半干旱地区碳酸盐岩洞穴石笋表面的生物膜中的功能基因与其他生境（包括海洋、非根际土壤及根际土壤）中的进行了对比研究，发现洞穴中参与二氧化碳固定的 RuBisCo 基因显著高于其他生境，参与 HP/HB 循环[①]和 DC/HB 循环[②]的固碳基因显著高于非根际土壤，参与 rTCA 循环[③]的功能基因则与其他生境中的丰度一致。此外，关于氮循环的功能基因丰度显示，NO_2^- 还原 – 铁氧化还原蛋白的功能基因在洞穴中的含量显著高于其他生境，NAD（P）H–NO_2^- 还原酶的功能基因在洞穴中仅显著高于海洋（Ortiz et al.，2014）。此外，在洞穴沉积物中，氨氧化细菌和氨氧化古菌均被证实在洞穴的硝化过程中起着重要作用，其中氨氧化古菌的丰度显著高于氨氧化细菌；潜在硝化作用速率结果显示奇古菌对洞穴沉积物中氨氧化的贡献高于 40%，且系统发育结果表明奇古菌 *amo*A 基因与陆地其他生境中的具有相似性。

2. 洞穴微生物参与的甲烷（CH_4）循环

前人根据稳定碳同位素特征提出在 Movile 洞穴内存在代谢活跃的甲烷氧化菌，它们利用 CH_4 作为碳源和能源进行生长，从而在洞穴这个相对封闭的生态系统中为维持微生物生态系统提供帮助。最近的监测结果证实洞穴内大气的 CH_4 浓度普遍低于洞外空气中的 CH_4 浓度，暗示着洞穴有可能是大气 CH_4 的汇（Webster et al.，2018），这成为洞穴研究中的另一个热点。对 St. Michaels 洞穴长达 4 年的监测结果显示，洞内空气中的 CH_4 浓度通常比大气中的 CH_4 低 10 倍（Mattey et al.，2013），类似现象在西班牙、美国和新西兰的一系列洞穴中也有发现（Fernandez-Cortes et al.，2015；Webster et al.，2018）。对洞

---

① rTCA循环（reductive tricarboxylic acid cycle），即还原性三羧酸循环。

② HP/HB循环（the 3-hydroxypropionate/4-hydroxybutyrate cycle），即3-乳酸/4-羟基丁酸循环。

③ DC/HB循环（dicarboxylate—4-hydroxybutyrate cycle），即二羧酸/4-羟基丁酸循环。

穴内 CH_4 浓度低于外界大气 CH_4 浓度的这一现象的解释尚存在不同观点，其中一种观点认为是甲烷氧化菌起了重要作用。例如，对越南的两个洞穴开展的微宇宙实验显示，微生物活性被抑制后，样品过夜培养，CH_4 浓度在实验前后无明显差异；而未进行灭菌处理的样品过夜培养后，CH_4 浓度比实验前减少了近 87%，证实了微生物对 CH_4 氧化的重要性。进一步通过对甲烷氧化菌氧化速率的计算，认为甲烷氧化菌在一年内能消耗越南稻作农业和畜牧业等人为活动产生的 CH_4 的排放量的 7%。尽管通过灭菌处理及对比前后 CH_4 浓度的变化和 $\delta^{13}CO_2/\delta^{13}CH_4$ 同位素比值的变化，可以初步断定微生物在 CH_4 氧化中起到了作用，有研究证实，USC（Upland soil cluster）类群是洞穴甲烷氧化微生物的重要组成部分，最高可占细菌总群落的 20% 所有（Zhao et al., 2018），但目前仍然缺乏对洞穴甲烷氧化菌的多样性、丰度及活性等的认识，它们在洞穴 CH_4 循环中所起到的作用仍需进一步的验证，而洞穴作为大气 CH_4 汇的潜力及贡献也有待进一步证实。

3. 洞穴微生物参与的磷循环

溶磷细菌因其能增强植物生长对磷的利用率而备受关注，至今已从土壤和地下水中分离出许多具有溶磷作用的细菌。而对于缺少阳光而寡营养的碱性洞穴环境中，含磷矿物的溶解性特别低，磷很有可能成为微生物生长的重要因子。已有的研究报道表明，洞穴中确实存在具有溶磷作用的细菌。例如，在碱性喀斯特洞穴滴水中分离到两株典型溶磷菌 *Pseudomonas fluorescens* P35 和 *P. poae* P41，溶解含磷矿物 $Zn_3(PO_4)_2$ 的效率分别为 16.7% 和 17.6%；同时另一株细菌 *Exiguobacterium aurantiacum* E11 是首次被报道具有溶磷作用，且效率高达 39.7%，有望在洞穴生态系统中的磷循环中发挥重要作用。溶磷细菌通过溶解氟磷灰石获得唯一的磷源用于生长，其原理主要是由于微生物生长过程中会产有机酸从而导致磷的释放。此外，洞穴真菌对含磷矿物的溶解作用也不容忽视。

四、洞穴微生物潜在的应用

1. 洞穴微生物有望在古气候重建中发挥重要作用

洞穴石笋是研究古气候的重要载体之一，利用地球化学指标包括氢氧同位素及 Mg、Ca 和 Si 等微量元素分析在古气候重建取得了重大进展（Wang et al., 2008; Zhang et al., 2008; Hu et al., 2008）。除了无机地球化学手段外，洞穴石笋中微生物脂类化合物指标也被用于古气候重建。保存在地质体中的微生物脂类化合物来源于微生物的细胞膜，经过一系列的地质作用，化合物中不稳定的部分被降解，但脂类化合物的特征性的碳骨架得以保存，成为识别不同微生物类群的标志性化合物，又称为地质脂类（geolipid）。由于地质脂类的稳定性好，可以保存上亿年，成为追溯地质历史时期微生物群落变化的重要手段。例如，Xie 等首次报道了石笋中脂肪醇和长链脂肪酮的低碳数与高碳数之比很好地响应了全新世温度的变化（Xie et al.，2003），而且石笋中微生物类脂物的变化很好地对应于全新世的冷事件。现代过程的监测结果证实洞穴滴水中的脂肪酸主要由上覆土壤和地下水系统中的微生物所贡献，并且饱和与不饱和脂肪酸的比值可以很好地响应外界气温的变化（Li et al.，2011）。但是由于进行地质脂类分析所需样本量较大（约10g），而石笋样品量有限，且不可再生，这就严重限制了微生物类脂物在石笋古气候重建中的应用。分子生物学技术可以提供环境样本中丰富的微生物信息并且只需要少量的样本，能为进一步挖掘地质样品（如石笋）中保存的微生物信息提供巨大的帮助；但对微生物信息的解译需要建立在对现代过程了解的基础上，如通过监测过程阐述微生物群落变化与环境因子之间的关系。基于 16S rRNA 克隆文库测序法，对湖北和尚洞两个滴点的滴水样品中的微生物群落进行了为期 5 年的监测，结果很好地反映了洞穴滴水细菌群落结构的季节性变化，且区域温度是细菌群落季节性变化的主控因素，显示出洞穴微生物群落结构变化在重建古气候中的巨大潜力。

2.洞穴资源微生物的开发显示出良好的势头

放线菌在天然产抗生素的研究中具有重要地位，能为破解病原菌的耐药性提供新的解决途径。数据显示，近45%的已知微生物活性产物均由放线菌产生，并且约80%的活性产物来自链霉菌属（*Streptomyces*）。在洞穴沉积物及洞穴岩壁中放线菌占主导地位，相对丰度可达50%～80%（Yun et al.，2016），且含有丰富的新放线菌资源。对洞穴放线菌的次级代谢产物研究发现许多代谢产物在对癌症治疗和抗菌等特性上显示出很好的效果。例如，在放线菌 *Nonomuraea specus* 的培养提取物中得到 Hypogeamicin A 在极低的浓度下对结肠癌衍生细胞系 TCT-1 有毒性；放线菌 *Streptomyces* sp. CC8-201 的产物 Xiakemycin A 被鉴定为一种新的吡喃萘醌类（PNQ）抗生素。由于利用洞穴微生物开发新药的过程中面临许多挑战，基于洞穴宏基因组来寻求新的抗性活性基因，进而加快微生物群落在洞穴微生物资源中的开发和利用是今后的发展目标。

五、洞穴微生物研究展望

洞穴生态系统为研究深地生物圈提供了良好的场所,今后的研究应关注以下 3 个方向。

1. 洞穴微生物功能的研究

阐述寡营养洞穴生态系统中微生物在 C、N、S 和 P 等基本元素循环中的作用及微生物群落的建立过程和适应机制,尤其是关注微生物在 CO_2、CH_4 和 N_2O 等温室气体生成和消耗中的作用将是洞穴微生物研究今后发展的重要方向。目前喀斯特地区的岩溶作用被认为是陆地岩石风化的重要碳汇,而且越来越多的证据显示喀斯特洞穴很可能是除土壤以外另一个重要的但被忽略的大气 CH_4 的汇;但目前对洞穴微生物在 CO_2 的固定及 CH_4 的消耗等方面的认识还极其匮乏,使得定量评价岩溶碳汇的作用难以进行。随着人们对全球变化关注的增加,喀斯特地区微生物在碳汇中的作用也将受到高度关注。

2. 加强微生物在古气候重建中的应用

目前微生物在古气候重建中的应用主要是利用微生物脂类化合物的信息。但脂类化合物的分析需要较大的样品量,而分子生物信息学的分析需要的样品量相对较小,且生物学信息更加丰富,因此,尝试将分子生物学手段应用于古气候的研究将会为我们了解微生物对气候变化的响应提供更为丰富的信息。这也将促进现代生物学过程与地质历史时期的生物学过程相结合,进一步推进生命科学与地球科学的深度交叉与融合。

3. 加强洞穴资源微生物的进一步开发和利用

致病菌的耐药性的问题是世界面临的共同问题。尽管世界各国已经对抗生素的使用进行了较为严格的控制,但抗生素的大量使用仍然使人体、动物乃至环境中微生物的耐药性大大提高,从而导致已有抗生素药物失效,这就使得寻求新药物成为燃眉之急。今后的研究应该结合单菌株的代谢组学和合成生物学,在获得有效的抗菌产物及掌握其合成途径的基础上,实现目标产物合成的产业化。

本章参考文献

包木太, 牟伯中, 王修林, 等 . 2000. 微生物提高石油采收率技术 . 应用基础与工程科学学报, 8（3）：236-245.

陈昊宇, 汪卫东, 杜春安, 等 . 2013. 生物竞争抑制油田回注水系统微生物腐蚀研究 . 工业水处理, 33（6）：79-81.

葛晓光, 程健明, 杨柳, 等 . 2015. *Desulfovibrio* sp. 氧代谢淮南煤中 >C12 有机组分的实验研究 . 地学前缘, 22（1）：328-334.

李贵红, 张弘 . 2013. 鄂尔多斯盆地东缘煤层气成因机制 . 中国科学：地球科学, 43（8）：1359-1364.

李辉, 牟伯中 . 2008. 油藏微生物多样性的分子生态学研究进展 . 微生物学通报, 35（5）：803-808.

李勇, 曹代勇, 魏迎春, 等 . 2016. 准噶尔盆地南源中低煤阶煤层气富集成藏规律 . 石油学报, 37（12）：1472-1482.

马世煜, 陈智宇 . 1997. 大港油田港西四区微生物驱先导试验 . 油气地质与采收率,（3）：7-12.

彭苏萍 . 2008. 深部煤炭资源赋存规律与开发地质评价研究现状及今后发展趋势 . 煤, 17（2）：1-11.

秦勇, 申建, 王宝文, 等 . 2012. 深部煤层气成藏效应及其耦合关系 . 石油学报, 33（1）：48-54.

苏俊, 李东, 刘超群, 等 . 2000. 间 12 断块微生物驱油工艺技术的应用 . 石油钻采工艺, 22（2）：72-74.

陶明信, 王万春, 李中平, 等 . 2014. 煤层中次生生物气的形成途径与母质综合研究 . 科学通报, 59（11）：970-978.

汪卫东 . 2017. 微生物采油与油藏生物反应器的应用 . 生物加工过程, 15（3）：74-78.

王爱宽, 秦勇 . 2011. 褐煤本源菌在煤层生物气生成中的微生物学特征 . 中国矿业大学学报, 40（6）：888-893.

王斌, 杜文贞 . 2001. 微生物驱油矿场试验及效果分析 . 油气地质与采收率, 8（2）：61-63.

王立影, Mbadinga SM, 李辉, 等 . 2010. 石油烃的厌氧生物降解对油藏残余油气化开采的启示 . 微生物学通报, 37（1）：96-102.

王尚, 董海良, 侯卫国, 等 . 2013. 微生物在生物煤层气形成中的作用及影响因素研究进展 . 地球与环境, 41（4）：335-345.

王修垣. 2008. 石油微生物学在中国科学院微生物研究所的发展. 微生物学通报, 35（12）: 1851-1861.

王修垣, 畢炬新. 1964. 老君庙油田油层的微生物区系. 微生物学报, 10（2）: 41-47.

伍晓林, 乐建君, 王蕊, 等. 2013. 大庆油田微生物采油现场试验进展. 微生物学通报, 40（8）: 1478-1486.

谢和平, 高峰, 鞠杨, 等. 2015. 深部开采的定量界定与分析. 煤炭学报, 40（1）: 1-10.

谢树成, 杨欢, 罗根明, 等. 2012. 地质微生物功能群: 生命与环境相互作用的重要突破口. 科学通报, 57（1）: 3-22.

邢宝利, 徐启, 郭永贵. 2000. 微生物采油技术在朝阳沟油田的应用. 大庆石油地质与开发, 19（5）: 47-49.

周蕾, Mbadinga SM, 王立影, 等. 2011. 石油烃厌氧生物降解代谢产物研究进展. 应用与环境生物学报, 17（4）: 607-613.

邹少兰, 刘如林. 2002. 内源微生物采油技术的历史与现状. 微生物学通报, 29（5）: 70-73.

Abu LN, Selesi D, Rattei T, et al. 2010. Identification of enzymes involved in anaerobic benzene degradation by a strictly anaerobic iron-reducing enrichment culture. Environmental Microbiology, 12(10): 2783-2796.

Aitken CM, Jones DM, Larter SR. 2004. Anaerobic hydrocarbon biodegradation in deep subsurface oil resevoirs. Nature, 431(7006): 291-294.

Bachmann RT, Johnson AC, Edyvean RGJ. 2014. Biotechnology in the petroleum industry: An overview. International Biodeterioration and Biodegradation, 86(Part C): 225-237.

Baker BJ, Moser DP, MacGregor BJ, et al. 2003. Related assemblages of sulphate-reducing bacteria associated with ultradeep gold mines of South Africa and deep basalt aquifers of Washington State. Environmental Microbiology, 5(4): 267-277.

Baker BJ, Saw JH, Lind AE, et al. 2016. Genomic inference of the metabolism of cosmopolitan subsurface Archaea, Hadesarchaea. Nature Microbiology, 1(3): 1-7.

Barnhart EP, De León KB, Ramsay BD, et al. 2013. Investigation of coal-associated bacterial and archaeal populations from a diffusive microbial sampler(DMS). International Journal of Coal Geology, 115: 64-70.

Barton HA, Jurado V. 2007. What's up down there? Microbial diversity in caves. Microbe-American Society for Microbiology, 2(3): 132-138.

Berg IA, Kockelkorn D, Ramos-Vera WH, et al. 2010. Autotrophic carbon fixation in archaea. Nature Reviews Microbiology, 8(6): 447-460.

Bian XY, Mbadinga SM, Yang SZ, et al. 2014. Synthesis of anaerobic degradation biomarkers alkyl-, aryl- and cycloalkylsuccinic acids and their mass spectral characteristics. European Journal of Mass Spectrometry, 20(4): 287-297.

Borgonie G, García-Moyano A, Litthauer D, et al. 2011. Nematoda from the terrestrial deep subsurface of South Africa. Nature, 474(7349): 79-82.

Borgonie G, Linage-Alvarez B, Ojo AO, et al. 2015a. Eukaryotic opportunists dominate the deep-subsurface biosphere in South Africa. Nature Communications, 6: 8952.

Borgonie G, Linage-Alvarez B, Ojo A, et al. 2015b. Deep subsurface mine stalactites trap endemic fissure fluid Archaea, Bacteria, and Nematoda possibly originating from ancient seas. Frontiers in Microbiology, 6: 833.

Callaghan AV, Davidova IA, Savageashlock K, et al. 2010. Diversity of benzyl- and alkylsuccinate synthase genes in hydrocarbon-impacted environments and enrichment cultures. Environmental Science and Technology, 44(19): 7287-7294.

Callaghan AV, Morris BEL, Pereira IAC, et al. 2012. The genome sequence of desulfatibacillum alkenivorans AK-01: a blueprint for anaerobic alkane oxidation. Environmental Microbiology, 14(1): 101-113.

Callaghan AV, Tierney M, Phelps CD, et al. 2009. Anaerobic biodegradation of n-hexadecane by a nitrate-reducing consortium. Applied and Environmental Microbiology, 75(5): 1339-1344.

Chen Y, Wu L, Boden R, et al. 2009. Life without light: microbial diversity and evidence of sulfur- and ammonium-based chemolithotrophy in Movile Cave. The ISME Journal, 3(9): 1093-1104.

Chi MS, Phelps CD, Young LY. 2003. Anaerobic transformation of alkanes to fatty acids by a sulfate-reducing bacterium, Strain Hxd3. Applied and Environmental Microbiology, 69(7): 3892-3900.

Chivian D, Brodie EL, Alm EJ, et al. 2008. Environmental genomics reveals a single-species ecosystem deep within Earth. Science, 322(5899): 275-278.

Cowen JP, Giovannoni SJ, Kenig F, et al. 2003. Fluids from aging ocean crust that support microbial life. Science, 299(5603): 120-123.

Daniel I, Oger P, Winter R. 2006. Origins of life and biochemistry under high-pressure conditions. Chemical Society Reviews, 35(10): 858-875.

Davidson MM, Silver BJ, Onstott TC, et al. 2011. Capture of planktonic microbial diversity in fractures by long-term monitoring of flowing boreholes, Evander Basin, South Africa. Geomicrobiology Journal, 28(4): 275-300.

Dolfing J, Larter SR, Head IM. 2008. Thermodynamic constraints on methanogenic crude oil biodegradation. The ISME Journal, 2(4): 442-452.

Donald AK, Romeo MF, Christophe V. 2008. Molecular sequences derived from Paleocene Fort Union Formation coals vs. Associated produced waters: implications for CBM regeneration. International Journal of Coal Geology, 76(1-2): 3-13.

Dong Y, Kumar CG, Chia N, et al. 2013. *Halomonas sulfidaeris*-dominated microbial community inhabits a 1.8 km-deep subsurface Cambrian Sandstone reservoir. Environmental Microbiology, 16(6): 1695-1708.

Engel AS. 2010. Microbial diversity of cave Ecosystems//Barton LL, Mandl M, Loy A. Geomicrobiology: Molecular and Environmental Perspective. Dordrecht: Springer, 219-238.

Etiope G, Sherwood Lollar B. 2013. Abiotic methane on Earth. Reviews of Geophysics, 51(2): 276-299.

Fang J, Zhang L, Bazylinski DA. 2010. Deep-sea piezosphere and piezophiles: geomicrobiology and biogeochemistry. Trends in Microbiology, 18(9): 413-422.

Fernandez-Cortes A, Cuezva S, Alvarez-Gallego M, et al. 2015. Subterranean atmospheres may act as daily methane sinks. Nature Communications, 6: 7003.

Furmann A, Schimmelmann A, Brassell SC, et al. 2013. Chemical compound classes supporting microbial methanogenesis in coal. Chemical Geology, 339: 226-241.

Georg F, Matthias B, Johann H. 2011. Microbial degradation of aromatic compounds-from one strategy to four. Nature Reviews Microbiology, 9(11): 803-816.

Gihring TM, Moser DP, Lin L, et al. 2006. The distribution of microbial taxa in the subsurface water of the Kalahari Shield, South Africa. Geomicrobiology Journal, 23(6): 415-430.

Greene EA, Hubert C, Nemati M, et al. 2010. Nitrite reductase activity of sulphate-reducing bacteria prevents their inhibition by nitrate-reducing, sulphide-oxidizing bacteria. Environmental Microbiology, 5(7): 607-617.

Grundmann O, Behrends A, Rabus R, et al. 2008. Genes encoding the candidate enzyme for anaerobic activation of *n*-alkanes in the denitrifying bacterium, strain HxN1. Environmental Microbiology, 10(2): 376-385.

Guan J, Xia LP, Wang LY, et al. 2013. Diversity and distribution of sulfate-reducing bacteria in four petroleum reservoirs detected by using 16S rRNA and *dsrAB* genes. International Biodeterioration and Biodegradation, 76: 58-66.

Guan J, Zhang BL, Mbadinga SM, et al. 2014. Functional genes(*dsr*)approach reveals similar sulphidogenic prokaryotes diversity but different structure in saline waters from corroding high temperature petroleum reservoirs. Applied Microbiology and Biotechnology, 98(4): 1871-1882.

Guo HG, Zhang JL, Han Q, et al. 2017. Important role of fungi in the production of secondary biogenic coalbed methane in China's Southern Qinshui Basin. Energy and Fuels, 31(7): 7197-7207.

Gutierrez-Zamora ML, Lee M, Manefield M, et al. 2015. Biotransformation of coal linked to nitrification. International Journal of Coal Geology, 137: 136-141.

Hallmann C, Schwark L, Grice K. 2008. Community dynamics of anaerobic bacteria in deep petroleum reservoirs. Nature Geoscience, 1(9): 588-591.

Head IM, Jones DM, Larter SR. 2003. Biological activity in the deep subsurface and the origin of heavy oil. Nature, 426(6964): 344-352.

Hu C, Henderson GM, Huang J, et al. 2008. Quantification of holocene asian monsoon rainfall from spatially separated cave records. Earth and Planetary Science Letters, 266(3-4): 221-232.

Inagaki F, Hinrichs K U, Kubo Y, et al. 2015. Exploring deep microbial life in coal-bearing sediment down to~ 2.5 km below the ocean floor. Science, 349(6246): 420-424.

Jones DS, Albrecht HL, Dawson KS, et al. 2011. Community genomic analysis of an extremely acidophilic sulfur-oxidizing biofilm. The ISME Journal, 6(1): 158-170.

Jones DM, Head IM, Gray ND, et al. 2008. Crude-oil biodegradation via methanogenesis in subsurface petroleum reservoirs. Nature, 451(7175): 176-180.

Jones EJ, Voytek MA, Corum MD, et al. 2010. Stimulation of methane generation from nonproductive coal by addition of nutrients or a microbial consortium. Applied and Environmental Microbiology, 76(21): 7013-7022.

Johnson HA, Pelletier DA, SpormannAM. 2001. Isolation and characterization of anaerobic ethylbenzene dehydrogenase, a novel Mo-Fe-S enzyme. Journal of Bacteriology, 183(15): 4536-4542.

Kazem K, Derek RL. 2003. Extending the upper temperature limit for life. Science, 301(5635): 934.

Khelifi N, Amin Ali O, Roche P, et al. 2014. Anaerobic oxidation of long-chain n-alkanes by the hyperthermophilic sulfate-reducing archaeon, archaeoglobus fulgidus. The ISME Journal, 8(11): 2153-2166.

Kieft TL. 2016. Microbiology of the Deep Continental Biosphere//Hurse CJ. Their World: A Diversity of Microbial Environments. Switzerland: Springer, Cham: 225-249.

Kieft TL, Fredrickson JK, Onstott TC, et al. 1999. Dissimilatory reduction of Fe(III)and other electron acceptors by a Thermus isolate. Applied and Environmental Microbiology, 65(3): 1214-1221.

Kniemeyer O, Musat F, Sievert SM, et al. 2007. Anaerobic oxidation of short-chain hydrocarbons by marine sulphate-reducing bacteria. Nature, 449(7164): 898-901.

Lau MCY, Cameron C, Magnabosco C, et al. 2014. Phylogeny and phylogeography of functional genes shared among seven terrestrial subsurface metagenomes reveal N-cycling and microbial evolutionary relationships. Frontiers in Microbiology, 5: 531.

Lau MCY, Kieft TL, Kuloyo O, et al. 2016. An oligotrophic deep-subsurface community dependent on syntrophy is dominated by sulfur-driven autotrophic denitrifiers. Proceedings of the National Academy of Sciences of the United States of America, 113(49): E7927-E7936.

Lazar CS, Biddle JF, Meador TB, et al. 2015. Environmental controls on intragroup diversity of the uncultured benthic archaea of the miscellaneous Crenarchaeotal group lineage naturally enriched in anoxic sediments of the White Oak River estuary(North Carolina, USA). Environmental Microbiology, 17(7): 2228-2238.

Leuthner B, Leutwein C, Schulz H, et al. 1998. Biochemical and genetic characterization of benzylsuccinate synthase from thaueraaromatica: a new glycyl radical enzyme catalysing the first step in anaerobic toluene metabolism. Molecular microbiology, 28(3): 615-628.

Li DM, Philip H, Mohinudeen F. 2008. A survey of the microbial populations in some Australian coal bed methane reservoirs. International Journal of Coal Geology, 76(1-2): 14-24.

Li H, Chen S, Mu BZ, et al. 2010. Molecular detection of anaerobic ammonium-oxidizing (anammox)bacteria in high-temperature petroleum reservoirs. Microbial Ecology, 60(4): 771-783.

Li H, Yang SZ, Mu BZ, et al. 2007. Molecular phylogenetic diversity of the microbial community associated with a high-temperature petroleum reservoir at an offshore oilfield. FEMS Microbiology Ecology, 60(1): 74-84.

Li L, Wing BA, Bui TH, et al. 2016. Sulfur mass-independent fractionation in subsurface fracture waters indicates a long-standing sulfur cycle in Precambrian rocks. Nature Communications, 7: 13252.

Li X, Wang C, Huang J, et al. 2011. Seasonal variation of fatty acids from drip water in Heshang Cave, central China. Applied Geochemistry, 26(3): 341-347.

Li XX, Mbadinga SM, Liu JF, et al. 2017. Microbiota and their affiliation with physiochemical characteristics of different subsurface petroleum reservoirs. International Biodeterioration and

Biodegradation, 120: 170-185.

Lin LH, Wang PL, Rumble D, et al. 2006. Long-term sustainability of a high-energy, low-diversity crustal biome. Science, 314(5798): 479-482.

Lippmann J, Stute M, Torgersen T, et al. 2003. Dating ultra-deep mine waters with noble gases and [36]Cl, Witwatersrand Basin, South Africa. Geochimica et Cosmochimica Acta, 67(23): 4597-4619.

Liu JF, Sun XB, Mbadinga SM, et al. 2015. Analysis of microbial communities in the oil reservoir subjected to CO_2-flooding by using functional genes as molecular biomarkers for microbial CO_2 sequestration. Frontiers in Microbiology, 26: 236.

Ma L, Liang B, Wang LY, et al. 2018a. Microbial reduction of CO_2 from injected $NaH^{13}CO_3$ with degradation of n-hexadecane in the enrichment culture derived from a petroleum reservoir. International Biodeterioration and Biodegradation, 127: 192-200.

Ma L, Zhou L, Mbadinga SM, et al. 2018b. Accelerated CO_2 reduction to methane for energy by zero valent iron in oil reservoir production waters. Energy, 147: 663-671.

Ma TT, Liu LY, Rui JP, et al. 2017. Coexistence and competition of sulfate-reducing and methanogenic populations in an anaerobic hexadecane-degrading culture. Biotechnology for Biofuels, 10(1): 207.

Magnabosco C, Ryan K, Lau MCY, et al. 2016. A metagenomic window into carbon metabolism at 3 km depth in Precambrian continental crust. The ISME Journal, 10(3): 730-741.

Magnabosco C, Tekere M, Lau MCY, et al. 2014. Comparisons of the composition and biogeographic distribution of the bacterial communities occupying South African thermal springs with those inhabiting deep subsurface fracture water. Frontiers in Microbiology, 5: 679.

Magnabosco C, Timmers PHA, Lau MCY, et al. 2018. Fluctuations in populations of subsurface methane oxidizers in coordination with changes in electron acceptor availability. FEMS Microbiology Ecology, 94(7): fiy089.

Man B, Wang H, Xiang X, et al. 2015. Phylogenetic diversity of culturable fungi in the Heshang Cave, central China. Frontiers in Microbiology, 6: 1158.

Mattey DP, Fisher R, Atkinson TC, et al. 2013. Methane in underground air in Gibraltar karst. Earth and Planetary Science Letters, 374: 71-80.

Mayumi D, Mochimaru H, Tamaki H, et al. 2016. Methane production from coal by a single methanogen. Science, 354(6309): 222-225.

Mbadinga SM, Wang LY, Zhou L, et al. 2011. Microbial communities involved in anaerobic degradation of alkanes. International Biodeterioration and Biodegradation, 65(1): 1-13.

Meckenstock RU, Von NF, Stumpp C, et al. 2014. Oil biodegradation. Water droplets in oil are microhabitats for microbial life. Science, 345(6197): 673-676.

Müller AL, Kjeldsen KU, Rattei T, et al. 2015. Phylogenetic and environmental diversity of DsrAB-type dissimilatory(bi)sulfite reductases. The ISME Journal, 9(5): 1152-1165.

Onstott TC, Magnabosco C, Aubrey AD, et al. 2014. Does aspartic acid racemization constrain the depth limit of the subsurface biosphere? Geobiology, 12(1): 1-19.

Onstott TC, Moser DP, Fredrickson JK, et al. 2003. Indigenous versus contaminant microbes in ultradeep mines. Environmental Microbiology, 5(11): 1168-1191.

Ortiz M, Legatzki A, Neilson JW, et al. 2014. Making a living while starving in the dark: metagenomic insights into the energy dynamics of a carbonate cave. The ISME Journal, 8(2): 478-491.

Ortiz M, Neilson JW, Nelson WM, et al. 2013. Profiling bacterial diversity and taxonomic composition on speleothem surfaces in Kartchner Caverns, AZ. Microbial Ecology, 65(2): 371-383.

Penner TJ, Foght JM, Budwill K. 2010. Microbial diversity of western Canadian subsurface coal beds and methanogenic coal enrichment cultures. International Journal of Coal Geology, 82(1): 81-93.

Safdel M, Anbaz MA, Daryasafar A, et al. 2017. Microbial enhanced oil recovery, a critical review on worldwide implemented field trials in different countries. Renewable and Sustainable Energy Reviews, 74: 159-172.

Saiz-Jimenez C, Miller AZ, Martin-Sanchez PM, et al. 2012. Uncovering the origin of the black stains in Lascaux Cave in France. Environmental Microbiology, 14(12): 3220-3231.

Schreier M, Heroguel F, Steier L, et al. 2017. Solar conversion of CO_2 to CO using Earth-abundant electrocatalysts prepared by atomic layer modification of CuO. Nature Energy, 2(7): 17087.

Selesi D, Jehmlich N, Von Bergen M, et al. 2010. Combined genomic and proteomic approaches identify gene clusters involved in anaerobic 2-methylnaphthalene degradation in the sulfate-reducing enrichment culture N47. Journal of Bacteriology, 192(1): 295-306.

Sherwood Lollar B, Onstott TC, Lacrampe-Couloume G, et al. 2014. The contribution of the Precambian continental lithosphere to global H_2 production. Nature, 516(7531): 379-382.

Shi L, Dong H, Reguera G, et al. 2016. Extracellular electron transfer mechanisms between microorganisms and minerals. Nature Reviews Microbiology, 14(10): 651-662.

Simkus DN, Slater GF, Sherwood Lollar B, et al. 2016. Variations in microbial carbon sources and cycling in the deep continental subsurface. Geochimica et Cosmochimica Acta, 173: 264-283.

Singh D, Kumar A, Sarbhai M, et al. 2012. Cultivation-independent analysis of archaeal and bacterial communities of the formation water in an Indian coal bed to enhance biotransformation of coal into methane. Applied Microbiology and Biotechnology, 93(5): 2249-2250.

Stevens TO, McKinley JP. 1995. Lithoautotrophic microbial ecosystems in deep basalt aquifers. Science, 270(5235): 450-454.

Stevens TO, McKinley JP. 2000. Abiotic controls on H_2 production from basalt-water reactions and implications for aquifer biogeochemistry. Environmental Science and Technology, 34(5): 826-831.

Strapoć D, Mastalerz M, Dawson K, et al. 2011. Biogeochemistry of microbial coal-bed methane. Annual Review of Earth and Planetary Sciences, 39: 617-656.

Takai K, Moser DP, DeFlaun MF, et al. 2001. Archaeal diversity in waters from deep South African Gold mines. Applied and Environmental Microbiology, 67(12): 5750-5760.

Tetu SG, Breakwell K, Elbourne LDH, et al. 2013. Life in the dark: metagenomic evidence that a microbial slime community is driven by inorganic nitrogen metabolism. The ISME Journal, 7(6): 1227-1236.

Van Hamme JD, Singh A, Ward OP. 2003. Recent advances in petroleum microbiology. Microbiology and Molecular Biology Reviews, 67(4): 503-549.

Vick SHW, Tetu SG, Sherwood N, et al. 2016. Revealing colonization and biofilm formation of an adherent coal seam associated microbial community on a coal surface.International Journal of Coal Geology, 160-161: 42-50.

Voordouw G. 2011. Production-related petroleum microbiology: progress and prospects. Current Opinion in Biotechnology, 22(3): 401-405.

Voordouw G, Armstrong SM, Reimer MF, et al. 1996. Characterization of 16S rRNA genes from oil field microbial communities indicates the presence of a variety of sulfate-reducing, fermentative, and sulfide-oxidizing bacteria. Applied and Environmental Microbiology, 62(5): 1623-1629.

Wang LY, Duan RY, Liu JF, et al. 2012. Molecular analysis of the microbial community structures in water-flooding petroleum reservoirs with different temperatures. Biogeosciences, 9(11): 4645-4659.

Wang LY, Ke WJ, Sun XB, et al. 2014. Comparison of bacterial community in aqueous and oil phases of water-flooded petroleum reservoirs using pyrosequencing and clone library approaches. Applied Microbiology & Biotechnology, 98(9): 4209-4221.

Wang Y, Cheng H, Edwards RL, et al. 2008. Millennial-and orbital-scale changes in the East Asian monsoon over the past 224,000 years. Nature, 451(7182): 1090-1093.

Ward NL, Challacombe JF, Janssen PH, et al. 2009. Three genomes from the phylum acidobacteria provide insight into the lifestyles of these microorganisms in soils. Applied and Environmental Microbiology, 75(7): 2046-2056.

Webster K D, Drobniak A, Etiope G, et al. 2018. Subterranean karst environments as a global sink for atmospheric methane. Earth and Planetary Science Letters, 485: 9-18.

Welte C U. 2016. A microbial route from coal to gas. Science, 354(6309): 184.

Wu Y, Tan L, Liu W, et al. 2015. Profiling bacterial diversity in a limestone cave of the western Loess Plateau of China. Frontiers in Microbiology, 6: 244.

Xie S, Yi Y, Huang J, et al. 2003.Lipid distribution in a subtropical southern China stalagmite as a record of soil ecosystem response to paleoclimate change. Quaternary Research, 60: 340-347.

Young ED, Kohl IE, Lollar BS, et al. 2017. The relative abundances of resolved $^{12}CH_2D_2$ and $^{13}CH_3D$ and mechanisms controlling isotopic bond ordering in abiotic and biotic methane gases. Geochimica et Cosmochimica Acta, 203: 235-264.

Yun Y, Wang H, Man B, et al. 2016. The relationship between pH and bacterial communities in a single karst ecosystem and its implication for soil acidification. Frontiers in Microbiology, 7: 1955.

Zhang G, Dong H, Xu Z, et al. 2005. Microbial diversity in ultra-high-pressure rocks and fluids from the Chinese continental scientific drilling project in China. Applied and Environmental Microbiology, 71(6): 3213-3227.

Zhang P, Cheng H, Edwards RL, et al. 2008. A test of climate, sun, and culture relationships from an 1810-year Chinese cave record. Science, 322(5903): 940-942.

Zhao R, Wang H, Cheng X, et al. 2018. Upland soil cluster γ dominates the methanotroph communities in the karst Heshang Cave. FEMS Microbial Ecology, 94, fiy192.

第六章
海洋深地生物圈的典型生态环境

第一节 海洋沉积物生态系统

一、海洋沉积物生物圈特点与规模

海洋占地球表面 71% 左右的面积，占地球总水体量的 97%，是地球表面最大的生态系统，主要包括水体、沉积物和洋壳三大生态圈（Schrenk et al.，2010；Orcutt et al.，2011）。海洋沉积物是海洋生态系统中非常重要的组成部分，起着连接水体和洋壳生态系统的作用。海洋中的沉积物主要来自于陆源输入的矿物质颗粒和有机质及海洋水体中生物产生或者降解的颗粒状有机物质的沉降（Burdige，2007）。几乎所有海床表面都有沉积物覆盖，沉积物在海底分布具有很大的差异。新形成的洋壳表面只有几厘米厚度的沉积物，而大陆架边缘或者深渊的沉积物厚度可以超过 10km。海底沉积物包含有特殊的地质构造所形成的生态系统，如泥火山、冷泉和热液等，为各种不同的生物特别是微生物提供了适宜的生长环境（图 6-1）。

海洋沉积物的成分主要包括两种形式的物质：由陆地和海洋来源的沉积物与火成岩及他们衍生出的部分产物（如硫化物和碳酸盐）。据估算，全球海洋沉积物总体积大概是 $4.5 \times 10^{17} m^3$，包括大陆架、陆坡、山脊和深渊沉积物，大约等于海水体积的 30%（Orcutt et al.，2011）。沉积物生物圈不是孤立的，而是连接着洋壳生物圈和水体生物圈，对全球的生物地球化学循环（包括碳、氮、磷和硫等元素的循环）有着巨大的影响。沉积物深部生物圈的探索研究还要回溯到 20 世纪 30 年代，美国 Scripps 海洋研究所的 Claude Zobell 在深海表层几厘米到几米深度的沉积物中发现有细菌（ZoBell and Anderson，1936）。这个发现推动了科学家对深海沉积物中微生物参与物质能量循环的研究。1994 年，

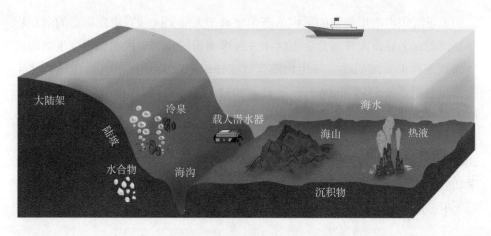

图 6-1　海洋沉积物中不同地质构造所形成的生态系统

John Parkes 首次描述了综合大洋钻探计划（IODP）的样品中微生物的分布和丰度（Parkes et al.，1994），这些初步的研究发现地球内部蕴藏着大量的微生物。与陆地光合生态系统不同，这些微生物存在于黑暗的环境中，主要从化学反应过程中获得物质和能量。

　　全球海洋沉积物中蕴藏着大量功能未知的微生物。目前，通过 IODP 和各种海洋综合考察项目，我们对沉积物中的微生物多样性、丰度、分布和生态功能已经有了初步的认知。为描述方便通常将沉积物 1m 以下的部分作为海洋深地生物圈的重要组成部分。海洋深地生物圈的研究探索主要依靠 IODP。IODP 被认为是地球科学领域最宏伟的国际科学大计划，获得了许多令人激动和兴奋的发现，其中之一就是发现海洋深地生物圈。虽然海洋深地生物圈的研究尚处于起步阶段，但它已经成为地质和生物科学家研究的焦点之一。主要原因有以下几点。

　　（1）海洋深地生物圈可能是地球上最大的生态系统，估算其生物量可能为全球生物量的 1/10～1/3，占微生物总量的 2/3（Whitman et al.，1998）。但是 2012 年 Kallmeyer 等对全球沉积物中的细胞数量进行了重新估算，估算出全球海洋沉积物中微生物的细胞数量约为 2.9×10^{29} 个，大约只有前期估计数量的 1/10，相当于全球海水中生物细胞的数量（Kallmeyer et al.，2012）。

　　（2）海洋深地生物圈是重要的碳储库，蕴藏着丰富的碳物质。这些深部碳的循环对生物科学和地球科学的研究十分重要。

　　（3）最近对深地生物圈的探测和实验可能促使我们从新的角度重新认识生命，或者颠覆我们目前对生命的一些认知。

关于沉积物中生物量的早期估算主要基于大陆架区域有机质丰富的沉积物样品，而对于开放大洋寡营养海区（占海洋面积的 80%）沉积物中微生物的数量却缺乏数据。沉积物深部生物圈含有 4.1Pg 碳（$1Pg=10^{15}g$），占地球活体生物总质量的约 0.6%（Kallmeyer et al.，2012）。不同沉积物中微生物的丰度不同，微生物的丰度与沉积速率和离岸距离有关，一般离岸距离越近的沉积物中微生物丰度越高。随着深度的增加，微生物的丰度显著减少（Kallmeyer et al.，2012）。沉积物深部生物圈的规模虽然没有前期估计的巨大，但它们的地球化学功能，在地球元素循环中的作用仍然巨大，它们的特殊生命形式和代谢功能需要更多的探索（Hinrichs and Inagaki，2012）。

二、沉积物生物圈的微生物多样性

利用分子生态技术特别是基于核糖体小亚基 16S rRNA 基因检测技术，目前对海洋沉积物中微生物群落的多样性有了初步的认识。通过对来自 IODP、ODP 或者其他不同科学航次采集的样品分析，结果显示不同环境的沉积物中具有特异微生物类群（Orcutt et al.，2011；Inagaki et al.，2006；Biddle et al.，2006；Fry et al.，2008；Sørensen et al.，2004；Parkes et al.，2005）。例如，Inagaki 等对采自太平洋的 6 个 IODP 沉积物柱（深度达海床之下 330m）的微生物多样性进行分析，发现 DSAG（deep sea archaea group），现在称洛基古菌（Lokiarchaeota）和 JS1（Japan Sea 1）及浮霉菌门（Planctomycetes）和绿弯菌门（Chloroflexi）是水合物区沉积物中的主要类群；Fry 等对全球 13 个不同位点的沉积物柱进行了微生物多样性分析，Durbin 和 Teske 等对比了寡营养海域和有机质丰富海域的沉积物中古菌的分布和多样性，发现不同的环境中微生物多样性具有差异（Fry et al.，2008）。Orcutt 等对海洋沉积物中微生物的多样性进行了总结：绿弯菌门（Chloroflexi）、γ 变形菌纲（γ-Proteobacteria）、δ 变形菌纲（δ-Proteobacteria）、α 变形菌纲（α-Proteobacteria）和放线菌（Actinobacteria）等细菌类群广泛存在于深海表层沉积物；而大陆架边缘沉积物、冷泉和热液及深部沉积物中，古菌主要是深古菌门（Bathyarchaeota）、洛基古菌门（Lokiarchaeota）、奇古菌门（Thaumarchaeota）、广古菌门（Euryarchaeota）和乌斯古菌门（Woesarchaeota）（Orcutt et al.，2011）。大量的实验结果都表明不同的环境中具有特异的微生物类群。根据不同环境的微生物分布差异，结合环境因子进行的统计分析发现，微生物的分布可能与沉积物类型和环境中的理化因子有关。例如，硫酸盐浓度、氧气含量、甲烷浓度、无机碳浓度、水温和水深等对微生物的分布有重要的影响。相比深部沉积物，表层沉积物中的微生物多样性更高一些。表层沉积物中主要是 Marine Group I、Thaumarchaeota、ε-Proteobacteria 和浮霉菌门（Planctomycetes）与绿弯菌门（Chloroflexi）等；而深部沉积物中 Bathyarchaeota、MBG-D、Lokiarchaeota、Atribacteria 和拟杆菌门（Firmicutes）等类型的丰度相对较高。

三、沉积物生物圈中微生物参与的物质循环

深部的沉积物大多都是厌氧环境，微生物能够利用一系列的电子受体（NO_3^-、Mn^{4+}、Fe^{3+}、SO_4^{2-} 和 CO_2）进行厌氧代谢。在海洋环境中，硫酸盐是主要的电子受体，随着硫酸盐浓度的改变，会形成不同的地化环境。硫酸盐–甲烷转换带（sulfate methane transition zone，SMTZ）是硫酸盐浓度逐渐减低而甲烷浓度升高的交界带。在有机质含量较高的沉积物中，由于大量有机质的厌氧氧化对硫酸盐的消耗，SMTZ 界面一般比较浅；而在有机质含量较低的沉积物中，硫酸盐的消耗缓慢，导致 SMTZ 界面较深。根据硫酸盐浓度的变化，沉积物可以分为三个不同地化循环的区域，依次为硫酸盐还原区、SMTZ 和产甲烷区。沉积物表层的微生物（包括真核生物和原核生物），能够将氧气作为电子受体降解复杂有机质，产生二氧化碳。相较于硫酸盐，沉积物中氧气的含量较少，却非常容易被微生物利用；在沉积物表层很浅的区域，氧气就快速被消耗殆尽。随着深度的增加，绝大部分沉积物处于厌氧环境，其中的硝酸盐、铁、锰等金属离子和硫酸盐可以代替氧作为微生物代谢的主要电子受体，进行有机质厌氧氧化反应（D'Hondt et al., 2002）。在厌氧条件下，微生物初步水解复杂有机质的反应步骤是限速步骤。微生物通过向胞外分泌水解酶（蛋白酶、淀粉酶、纤维素酶和脂酶），将蛋白质、碳水化合物和脂类物质分解成氨基酸、糖和脂肪酸单体。随后对不同的单体进行酸化的反应中，第一步水解反应生成的产物经过微生物发酵作用转化为一些活跃的化学小分子物质，如挥发性脂肪酸、乙醇、氨、二氧化碳和氢气等（Ozuolmez et al., 2015）。在硫酸盐浓度较高的沉积物中，硫酸盐还原菌能够氧化初级发酵代谢的产物（短链脂肪酸和醇类化合物），产生二氧化碳（Muyzer and Stams, 2008）。在硫酸盐浓度很低的沉积物中，第二步代谢反应中产生的挥发性短链脂肪酸类化合物和醇类化合物经过进一步的发酵作用，转化为乙酸、甲酸、氢气和二氧化碳（Muyzer and Stams，2008）。最后，产甲烷古菌在厌氧条件下利用二氧化碳、氢气、乙酸和一碳化合物产生甲烷（图6-2）。在沉积物中，甲烷是有机质厌氧氧化的最终产物。在高压低温（温度低于4℃，压力高于60bar）的环境中，当沉积物中甲烷浓度达到饱和时，甲烷可以和水聚合形成一种类似冰的晶体笼状聚合物（clathrates）——水合物（gas hydrate），较为稳定地储存在沉积物中。随着沉积物中甲烷浓度的积累，部分气体或者溶解的甲烷通过沉积物中的孔隙扩散到表层，在厌氧且富含硫酸盐的沉积物中，甲烷被厌氧甲烷氧化古菌与硫酸盐还原菌的协同作用氧化成二氧化碳。部分二氧化碳与周围的钙镁离子形成自生碳酸盐，其余的二氧化碳又可以作为无机化能合成微生物（如产酸菌）的初级底物重新进入碳循环中（图6-2）。

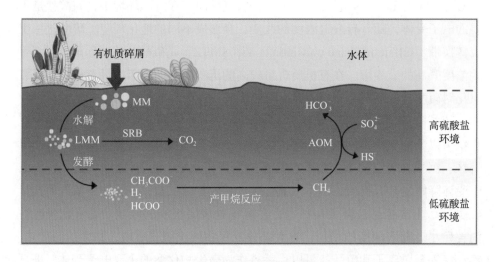

图6-2　沉积物中有机质代谢循环

MM：macromolecules，大分子；LMM：low molecular weight molecules，小分子量分子

虽然沉积物中有机质的降解代谢过程已经描述得比较清楚，但是微生物参与的具体代谢反应机制还有待深入研究。随着海洋沉积物中大量未培养微生物的发现，以及对其功能的研究，微生物与不同地球化学反应过程之间的联系会逐渐变得清晰。古菌在地球深部生物圈中广泛存在，并且可能在沉积物的物质元素循环中扮演了重要角色。当前，对沉积物中古菌的一个重要研究进展来自于对"深古菌"的独特代谢形式和生态学功能的认识。

深古菌（Bathyarchaeota）是在海洋沉积物中广泛分布且丰度很高的一类古菌，据估算，在沉积物中其丰度可以达到$2 \times 10^{28} \sim 3.9 \times 10^{28}$个细胞，是地球上含量最丰富的微生物之一（He et al.，2016）。深古菌的多样性很高，并且分布广泛，推测其可能具有不同的代谢方式（Lloyd et al.，2013；Meng et al.，2014）。通过宏基因组学的研究分析发现，深古菌的不同亚群可能具有不同的代谢功能。某些深古菌亚群具有代谢芳香环化合物的功能，并且还可能利用二氧化碳产生乙酸（图6-3）。最近的研究还在某些深古菌亚群中发现了具有产甲烷的功能基因 mcrA 基因，暗示这些亚群可能参与甲烷代谢循环（Evans et al.，2015；He et al.，2016；Lazar et al.，2016；Zhou et al.，2018）。最近，利用难降解有机质木质素和同位素标记的二氧化碳为底物进行的培养试验发现深古菌可以参与复杂有机质木质素（Lignin）的降解代谢过程，并且利用二氧化碳进行同化作用（Yu et al.，2018）。

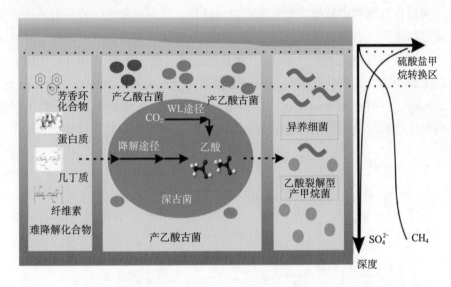

图 6-3　沉积物中 Bathyarchaeota 代谢复杂有机质过程示意图

　　通过上层水体沉降到沉积物表面的有机质主要是由光合作用产生的，其中大部分有机质在水体和沉积物近表层区域内被分解代谢。剩余的有机质被保存在沉积物中，并且能够被生活在数千米深的微生物所利用（Hoehler and Jorgensen，2013）。随着沉积物深度的增加，沉积物中的温度逐渐升高（平均地热梯度 30℃/km）。在高温高压条件下（温度大于 60℃），沉积物中复杂有机质受热分解为各种小分子单体或者活跃的化学物（乙酸、H_2 和 CO_2），这些活跃的小分子物质可以被产甲烷菌利用合成甲烷。另外，在沉积物与洋壳交界处，洋壳中的玄武岩（basalt）可以在高温条件下通过蛇纹石化作用生成氢气，可以作为微生物生长的电子供体（Sleep et al.，2004）。这些来自深部的化合物（又称为"暗能量"）为微生物的生长提供了物质能量基础。一些嗜热微生物，主要是嗜热古菌，能够在 $60\sim100$℃的环境中生长，可以利用底部渗漏上来的富含有机质或者无机质的流体（Amend and Shock，2001）。另外，有研究表明，矿物质（石墨和石英）在高温潮湿的环境中，促使水分解产生氢气和氧气，或者相关的化合物（H_2O_2）。这些化合物可以直接作为电子受体被微生物利用，也可以氧化其他还原性的无机物，形成其他电子受体，如 NO_3^-、SO_4^{2-} 和 S 单质；微生物可以利用这些电子受体氧化有机质（Balk et al.，2009）。因此，沉积物中的微生物的能量部分可来自表层光合作用产生的有机质，更重要的部分来自深部环境中。

同时，沉积物中的微生物也能促进地球化学反应的发生。有研究表明微生物能够加速玄武岩的风化侵蚀和含铁硅酸盐的氧化，促进氢气的产生，并且使含铁硅酸盐转变成磁铁矿（Fe_3O_4）和其他物质。这些氢气又可以被化能合成型微生物利用，这种代谢类型是与光合作用完全不同的代谢类型（Stevens and McKinley，1995；Anderson et al.，1998）。这表明，沉积物中的微生物不仅能够利用这些地球化学作用产生的能量物质，而且可能能够促进这些化学作用的发生。

第二节　洋壳微生物

一、海底玄武岩生态系统

洋壳生态系统是由岩石（主要是玄武岩）和流动的水体构成的。据估算全球洋壳的体积为 $2.3\times10^{18}m^3$；与陆壳相比，洋壳较薄，平均厚度在 $5\sim10km$。洋壳的岩石体积约是海洋沉积物总体积的 5 倍（Orcutt et al.，2011）。海底洋壳一直处于不断地循环中。在全球大洋中，洋中脊广泛分布，总长度达 65 000km；高度超过 1km 的海山超过了 10 万座。炽热的岩浆从洋中脊和海底火山不断涌出、冷却及结晶，并与岩石圈相互作用形成新的洋壳。每年海底形成的新洋壳约 $21km^3$。在板块边界，较重的洋壳俯冲至陆壳之下而消亡。全球洋壳平均 6100 万年完成一次再循环（Detrick，2000）。

洋壳主要由基性岩和超基性岩构成，含有丰富的铁、硫和镁等矿物。玄武岩是顶层洋壳的主要岩石组分，分布在洋壳顶层的 $500\sim1000m$，含有丰富的还原性的铁、锰和硫化物矿物（如二价铁约占 9%，二价锰和硫化物各约占 0.1%），为微生物提供了相当可观的能量和营养源。岩浆喷发时携带的二氧化碳和水蒸气及挥发性物质导致玄武岩中的气孔结构的形成，使得顶层 200～500m 的洋壳岩石多孔隙且渗透性强，这是微生物潜在的栖息地。洋壳中流体的体积占到全球海水的 2%（Johnson and Pruis，2003）。在较为年轻（<10Ma）的洋中脊侧翼洋壳中，洋壳中的流体活动较为活跃；与底层海水之间的流体交换使得洋壳中的化学物质（电子受体）处于不平衡的状态，促进了洋壳中氧化还原反应，并维持着洋壳中的微生物生态系统（Bach and Edwards，2003）。除了可以利用的电子受体外，流经洋壳的流体还可以为微生物带来微量的电子供体——溶解有机碳（dissolved organic carbon，DOC）（Lin et al.，2012）。

随着人们对深地生物圈关注度的提高，从 2010 年到目前为止已经执行了 7 个聚焦于深地生物圈的 IODP 航次，获取了无污染的适合微生物学与分子生物学研究的样品。其中，329 航次研究了南太平洋环流区极度寡营养的沉积物及洋壳中的生命活动；336 航次对大西洋洋中脊侧翼深地生物圈进行了研究；357 航次研究了大西洋洋中脊西侧翼亚特兰蒂斯蛇纹岩化与微生物活动。还有很多更早期的航次也为研究洋壳生物圈提供了样品，如 IODP 301 航次通过在海底布放原位观测系统（CORK）为后期研究洋壳流体中的微生物活动提供了平台。

虽然人们对洋壳生态系统的了解还非常有限，但是其中的微生物对全球地球化学元素循环的贡献及其对海底地貌风化的影响发挥着潜在的重要作用。前人研究表明，在这个黑暗的寡营养的生物圈中存在微生物活动的迹象（Fisk et al.，1998；Cowen et al.，2003；Santelli et al.，2008）。同时，在洋壳岩浆岩中发现了由生物作用介导的岩石结构的改变（Furnes et al.，2001）。之后更多的研究进一步证明了这些微生物在洋壳中依然是活跃的（Lever et al.，2013）。

二、洋壳微生物群落分布和多样性

前人试图对暴露在海水中的玄武岩（Santelli et al.，2008）、深部辉长岩和洋壳流体（Jungbluth et al.，2013）中的微生物进行定量。结果发现暴露在海水中的玄武岩微生物丰度较高，每立方厘米岩石为 10^6～10^9 个细胞，比上覆的底层海水中的微生物浓度高出 3 个至 4 个数量级；而在深部洋壳中微生物含量普遍低于每立方厘米 10^5 个细胞，甚至低于检测限（每立方厘米 10^3 个细胞）。由于样品位点和数目的限制，目前对洋壳生物圈的规模尚无法准确估算。

在海洋沉积物中，微生物丰度随深度增加呈指数型递减，这主要是因为生物可利用的能量（如有机质）随深度增加而减少（D'Hondt et al.，2004；Lipp et al.，2008）。然而在洋壳玄武岩中，微生物丰度与深度关系较弱，而更多的是取决于洋壳玄武岩孔隙度和可利用的电子受体分布（Zhang et al.，2016）。在低温有氧的洋壳中，通过添加碳源（碳酸氢根、乙酸和甲烷）或氮源（硝酸根和铵根）的富集培养实验表明，氮源的添加显著刺激了洋壳微生物的生长，而且添加氮源的微生物具有相对较高的胞内 DNA 含量，暗示了氮源是洋壳微生物生长的限制因子之一。

分子系统发育学研究表明，洋壳中的微生物群落具有高度的多样性，细菌在数量上占绝对优势，其中的优势菌群有变形菌门（尤其是 α-Proteobacteria 和 γ-Proteobacteria），放线菌门（Actinobacteria）、拟杆菌门（Bacteroidetes），绿弯菌门（Chloroflexi）、厚壁菌门（Firmicutes）和浮霉菌门（Planctomycetes）（Santelli et al.，2008；Mason et al.，2009；Orcutt et al.，2011）。洋壳中的微生物种群与上覆底层海水相比多样性要更高，洋壳与海水发生的水岩作用为洋壳中独特的微生物群落提供了能量（Santelli et al.，2008）。

新的洋壳在生成之后，一些生物的和非生物的因素会改变洋壳岩石的化学组成和矿物学特性。例如，稳定的原生矿物会逐渐变为相对不稳定的次生矿物；岩石的孔隙度发生改变；岩石的氧化还原状态也会发生改变从而改变洋壳中流体的化学性质。这些变化可能会导致栖息其中的微生物群落发生变化。例如，放线菌在全球不同海区的洋壳中均有广泛分布（Mason et al.，2007）；然而有研究发现，放线菌只分布在年龄较老的洋壳玄武岩中，在新生洋壳中没有分布，表明一些特定类群的微生物会选择性地分布在新生的洋壳或者是较为年老的已经风化过的洋壳中（Lysnes et al.，2004；Mason et al.，2009）。

除了洋壳的年龄之外，其中的流体活动强度及洋壳温度也可能对洋壳中的微生物组成起到重要作用，使得微生物的分布在一定程度上与不同生境的地质学、化学和物理学特征呈现相关性（Edwards et al.，2011）。由于影响微生物多样性的因素众多，不同洋壳样品中的微生物群落组成存在一些共性和个性。例如，胡安德富卡洋脊侧翼洋壳流体中的微生物以变形菌门（γ-Proteobacteria 和 δ-Proteobacteria）和厚壁菌门为主；东太平洋海隆（Santelli et al.，2008；Santelli et al.，2009）、北极扩张洋脊（Lysnes et al.，2004）及夏威夷海山（Santelli et al.，2008）洋壳中的优势种群为变形菌门（γ-Proteobacteria 和 α-Proteobacteria）；Costa Rica 裂谷侧翼洋壳流体中的微生物以变形菌门

（γ-Proteobacteria 和 α-Proteobacteria）、拟杆菌门和浮霉菌门为主（Nigro et al., 2012），但其中部分类群与位于东太平洋海隆的新生洋壳和不活跃的海底热液喷口的微生物类群相似（Santelli et al., 2009）；大西洋洋中脊的洋壳中栖息的主要微生物类群是变形菌门（γ-Proteobacteria、α-Proteobacteria 和 β-Proteobacteria）、放线菌门和厚壁菌门（Rathsack et al., 2009）。

近年来，海底原位观测系统（circulation obviation retrofit kits, CORK）被应用于长期观测洋壳流体中微生物群落的动态变化。以胡安德富卡洋脊东侧的 IODP 打钻位点 1301A 为例，三年间三次取样的数据结果显示其中最为优势的微生物种群分别属于厚壁菌门（Firmicutes）、深古菌门（Bathyarchaeota）和变形菌门（Proteobacteria），可见洋壳中微生物群落组成处于高度动态变化之中（Jungbluth et al., 2013）。已有的研究发现，在洋壳流体中浮游生活的微生物群落可能与依附于洋壳玄武岩生活的微生物存在显著差异（Mason et al., 2007; Mason et al., 2009; Jungbluth et al., 2013）。

三、参与的元素循环和途径

除了研究洋壳内活跃的微生物种群多样性外，另一大研究热点在于这些微生物通过何种途径获得生长所需的能量并参与全球的元素循环。在与海水接触的裸露的玄武岩中还原态的含硫和含铁矿物被海水中的氧气和硝酸盐氧化，微生物通过这些化学过程获得能量（Edwards et al., 2003a; Santelli et al., 2008）。由于没有沉积物覆盖，这一类型的洋壳玄武岩体系被认为是极度寡营养的环境。然而理论计算发现，在洋中脊侧翼玄武岩中化能无机自养过程可以为一个非常可观的生物圈（约 10^{12}g C/a）提供所需的能量（Bach and Edwards, 2003）。其中一个重要的化能合成作用为产甲烷作用，底层海水与玄武岩发生蛇纹岩化作用时的副产物氢气为产甲烷作用提供了原料。在洋壳流体中也有发现固氮作用的功能基因 *nif*H，指示了在洋壳中可能存在固氮作用（Mason et al., 2009），使得洋壳流体中的铵根离子浓度大于底层海水（Cowen et al., 2003; Huber et al., 2006）。流体中的铵根离子进入海水后则会被氨氧化细菌（AOB）利用生成亚硝酸盐（Mason et al., 2009），并进一步被亚硝酸盐氧化菌氧化为硝酸盐（Mason et al., 2009），从而完成完整的硝化作用。

在被沉积物覆盖的洋壳玄武岩中微生物无法依赖氧气和硝酸盐氧化含硫和含铁矿物，在这样的环境下厌氧菌如硫酸盐还原菌和产甲烷菌可以共生。通过

检测功能基因 *mcr*A（methyl coenzyme M reductase）和 *dsr*B 基因（dissimilatory sulfite reductase），发现胡安德富卡洋脊侧翼被沉积物层覆盖的玄武岩中也存在参与硫酸盐还原和参与甲烷循环的微生物，与沉积物的群落有类似性；同时洋壳中黄铁矿的硫同位素值及有机碳的碳同位素值也指示了在特定层位的微生物活动（Lever et al.，2013）。通过对玄武岩流体中的微生物进行培养发现，其中的硫酸盐还原菌极其活跃。在外加短链有机酸的情况下硫酸盐还原过程显著加快，可能是流体中拟杆菌门（Bacteroides）的部分类群将有机碳水解和发酵后被硫酸盐还原菌利用，这一过程可能是洋壳流体中 DOC 被降解的重要途径之一。洋壳中微生物参与 DOC 降解后的产物随着洋壳流体被释放到底层海水，这可能导致了深层海水中 DOC 多为难以被生物利用的"老碳"（Walter et al.，2018）。此外，流体中还发现了代谢途径非常多样的微生物类群 *Candidatus Desulforudis audaxviator*。基因组信息显示该菌为嗜热的化能无机自养细菌，能够进行硫酸盐还原及固氮。并通过乙酸辅酶 A 合成途径进行固碳（Jungbluth et al.，2013）。流体中还发现有硫单胞菌，该属在其他还原态的环境中也有广泛分布，如洋中脊洋壳扩张中心（Santelli et al.，2008）。该种属中可培养的菌株显示其可以通过硫氧化和硫代硫酸盐氧化实现化能无机自养。类似的，在 Costa Rica 裂谷侧翼洋壳流体中占主导的细菌类群为 Thiomicrospira，同样可通过硫氧化作用进行化能合成，并参与硫元素循环。除此之外，流体中还检测到 RuBisCO 基因（*cbb*L 和 *cbb*M），说明原位的微生物群落中也可能存在通过固碳进行自养的类群。

　　除了上述化能自养的微生物外，在洋壳中也存在大量的异养微生物，这些类群为分解洋壳流体中的有机质起到重要作用。Lin 等（2015）基于 Juan de Fuca 洋脊侧翼洋壳流体中的氨基酸的组成建立了有机质降解程度的指标，发现在流体中存在非常活跃的有机质降解作用。Cowen 等检测到洋壳流体中存在脂肪族化合物，其中包括长链的正构烷烃（$C_{20} \sim C_{33}$），而碳数 20 以下正构烷烃缺少，可能指示了洋壳中异养微生物对短链烷烃的偏好性利用（Cowen et al.，2003）。Delta 变形菌纲作为流体中的优势群落之一，其中包含菌株在严格厌氧的情况下会降解碳数在 6~16 的正构烷烃（$C_6 \sim C_{16}$）（Rueter et al.，1994）。对于碳数更少的碳水化合物来说，富集实验表明多种硫酸盐还原细菌可以在厌氧条件下氧化丙烷和丁烷（Kniemeyer et al.，2007；Jaekel et al.，2013）。在洋壳更深处的辉长岩中也发现有参与甲烷和甲苯氧化的功能基因，指示碳水化合物可能在没有氧气参与的条件下被氧化，从而支持深层洋壳中的微生物的生长。除了功能基因之外，胞外酶的活性也可以指示微生物的活动。例如，通过检测夏威夷海山裸露洋壳中的胞外酶活性，发现细菌分泌的亮氨酸氨基肽酶（LAP）和碱性磷酸酶（AP）的活性与在大陆架沉积物中检测到的活性强度相似，指示了细菌在有机质转化中可能起到非常重要的作用。

洋壳玄武岩中含有大量含铁矿物，微生物在铁的元素循环中也扮演着重要的角色。对胡安德富卡洋脊侧翼中低温有氧区域的玄武岩样品进行微生物多样性分析发现，其微生物群落中的优势种群为 γ- 变形菌纲（γ-Proteobacteria）和鞘脂杆菌（Sphingobacteria）。系统进化分析表明，这些类群的 16S rRNA 基因序列与已知的化能自养铁氧化微生物的序列非常相近，暗示了洋壳微生物可能参与铁氧化作用。进一步的宏基因组分析显示，与其他海洋环境相比，其中的微生物三价铁吸收、铁载体合成与吸收及铁转运相关的代谢基因丰度相对较高，暗示了与铁相关的代谢途径是这些洋壳微生物重要的产能和储能机制。微生物的铁氧化作用可能对全球洋壳的风化起到重大作用（Zhang et al., 2016）。Edwards 等也通过微生物多样性分析和培养实验，在洋壳样品中发现高度多样性的铁氧化细菌。除了铁氧化细菌外，Templeton 等发现在 Loihi 海山的枕状玄武岩表面有和锰氧化物紧密结合的菌系；通过培养实验，分离出 26 株属于 α和 γ 变形菌纲（α-Proteobacteria 和 γ-Proteobacteria）的锰氧化细菌，这一类细菌也会对洋壳风化起重要作用。

第三节　热液生态系统

深海热液生态系统是地球上古老而独特的化能自养生态系统。虽然它形成于海底之上，但其能量来源于海底之下数公里的深地环境，因此属于典型的暗能量生态系统。洋中脊的大洋海底钻探，将推动热液区深地微生物的起源进化、多样性及代谢特征的研究。同时，热液口微生物特别是高温厌氧和化能自养菌的相关研究可以推动深地生物圈的探索，相关研究将有助于回答地球生命起源、不同圈层相互作用与协同演化等重大科学问题。在这方面，热液区一直是关注焦点和不可替代的研究对象。

一、深海热液生态系统的发现、热液区分布与环境特征

深海热液区常出现在水深 700~5000m 地壳板块交界的洋中脊、俯冲带、弧后盆地和热点火山。最初是 1977 年由美国"阿尔文"（Alvin）号潜水器于靠近加拉帕戈斯群岛（Galapagos Islands）的太平洋隆起（EPR）发现（Corliss et al., 1979）。在玄武岩海底上竖立着数十个冒着黑烟的烟囱，水深 1650~2610m。热液温度高达 400℃，从直径约 15cm 的烟囱中喷出。在热液喷口（Hydrothermal Vent）周围栖息着密度极高的管状蠕虫等独特生物。烟囱底部及周围有多金属硫化物堆积形成的丘体。后来在大西洋、印度洋、北冰洋、红海及西太平洋弧后盆地等也发现了许多黑烟囱及其热液硫化物（图 6-4）。近期又在深水湖泊（东非裂谷和贝加尔）与海湾（新西兰和希腊）底部发现黑烟囱及其金属硫化物。根据洋中脊全球数据库（Inter Ridge Global Database）统计，目前已发现600 多个热液区（http：//vents-data.interridge.org/ventfields）。

图 6-4　西南印度洋洋中脊龙旂热液区（高温热液区）
活动的黑烟囱及少量热液生物

蛟龙号载人潜器第 99 次下潜，2015 年

热液形成的过程比较清楚：海水沿着地壳裂隙向下渗透，抵达地幔柱上方的岩浆房（magma chamber），岩浆房加热海水并与围岩发生水岩反应，生成还原性物质，溶于海水，形成热液。热液化学成分受多个方面的影响，包括

岩浆房深度、温度、压力及海水与围岩成分等。黑烟囱区的热液一般呈酸性（pH2～3），海底高温高压下地幔岩与海水相遇发生的水岩反应催生了氢气、甲烷、氨、硫化氢、短链烷烃乃至其他小分子有机化合物如甲酸和乙酸等（Lane et al., 2010），铁、锰、铜、锌、钙和钡等金属元素及硅的含量也较高；相对于海水，氧气和Mg^{2+}缺乏，盐度变化范围大。热液沿裂隙上升至海底烟囱口喷出，热液流体温度可高达300～400℃。

热液喷出后，与周围海水混合而被稀释，进入水体形成热液羽流，凭浮力上升，构成上升区，高度100～300m；到达浮力平衡后，海流发生侧向扩散，形成零浮力羽流，其扩散范围在空间尺度上可达数千千米（杨作升等，2006）。最终，热液羽流中的固体颗粒逐渐沉淀在热液喷口周边的海底沉积物中，并对其中固有的微生物种群产生重大影响；在热液口周围，热液中的金属元素遇冷形成的金属硫化物则沉积或结晶形成矿物，并成长成热液黑烟囱。海底热液白烟囱不普遍，主要发现于北大西洋中脊如Lost City热液区，其热液呈碱性（pH高达9），温度偏低（90℃），化学成分与黑烟囱热液有较大差别，富含轻质矿物元素（如钡、钙和硅形成的烟囱以硫酸钙、硫酸钡和碳酸钙为主）。白烟囱热液缺乏硫化氢和二氧化碳；而氢气、甲烷浓度较高，是白烟囱热液生态系统的主要能量来源。

总之，深海热液活动是水圈与岩石圈相互作用的过程，深海热液区是地球深部热液活动在地表的展现，是生物与非生物因子交互作用而构成的典型海洋深地生物圈。

二、化能自养微生物——深海热液生态系统的初级生产者

与光合作用生态系统不同，深海热液生态系统是一个完全不依赖光合作用的化能自养生态系统，它依赖于热液中所具有的还原性物质（包括硫化氢、氢气和甲烷等），通过化能自养微生物氧化，获得能量并固定二氧化碳合成有机物。化能自养微生物（chemoautotroph）是海底热液生态系统的初级生产者。根据其氧化底物，可分为硫氧化细菌（sulfur-oxidizing bacteria，SOB）、甲烷氧化菌（methane oxidizing bacteria，MOB）、氢氧化菌（hydrogen-oxidizing bacteria，HOB）、铁氧化菌（ion-oxidizing bacteria，IOB）、氨氧化菌（ammonia-oxidizing bacteria，AOB）及氨氧化古菌（ammonia-oxidizing archaea，AOA）等。它们分布于热液区海底深部、烟囱壁或热液羽流等不同环境中。

　　作为热液生态系统的初级生产者，化能自养菌往往与热液区的大型动物形成共生体（图6-5）。通过氧化热液活动产生的还原性物质，固定二氧化碳合成有机物，为热液共生动物提供有机物和能量，乃至固定氮气合成宿主必需的氨基酸与维生素。例如，氢氧化菌普遍存在于管状蠕虫、蛤和盲虾等。由于共生菌难以培养，目前只能通过宏基因组测序等非培养方法来解析共生微生物的代谢机制。通过分析管状蠕虫的共生菌 *Candidatus* Endoriftia Persephone（Robidart et al.，2008）、蛤的共生菌 *Candidatus* Ruthia magnifica（Newton et al.，2007）和盲虾共生菌的基因组信息（Jan et al.，2014）发现，共生菌中有二氧化碳固定、硫化物氧化、氢气氧化、铁氧化、甲烷氧化、氨同化及氨基酸和维生素生物合成的基因；推测它们可以通过氧化硫化物、氢气和低价铁等获得能量，固定二氧化碳合成有机物。由此可见，热液区化能自养微生物代谢灵活多样，能够捕捉热液活动带来的各种能量。

图6-5　西南印度洋洋中脊天成热液区（低温热液区）热液生物群落

蛟龙号载人潜器第87次下潜，大洋第35航次资料，2015年

　　热液微生物与大型生物有内共生与外共生两种共生方式。内共生的微生物生活在宿主体/细胞内，如管状蠕虫中特化的营养体结构、贻贝的鳃表皮细胞和热液纤毛虫的细胞质等。外共生或体表共生的微生物则生活在宿主体表或细胞表面，如盲虾口部附肢和鳃室即是体表共生典型部位。化能自养微生物所合成的有机物供给无脊椎动物生长，而热液口无脊椎动物为化能自养微生物提供

栖息环境和化能合成所需的营养物质，从而形成互利共生关系。不同热液共生生物的共生机制有待进一步研究。

三、热液区生物地球化学元素循环

从地球远古至今，各类不同的微生物参与了海底热液区及深部的元素循环与能量转化。沉积物数千米以下的熔融区岩浆在高温高压下与水发生水岩反应，产生的还原性物质（包括氢气和硫化氢等小分子还原性气体及还原性金属离子）是深地生物圈的主要能量来源。热液还原性气体包括氢气、硫化氢、甲烷与氨；热液还富含重金属离子，包括 Fe、Cu、Pb、Zn、Au、Ag、W、Sn 和 Hg 等。不同地质背景条件下，气体与金属离子组成有差别，微生物类群也不同。在以硫化物为主的黑烟囱区，硫氧化菌相对丰富；在碳酸盐白烟囱热液区，氢氧化菌较多。深海热液区有多种微生物如硫氧化菌、金属氧化菌、硫还原菌和金属还原菌等参与了成矿过程等生物地球化学循环（曾湘和邵宗泽，2017）。

热液区环境梯度较大，不同环境梯度上微生物类群及其参与的生物地球化学过程也不同。在热液烟囱内壁，生长着严格厌氧的嗜热和超嗜热古菌。烟囱壁由内向外，形成温度、pH 和 Eh 等急剧变化的化学梯度，不同的环境梯度上生长着 SOB、MOB、HOB、IOB、AOA 或 AOB 等不同微生物。由于绝大多数属于未培养的微生物，如古菌类的 Marine Group Ⅱ/Ⅲ 与 DHVE（deep sea hydrothermal vent Euryarchaeota group）类群和细菌类的 SAR202 与 SAR406 等，这些菌群的代谢机制和能量来源都有待进一步的研究。

随着研究的深入，发现混合营养类型微生物在热液区环境中普遍存在，即同一种微生物可以氧化多种底物。黑烟囱热液区羽流及烟囱周边环境中，各种硫氧化菌占多数。近来发现，具有硫氧化功能的微生物也能氧化甲烷，例如，东劳扩张中心热液羽流中发现的 Methylococcaceae 菌的基因组中既编码硫氧化代谢途径也编码甲烷氧化途径（Anantharaman et al.，2016）。

1. 硫氧化

硫氧化是黑烟囱热液区的一个重要过程。它不仅为热液区生态系统提供了能量，还参与了硫化物矿物的"风化"剥蚀。无论在热液口附近的海水还是烟囱壁硫化物中，化能自养硫氧化菌的丰度都比较高。SOB 是黑烟囱热液生态系统的重要初级生产者，其化能自养过程可表示如下。

$$4nH_2S+nCO_2+nO_2+4nH_2O \rightleftharpoons [CH_2O]_n+4nS+3nH_2O \qquad (6\text{-}1)$$

硫作为变价元素，在硫化物、单质硫、硫代硫酸盐和亚硫酸盐等中具有不同化合价，而不同的还原性硫化物和单质硫呈现不同的氧化途径。硫化物氧化是指把 HS^-/S^{2-} 氧化成聚硫化物，而后形成单质硫的过程；单质硫氧化是指把单质硫氧化为 SO_3^{2-} 的过程；亚硫酸盐氧化是指 SO_3^{2-} 在相应酶的作用下被氧化成 SO_4^{2-}。在黑烟囱热液区，常见的硫氧化菌主要是 ε 变形菌纲和 γ 变形菌纲的某些特殊类群（Shah et al.，2017）。深海热液区原位培养实验证明，ε 变形菌纲中的弯曲菌类群（Campylobacteria）是硫氧化的优势菌（McNichol et al.，2018）。

2. 硫还原

硫还原主要是氧化态的硫（如硫酸盐和单质硫等）被还原成还原态硫的过程。自然界最广泛的硫还原是硫酸盐还原作用。硫还原菌是深海热液系统中最为常见的类群之一，特别是在海底深部起着重要的作用。例如，极端嗜热古菌 Thermoproteus tenax 和 Acidianus ambivalens 耦合氢氧化与硫还原，获取能量固定二氧化碳；有的古菌通过还原硫来氧化有机物，如热球菌目菌株 Thermococcus thioreducens。热球菌目（Thermococcales）是海洋热液系统和海底深部生物圈的重要组成部分，包括嗜热球菌属（Thermococcus）、火球菌属（Pyrococcus）和古球菌属（Palaeococcus）三大属（Roussel et al.，2008）。同样，在烟囱内壁及热液通道内部也存在大量嗜热硫还原细菌，而在烟囱附近的硫化物、氧化物和沉积物中，则生存着很多中低温硫还原菌。这些嗜高温硫还原细菌与古菌的起源与多样性及系统进化与环境作用是深地微生物研究的重要内容。

3. 氢氧化

2004 年，日本科学家首次在深海热液区报道了一个极端嗜热深地化能自养生态系统（hyperthermophilic subsurface lithoautotrophic microbial ecosystem，Hyper SLiME）。通过地球化学及微生物多样性分析发现，这是一个氢驱动的产甲烷微生物群落，主要由 Methanococcales 产甲烷古菌及 Thermococcales 厌氧发酵菌组成，存在于印度洋洋中脊热液活动区。同样，HyperSLiME 微生物生态系统存在于大西洋洋中脊的 Logatchev 和 Rainbow 热液区，该热液区是以超基性岩为主要围岩的深海热液系统，氢气是热液微生物的主要能源。目前研究发现，氢氧化菌在深地环境应该是普遍存在，可能是最原始的生命形式之一，而且普遍存在于地球深部热的生物圈中（Colman et al.，2017）。

4. 甲烷代谢

热液中含有大量甲烷，是甲烷氧化菌的能量来源。在太平洋瓜伊马斯海盆（Guaymas Basin）热液沉积物中，甲烷、短链烷烃（$C_2 \sim C_6$）和硫化物等都较丰富。高通量测序发现，沉积物中未培养的厌氧甲烷氧化古菌最为丰富，还有耦合硫还原的烃厌氧氧化菌。在热液喷口中，常被分离的广古菌主要有超嗜热产甲烷古菌甲烷球菌属（*Methanococcus*）、甲烷火球菌属（*Methanopyrus*）和甲烷暖球菌属（*Methanocaldococcus*）等属（Takai et al., 2008），以及古丸菌属（*Archaeoglobus*）的硫酸盐还原菌。

5. 铁氧化还原

在深地生物圈中铁的氧化还原是一个重要过程，但目前对其研究欠缺。在热液区，Fe^{2+} 的含量显著高于一般海洋环境，而且高于其他还原性的金属离子。据估计，全球深海热液活动每年向海洋中喷发的 Fe^{2+} 可达 3×10^{11}mol，为铁氧化微生物生长提供了能量。铁氧化菌难以在实验室培养，到目前为止，仅分离得到少量几株菌。2003 年，从邻近 Juan de Fuca 深海热液喷口的低温海底铁氧化物中，分离得到了归属于 α 和 γ 变形菌门的 Fe^{2+} 氧化微生物（Edwards et al., 2003b）。2007 年，有人从 Loihi 海山的热液喷口中分离到两株新的铁氧化细菌 *Mariprofundus ferrooxydans*，它能在微氧的条件下，以元素 Fe 和 Fe^{2+} 为唯一的能源进行生长。16S rRNA 基因的系统进化分析表明，*M. ferrooxydans* 位于变形菌门的根部，并形成一个独立的进化分枝，代表了一个新亚门 ζ-Proteobacteria。它们均能形成丝状的铁氢氧化物，与在热液喷口的矿物类似。这种细菌也存在于南马里亚纳海沟与裂段（cleft segment）热液流体，以及瓜伊马斯海盆热液沉积物中。由此可见，铁氧化菌在深海热液系统中普遍存在。

在热液沉积物与深部环境中，铁还原菌也应该比较重要。目前能分离到的铁还原菌以高温厌氧的梭菌（*Clostridium*）为主，其多样性及呼吸机制有待深入研究。

6. 氨氧化

氨氧化包括氨的好氧氧化和厌氧氧化，而深海热液区的氨氧化主要是氨的好氧氧化。深部的热液活动会产生氨，在每升热液流体中可达到数毫摩尔。近年来发现，氨氧化古菌（AOA）在热液深部环境及热液区水体中有较高丰度。在综合大洋钻探计划（IODP）航次中，Expedition 331 航次（2010）重点对日本冲绳海沟 Iheya North 热液区的深部热生物圈进行了研究，发现奇古菌门

（Thaumarchaeota）为优势微生物，并可检测到古菌氨单加氧酶基因 *amo*A。同样，在位于东北热带太平洋科科斯板块（The Cocos Plate）脊翼上的低温热液系统的沉积物中，奇古菌门也是最优势微生物类群。

四、深部热液活动与地球生命起源与进化

热液喷口是窥探地球深部活动的天然窗口，也是研究地球生命起源的绝佳场所（周怀阳等，2009）。洋底橄榄石在蛇纹石化过程可释放氢气和甲烷，还有其他小分子有机化合物如甲酸和乙酸等，这为生命在大洋海底的诞生提供了物质能量基础（Lane et al.，2010）。从热力学角度看，热液口驱动的氧化还原过程为生命起源演化提供了保障。近几年研究发现，海底热液活动形成的离子梯度可能驱动了有机分子的形成。烟囱壁富含铁和硫，所形成的硫化物矿物可能在电子传递及催化中起着重要作用。推测这类氧化还原过程在从早期地球至今的热液活动中持续发生，为有机物的合成、富集与化学进化提供了足够的时间；再者，热液喷口在厘米乃至毫米级微小空间上存在着巨大的物理和化学梯度，形成了各种各样的微环境，可以大大缩短生命演化的时间。

化石记录和生物信息学计算都显示，热液区微生物是地球上最早出现的生命形式。深海热液微生物化石是目前地球上发现的最早的生命现象纪录。通过分析来自加拿大的含铁沉积岩发现，至少 37.7 亿年前，乃至 42.8 亿年前，微生物已经在热液口出现（Dodd et al.，2017）。深海热液口可能是地球生命起源地（Nisbet and Sleep，2001；Martin et al.，2008）。最后的共同祖先（the last universal common ancestor，LUCA）是否起源并存在于热液活动的深地环境是一个重大的科学问题。为了认识 LUCA 的代谢特征，近来 Weiss 等通过计算分析 1847 个细菌和 134 个古菌基因组中 600 多万个蛋白，筛选出了 LUCA 可能拥有的古老蛋白信息，并预测了 LUCA 的代谢特征：高温厌氧且能固定 CO_2 与氮气；LUCA 与现代微生物中的梭菌及产甲烷菌最为接近，适合在热液环境中生长（Weiss et al.，2016）。由此推测，热液区海底深部更可能是地球原始生命与化能自养微生物的诞生地，而热液口则可能是地球早期生命演化发展的重要场所。

第四节　冷泉生态系统

一、冷泉生态系统的发现与特点

冷泉生态系统 1979 年首次被发现于加利福尼亚州 Borderland 的圣克莱门特断裂带（Lonsdale，1979）。1983 年在佛罗里达州的 Escarpment 也发现相似的生态系统，并被确认证实为冷泉生态系统（Paull et al.，1984）。冷泉是由深部沉积物中甲烷或者其他有机质流体向上迁移并渗漏或者喷发到上覆水体中而形成的独特环境。由于冷泉流体的主要成分是甲烷，冷泉也被称为甲烷渗漏。与热液喷发高温流体不同的是，冷泉流体的温度接近周围海水的温度。

冷泉主要分布在不同地质板块交界的大陆架边缘（Peckmann and Thiel，2004），其中大部分分布于太平洋板块周围，是海底常见的生态系统。冷泉中的甲烷主要是微生物降解的有机质所产甲烷和深层水合物的分解产生的甲烷。不同的地质活动如板块俯冲（plate subduction）、底辟作用（diapirism）和重力压缩（gravity compression），或者水合物的分解都会促成冷泉的形成。当沉积物中甲烷气体的压力足够大时，甲烷气体可以从沉积物孔隙和断层裂缝中渗漏出来，在海床上形成甲烷渗漏或者喷发（Talukder，2012）。

冷泉向上渗漏释放的有机质能够为大陆架边缘海底沉积物中的化能生态系统提供物质和能量。这些参与化能合成的微生物支撑了冷泉生态系统中独特的生物群落，包括从微生物到大型生物。大陆架边缘的沉积物环境条件（包括温度、盐度、pH、氧气、二氧化碳、硫化氢、铵盐及其他的无机挥发物质和金属物质等）变化范围大，限制了化能自养生物的生长。但是冷泉周围环境条件相对温和，为化能生态系统中的各种生物提供了适宜的栖息地（Gibson et al.，2005）。

全球大陆架边缘的沉积物中含有大量的有机物，据估算至少有 20 万亿 t 的碳储库（Boetius and Wenzhöfer，2013），而其中 5500 亿 t 碳以甲烷水合物形式储存在深部沉积物中。只有小部分碳以甲烷气体形式释放到上层水体中，大约每年 2000 万 t（Boetius and Wenzhöfer，2013）。其余的 20%～80% 的甲烷（1000 万 t 碳每年）被甲烷代谢微生物消耗（Boetius and Wenzhöfer，2013）。

释放到海水中的甲烷量受冷泉喷口大小、甲烷流体流速和微生物消耗的影响，实际释放到大气中的甲烷十分有限（Schubert et al.，2006；Lesniewski et al.，2012；Boetius and Wenzhöfer，2013），占全球甲烷排放的 1%～5%（Cicerone and Oremland，1988；Milkov et al.，2003；Reeburgh，2007）。甲烷是一种温室效应十分明显的温室气体，因此冷泉周围的微生物生态系统对全球气候起着重要的调节作用。

二、冷泉沉积物中微生物多样性

除了贻贝和管状蠕虫等大型生物外，冷泉周围沉积物中生活着大量的微生物。微生物位于食物链的底端，是主要的生产者和消费者，主要代谢作用是甲烷厌氧氧化、硫酸盐还原和硫氧化。因此微生物的主要类群为产甲烷菌、厌氧甲烷氧化古菌、硫酸盐还原菌及硫氧化菌。

在沉积物表层有氧的环境，氧化甲烷的主要微生物是好氧甲烷氧化细菌，这类细菌是常见的贻贝和管状蠕虫的共生微生物（Yan et al.，2006），如属于 γ 变形菌纲（γ-Proteobacteria）的甲基球菌目（Methylococcales）。然而，在大多数海洋沉积物中，氧气在沉积物表层被大量快速消耗，导致绝大部分沉积物都是厌氧环境。在冷泉沉积物中负责氧化甲烷的微生物是厌氧甲烷氧化古菌和硫酸盐还原菌（Hinrichs et al.，1999），广泛分布在冷泉沉积物中（Ruff et al.，2015）。ANME 属于甲烷微菌纲（Methanomicrobia），根据进化地位和生态功能的差异，被分为 ANME-1、ANME-2 和 ANME-3 三个不同的亚群，这些亚群还被细分为 ANME-1a、ANME-1b、Thermophilic ANME-1、ANME-2a/b 和 ANME-2c。硫酸盐还原菌广泛存在于厌氧沉积物中，参与厌氧氧化甲烷代谢的硫酸盐还原菌主要属于 δ-Proteobacteria 纲的 Desulfosarcina（DSS）和 Desulfobulbus（DBB）两个亚群（Muyzer and Stams，2008）。在大多数冷泉环境中 ANME-1 和 ANME-2 一般与硫酸盐还原菌 DSS 亚群聚合在一起，进行甲烷厌氧氧化，而 ANME-3 一般与硫酸盐还原菌 DBB 亚群结合氧化甲烷（Schreiber et al.，2010；Kleindienst et al.，2012）。冷泉环境中的硫氧化菌能够氧化硫酸盐还原的产物硫化物；这些细菌绝大部分属于 γ 变形菌纲（γ-Proteobacteria）Beggiatoaceae 科，它们能够形成菌席，覆盖在冷泉沉积物表面，呈白色、黄色或者橙色。硫氧化菌通常与贻贝、蛤蜊和管状蠕虫这些无脊椎动物共生。

冷泉区沉积物中也生存有其他功能未知的古菌和细菌类群。古菌主要有 Thermoplasmata（MBG-D）、深古菌门（Bathyarchaeota）和洛基古菌门（Lokiarchaeota）这些未培养古菌。细菌主要包括浮霉菌门（Planctomycetes）、α 变形菌纲（α-Proteobacteria）、β 变形菌纲（β-Proteobacteria）、JS1 类群（Candidate division JS1）和绿湾菌门（Chloroflexi）（Knittel et al., 2005; Ruff et al., 2015）。其中归属于 Candidate division JS1 和 Chloroflexi 的序列相似度极高，可能是冷泉环境中特有的类群，这些微生物有可能直接或者间接参与甲烷的代谢循环（Inagaki et al., 2006）。

已有的微生物多样性数据显示在不同的冷泉区分布的微生物种群较为相似，细菌中变形菌门、拟杆菌门和绿弯菌门在冷泉区均有发现［图 6-6（a）］；古菌中较为广泛分布的类群为 Thermoplasmata（MBG-D）、Bathyarchaeota、Lokiarchaeota、Thaumarchaeota 和 Woesearchaeota［图 6-6（b）］；参与甲烷代谢的微生物种群则以 ANME-1、ANME-2 和 Methanosarcinaceae 为主［图 6-6（c）］。

三、参与甲烷代谢的微生物多样性及分布特点

参与甲烷产生和氧化的主要微生物属于广古菌门（Euryarchaeota）。产甲烷古菌包含四个纲（Methanomicrobia、Methanobacteria、Methanococci 和 Methanopyri）向下分为六个目（Methanococcales、Methanopyrales、Methanobacteriales、Methanosarcinales、Methanomicrobiales 和 Methanocellales）。第七个产甲烷菌目 Methanomassiliicoccales（以前称为"Methanoplasmatales"）在牲畜的盲肠和人类的粪便中首次发现（Paul et al., 2012）。

产甲烷古菌是一类亚群之间代谢差异很大和种类繁多的古菌类群，不同类群的产甲烷古菌可能具有相同的产甲烷代谢类型。例如，在产甲烷古菌 Methanococcales、Methanopyrales、Methanocellales、Methanobacteriales 和 Methanomicrobiales 类群里的大部分产甲烷菌主要是利用氢气和二氧化碳产生甲烷。Methanosarcinales 目中包含很多能够利用二氧化碳、乙酸盐和一碳甲基化合物等不同底物的产甲烷菌，其中已知 Methanosarcina 和 Methanosaeta 能够利用乙酸盐产甲烷。也有一些产甲烷菌（Methanosaeta spp.）仅仅能够利用乙酸途径或者氢气依赖型（Methanomicrococcus blatticola）利用甲基化合物（甲醇、单双三甲胺和甲基硫化物）产甲烷，Methanobacteriales 中也包括能够利用氢气和甲醇产甲烷的产甲烷菌。

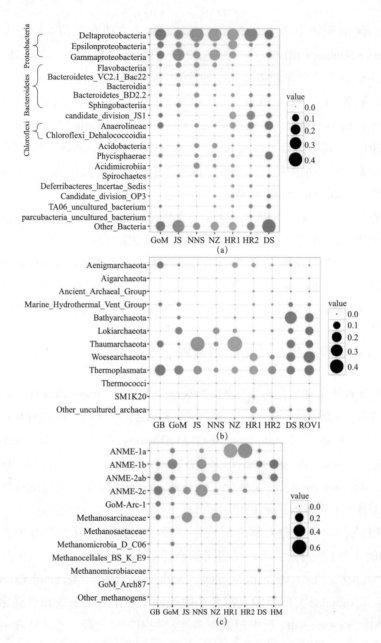

图 6-6　冷泉区沉积物中细菌和古菌的相对丰度

图中显示的是不同冷泉生态系统中细菌［（a）］、古菌（除 ANME 和产甲烷菌以外）［（b）］及 ANME 和产甲烷菌亚群［（c）］的相对丰度。GB（Guaymas Basin hot seeps），瓜伊马斯海盆热泉；GoM（Gulf of Mexico seeps），墨西哥湾甲烷渗漏区；JS（Japanese Nankai Trough seep），日本 Nankai 海槽；NNS（Northern North Sea），北海北部；NZ（New Zealand seep），新西兰冷泉；HR（Hydrate Ridge seeps），水合物脊；DS（Dongsha seep）（South China Sea），中国南海东沙冷泉；HM（Haima seep），（South China Sea）中国南海海马冷泉

$$4H_2 + HCO_3^- + H^+ \longrightarrow CH_4 + 3H_2O \tag{6-2}$$

$$CH_3COO^- + H_2O \longrightarrow CH_4 + HCO_3^- \tag{6-3}$$

$$CH_3-A + H_2O \longrightarrow CH_4 + CO_2 + A-H \tag{6-4}$$

厌氧甲烷氧化古菌是参与甲烷厌氧氧化的主要微生物。基于 16S rRNA 基因的进化和生理功能的差异，这类古菌被分为 ANME-1、ANME-2 和 ANME-3 不同的类群，与部分产甲烷古菌的进化地位相近（图 6-7）。由于 ANME-1 和 ANME-2 包含有不同进化地位和生理功能的亚群，所以 ANME-1 和 ANME-2 还可以进一步划分为不同的亚群。ANME-1 划分为 ANME-1a 和 ANME-1b，而 ANME-2 可以划分为 ANME-2a/b、ANME-2c 和 ANME-2d。ANME-2 亚群的进化地位与可培养的 Methanosarcinales 类群相近，ANME-1 的进化地位与 Methanomicrobiales 相近，ANME-3 与 *Methanococcoides* spp. 相近。ANME-2d 是一类新发现的厌氧甲烷氧化古菌类群，被认为是反硝化厌氧甲烷氧化菌（DAMO），主要以硝酸盐或者亚硝酸盐为电子受体氧化甲烷（Raghoebarsing et al.，2006；Ettwig et al.，2008；Haroon et al.，2013）。

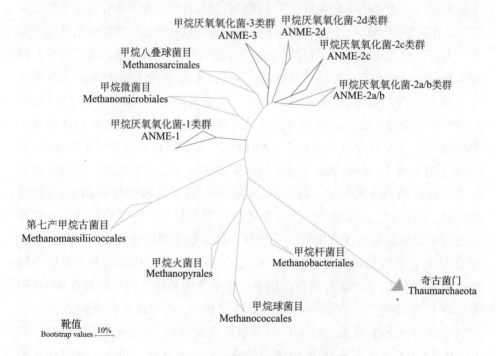

图 6-7　参与甲烷代谢微生物的进化树

进化树显示 ANME 的 16S rRNA 基因序

不同的 ANME 亚群可能具有不同的生态位（ecological niches）和生态功能。它们广泛地分布在富含甲烷的沉积物中，在不同沉积物中的分布具有明显的差异，即沉积物中的 ANME 类群的分布具有环境特异性。ANME 类群在硫酸盐 – 甲烷转换带（SMTZ）的丰度比较低，一般小于 10^6 个细胞 /cm^3，而在冷泉区表层沉积物中能多达 10^{10} 个细胞 /cm^3，可以看出 ANME 在冷泉沉积物中的丰度远远高于其他环境的沉积物中 ANME 的丰度（Knittel and Boetius，2009）。

根据目前的研究，发现 ANME-1 和 ANME-2 分布在不同的生态环境中。ANME-1 的两种亚群（ANME-1a 和 ANME-1b）在甲烷溢出区是主要类群，在墨西哥湾甲烷富集区的沉积物中，ANME-1b 是主要类群；黑海冷泉沉积物表层菌席中，ANME-1a 和 ANME-1b 都是主要类群。SMTZ 区沉积物中，ANME-1 和 ANME-2 都是主要类群；波罗的海的沉积物中 ANME-2 是主要类群；而在 Tommeliten 甲烷区和 Santa Barbara 盆地海域沉积物中 ANME-1 是主要类群（Harrison et al.，2009）。ANME-2 在 Hydrate Ridge 沉积物中的表层是主要类群，而 ANME-1 却大量存在于深部低硫酸盐浓度和高硫化氢浓度的沉积物中。在其他的研究中，ANME-2a/b 在低甲烷浓度和低硫化物浓度的环境中是主要类群；而 ANME-2c 大量存在于深部靠近含有甲烷水合物的沉积物中，这种沉积物中甲烷和硫化氢浓度非常高。随着沉积物深度增加 ANME-2a/b 丰度逐渐减少，而 ANME-2c 或 ANME-1 的丰度逐渐增加。ANME-2a/b 广泛分布在海洋沉积物中，在低温甲烷渗漏区丰度很高，但是在温度较高的渗漏区丰度则较低甚至没有分布（图 6-8）。ANEM-2c 主要分布于有文蛤（Vesicomyid clams）或贻贝（Calyptogena）栖息的沉积物中，适应于甲烷流速比较低或者具有生物扰动的沉积物中，如 Hydrate Ridge、日本海槽和西非 REGAB 冷泉等区域（图 6-8）。ANME-3 广泛分布在海洋沉积物中，特别是在低温和活跃喷发的甲烷渗漏区及泥火山区丰度很高，如挪威北部巴伦支海（Barents sea）HMMV 和西非刚果海盆的 REGAB 麻坑区。另外，ANME-3 的相对丰度与硫酸盐还原菌 SEEP-SRB4 呈显著正相关，说明这两种微生物可能形成 AOM 聚合体存在于环境中。在 Hydrate Ridge 沉积物中，ANME-2 的不同亚群与不同的细菌存在共生关系。ANME-2a 与氧化硫化物的 Beggiatoa 细菌共存，而 ANME-2c 与 Calyptogena 共生的细菌共存（Knittel et al.，2005）。ANME-1 的分布一般与沉积物的深度和温度相关。一类嗜热的 ANME-1 亚群主要分布在高温环境的沉积物中，而有些 ANME-1b 的类群在含盐量较高的沉积物中大量分布。ANME-1b 与 SEEP-SRB2 在厌氧沉积物中共存，且在深部沉积物中丰度增加，但是很少出现在其他的环境中。ANME-1b 还与现在暂未分类的 Firmicutes 共存，ANME-1a 与 HotSee-1 和未分类的 ANME-1 共存于温度较高的甲烷渗漏区。*Candidatus* Methanoperedenaceae 是 ANME-2d 亚群中最近新发现类群，能够用硝酸盐作为电子受体氧化甲烷的古菌，多在厌氧的采矿废水中发现。在淡水中发现的 *Candidatus* Methylomirabilis oxyfera（*M. oxyfera*），在瓜伊马斯高温渗漏区也有分布，它能够利用亚硝酸盐进行 AOM 作用。上述这些 ANME 亚群在不同环境中的分布差异表明环境因子的差异可能导致这些古菌分布的差异（图 6-8）。

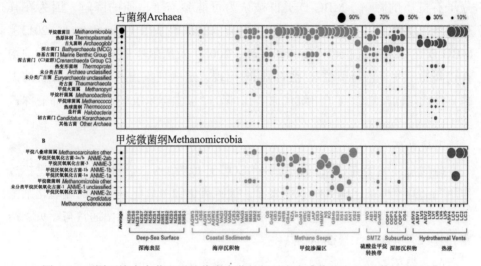

图 6-8　不同环境中古菌和甲烷代谢古菌的相对丰度［修改自 Ruff 等（2015）］

样品位点和生态系统按照 Chao1 值从大（左）到小（右）的顺序排列。Methanomicrobia 古菌的亚群（包括 ANME 和产甲烷古菌类群）的相对丰度显示在 B 图中

四、冷泉沉积物中微生物参与的元素循环

1. 碳循环

冷泉生态系统中，甲烷厌氧氧化与硫酸盐还原耦合，将甲烷气体转化为碳酸盐岩沉积下来，这一过程对调控大气中甲烷浓度起重要作用。

$$CH_4 + SO_4^{2-} \longrightarrow HCO_3^- + HS^- + H_2O \qquad (6-5)$$

除此之外，一些短链烷烃也会被微生物利用从而参与到冷泉生态系统的碳循环中，如乙烷、丙烷和丁烷等。这些短链烷烃一般是深层海洋沉积物中的有机质受到地热高温裂解后的产物。但是也有部分生物成因的乙烷和丙烷（Hinrichs et al.，2006）。富集实验表明，多种硫酸盐还原细菌可以在厌氧条件下氧化丙烷和丁烷，这也使得硫酸盐还原细菌（SRB）类群在冷泉区具有很高丰度（Kniemeyer et al.，2007；Jaekel et al.，2013）。同时，在瓜伊马斯盆地热泉样品中还富集了参与甲烷代谢的古菌和细菌的细胞团，两者用与 ANME 和 SRB 部分相似的代谢途径进行丁烷厌氧氧化（Laso-Pérez et al.，2016），表明沉积物中可能广泛存在古菌参与短链烷烃厌氧氧化。

$$4C_4H_{10}+13SO_4^{2-} + 26H^+ \longrightarrow 16CO_2 +13H_2S+ 20H_2O \qquad (6\text{-}6)$$

除了这些小分子的化合物，在冷泉生态系统中分布的古菌还参与一些大分子有机质的降解。MBG-D 类群被认为可能参与蛋白质的降解，因为在其基因组中发现了用于合成胞外降解蛋白质酶的编码基因（Lloyd et al.，2013）。MBG-D 在冷泉区沉积物（Knittel et al.，2005）及厌氧甲烷氧化富集体系中均有较高的丰度，且与甲烷氧化古菌同时出现，这些现象指示 MBG-D 类群的古菌直接或是间接地参与了甲烷代谢。在部分冷泉生态系统中还大量分布有深古菌（Bathyarchaeota）。

2. 硫循环

硫酸盐还原菌在冷泉沉积物中将 SO_4^{2-} 还原为 HS^-。产生的 HS^- 通过扩散作用和上升流体被运输到沉积物表面，被硫氧化细菌氧化。大量的硫氧化细菌在冷泉沉积物表面形成白色、黄色或者橙色的菌席。硫氧化菌通常与贻贝、蛤蜊和管状蠕虫这些无脊椎动物共生。

3. 氮循环

奇古菌（Thaumarchaeota）广泛分布于海水和表层海洋沉积物中，并在有氧的情况下将铵氧化为亚硝酸盐。这一类群在不同的冷泉区也有广泛分布，包括瓜伊马斯盆地甲烷渗漏区，日本南海海槽冷泉区及我国东沙冷泉区等。近期的研究发现 Thaumarchaeota 能够在厌氧的环境下将铵转化为亚硝酸盐（Jorgensen et al.，2012）。

第五节　海洋深地生物圈研究展望

海洋深地生物圈的研究还处于初步研究阶段，很多问题尚没有明确的答案，如洋壳微生物的生物量和它们的空间分布范围及代谢的多样性与地球化学过程之间的相互作用等。当前对深地生物圈的研究尚限于描述性的研究。随着生物测序通量的增加和成本的下降，我们对环境中的微生物的多样性的认识日益增加。然而，这些微生物绝大部分都不能培养，无法直接研究其在不同生态环境中的生态功能和作用。因此，对非培养微生物的分离培养工作是非常具有挑战性的工作。研究者今后应该从描述性的研究进入多学科交叉的原位定量实验，结合微生物学、地球化学、地球物理学和水文学的检测开展多学科综合研究。稳定同位素示踪是揭示微生物生态功能最直接的方法。然而，怎么将微观尺度的微生物功能与宏观尺度的地质效应相结合，这仍旧是目前很具有挑战的工作。

虽然我国目前在热液和冷泉区调查方面取得了重要进展，但是在海洋深地生物圈研究方面缺少船时投入，原位观测的能力欠缺，尚未形成在国际上有重要影响力的海底深部科学研究团队。为此，国家提出了"深海进入"、"深海探测"和"深海开发"战略的路线图。"十三五"期间，通过设立深海调查相关的国家重大工程与重点研究计划，海底钻探船、深海空间站、系列载人潜器与其他深海装备正在立项实施中。基于这些重大装备与观测技术的发展，分别以科学发现与基因资源开发利用为目标的重点研究计划，针对深渊、热液区和冷泉区等不同典型深海环境正在立项当中。

通过国家深海系统工程的建设，海洋深地生物圈研究必将快速发展。我国能否在海洋深地生物圈探测方面做出贡献，甚至引领海洋学科发展，值得思考，同时我国将面临重要机遇和重大挑战。通过国际合作，参与或引领大学科计划，将有助于回答深海生命起源等重大科学问题。例如，通过基因大数据信息深度挖掘和寻找原始的生命形式（LUCA），仍需大量研究。结合深部钻探，通过多学科交叉联合，研究深海热液与生命起源关系，为回答地球生命起源提供参考。在深地生物圈研究对象方面，应该关注深部特有的微生物，特别是高温厌氧化能自养氢氧化菌及小分子烷烃甲烷与乙烷等产生和氧化微生物等。这些小分子化合物在深地环境中的作用以对微生物代谢的影响还有待研究，对这些问题的研究也有助于回答地球早期的生命演化等重大科学问题。

本章参考文献

杨作升，范德江，李云海，等 . 2006. 热液羽状流研究进展 . 地球科学进展，21（10）：999-1007.

曾湘，邵宗泽 . 2017. 深海热液区微生物矿化过程的功能群和分子机制 . 微生物学通报，44（4）：890-901.

周怀阳，李江涛，彭晓彤 . 2009. 海底热液活动与生命起源 . 自然杂志，31（4）：207-212.

Amend JP, Shock EL. 2001. Energetics of overall metabolic reactions of thermophilic and hyperthermophilic archaea and bacteria. FEMS Microbiology Reviews, 25(2): 175-243.

Anantharaman K, Breier JA, Dick GJ. 2016. Metagenomic resolution of microbial functions in deep-sea hydrothermal plumes across the Eastern Lau Spreading Center. The ISME Journal, 10(1): 225-239.

Anderson RT, Chapelle FH, Lovley DR. 1998. Evidence against hydrogen-based microbial ecosystems in Basalt Aquifers. Science, 281(5379): 976-977.

Bach W, Edwards KJ. 2003. Iron and sulfide oxidation within the basaltic ocean crust: implications for chemolithoautotrophic microbial biomass production. Geochimica et Cosmochimica Acta, 67(20): 3871-3887.

Balk M, Bose M, Ertem G, et al. 2009. Oxidation of water to hydrogen peroxide at the rock-water interface due to stress-activated electric currents in rocks. Earth and Planetary Science Letters, 283(1-4): 87-92.

Biddle JF, Lipp JS, Lever MA, et al. 2006. Heterotrophic archaea dominate sedimentary subsurface ecosystems off Peru. Proceedings of the National Academy of Sciences of the United States of America, 103(10): 3846-3851.

Boetius A, Wenzhöfer F. 2013. Seafloor oxygen consumption fuelled by methane from cold seeps. Nature Geoscience, 6(9): 725-734.

Burdige DJ. 2007. Preservation of organic matter in marine sediments: controls, mechanisms, and an imbalance in sediment organic carbon budgets? Chemical Reviews, 107(2): 467-485.

Cicerone RJ, Oremland RS. 1988. Biogeochemical aspects of atmospheric methane. Global Biogeochemical Cycles, 2(4): 299-327.

Colman DR, Poudel S, Stamps BW, et al. 2017. The deep, hot biosphere: twenty-five years of retrospection. Proceedings of the National Academy of Sciences of the United States of America,

114(27): 6895-6903.

Corliss JB, Dymond J, Gordon LI, et al. 1979. Submarine thermal springs on the Galápagos Rift. Science, 203(4385): 1073-1083.

Cowen JP, Giovannoni SJ, Kenig F, et al. 2003. Fluids from aging ocean crust that support microbial life. Science, 299(5603): 120-123.

D'Hondt S, Jørgensen BB, Miller DJ, et al. 2004. Distributions of microbial activities in deep subseafloor sediments. Science, 306(5705): 2216-2221.

D'Hondt S, Rutherford S, Spivack AJ. 2002. Metabolic activity of subsurface life in deep-sea sediments. Science, 295(295): 2067-2070.

Detrick RS. 2000. Seafloor spreading: portrait of a magma chamber. Nature, 406(6796): p578.

Dodd MS, Papineau D, Grenne T, et al. 2017. Evidence for early life in Earth's oldest hydrothermal vent precipitates. Nature, 543(7643): 60-64.

Edwards KJ, McCollom TM, Konishi H, et al. 2003a. Seafloor bioalteration of sulfide minerals: results from in situ incubation studies. Geochimica et Cosmochimica Acta, 67(15): 2843-2856.

Edwards KJ, Rogers DR, Wirsen CO, et al. 2003b. Isolation and characterization of novel psychrophilic, neutrophilic, Fe-oxidizing, chemolithoautotrophic alpha- and gamma-proteobacteria from the deep sea. Applied and Environmental Microbiology, 69(5): 2906-2913.

Edwards KJ, Wheat CG, Sylvan JB. 2011. Under the sea: microbial life in volcanic oceanic crust. Nature Reviews Microbiology, 9(10): 703-712.

Ettwig KF, Shima S, De Pas - Schoonen V, et al. 2008. Denitrifying bacteria anaerobically oxidize methane in the absence of Archaea. Environmental Microbiology, 10(11): 3164-3173.

Evans PN, Parks DH, Chadwick GL, et al. 2015. Methane metabolism in the archaeal phylum Bathyarchaeota revealed by genome-centric metagenomics. Science, 350(6259): 434-438.

Fisk MR, Giovannoni SJ, Thorseth IH. 1998. Alteration of oceanic volcanic glass: textural evidence of microbial activity. Science, 281(5379): 978-980.

Fry JC, Parkes RJ, Cragg BA, et al. 2008. Prokaryotic biodiversity and activity in the deep subseafloor biosphere. FEMS Microbiology Ecology, 66(2): 181-196.

Furnes H, Staudigel H, Thorseth IH, et al. 2001. Bioalteration of basaltic glass in the oceanic crust. Geochemistry Geophysics Geosystems, 2(8): 2000GC000150.

Gibson R, Atkinson R, Gordon J. 2005. Ecology of cold seep sediments: interactions of fauna with flow, chemistry and microbes. Oceanography and Marine Biology: An Annual Review, 43(1): 1-46.

Haroon MF, Hu S, Shi Y, et al. 2013. Anaerobic oxidation of methane coupled to nitrate reduction in a novel archaeal lineage. Nature, 500(7464): 567-570.

Harrison BK, Zhang H, Berelson W, et al. 2009. Variations in archaeal and bacterial diversity associated with the sulfate-methane transition zone in continental margin sediments(Santa Barbara Basin, California). Applied and Environmental Microbiology, 75(6): 1487-1499.

He Y, Li M, Perumal V, et al. 2016. Genomic and enzymatic evidence for acetogenesis among multiple lineages of the archaeal phylum Bathyarchaeota widespread in marine sediments. Nature Microbiology, 1(6): 16035.

Hinrichs KU, Hayes JM, Bach W, et al. 2006. Biological formation of ethane and propane in the deep marine subsurface. Proceedings of the National Academy of Sciences of the United States of America, 103(40): 14684-14689.

Hinrichs KU, Hayes JM, Sylva SP, et al. 1999. Methane-consuming archaebacteria in marine sediments. Nature, 398(6730): 802-805.

Hinrichs KU, Inagaki F. 2012. Downsizing the deep biosphere. Science, 338(6104): 204-205.

Hoehler TM, Jorgensen BB. 2013. Microbial life under extreme energy limitation. Nature Reviews Microbiology, 11(2): 83-94.

Huber JA, Johnson HP, Butterfield DA, et al. 2006. Microbial life in ridge flank crustal fluids. Environmental Microbiology, 8(1): 88-99.

Inagaki F, Nunoura T, Nakagawa S, et al. 2006. Biogeographical distribution and diversity of microbes in methane hydrate-bearing deep marine sediments on the Pacific Ocean Margin. Proceedings of the National Academy of Sciences of the United States of America, 103(8): 2815-2820.

Jaekel U, Musat N, Adam B, et al. 2013. Anaerobic degradation of propane and butane by sulfate-reducing bacteria enriched from marine hydrocarbon cold seeps. The ISME Journal, 7(5): 885-895.

Jan C, Petersen JM, Werner J, et al. 2014. The gill chamber epibiosis of deep-sea shrimp Rimicaris exoculata: an in-depth metagenomic investigation and discovery of Zetaproteobacteria. Environmental Microbiology, 16(9): 2723-2738.

Johnson HP, Pruis MJ. 2003. Fluxes of fluid and heat from the oceanic crustal reservoir. Earth and Planetary Science Letters, 216(4): 565-574.

Jorgensen SL, Hannisdal B, Lanzén A, et al. 2012. Correlating microbial community profiles with geochemical data in highly stratified sediments from the Arctic Mid-Ocean Ridge. Proceedings of the National Academy of Sciences of the United States of America, 109(42): 2846-2855.

Jungbluth SP, Grote J, Lin HT, et al. 2013. Microbial diversity within basement fluids of the sediment-buried Juan de Fuca Ridge flank. The ISME Journal, 7(1): 161-172.

Kallmeyer J, Pockalny R, Adhikari RR, et al. 2012. Global distribution of microbial abundance and biomass in subseafloor sediment. Proceedings of the National Academy of Sciences of the United States of America, 109(40): 16213-16216.

Kleindienst S, Ramette A, Amann R, et al. 2012. Distribution and in situ abundance of sulfate-reducing bacteria in diverse marine hydrocarbon seep sediments. Environmental Microbiology, 14(10): 2689-2710.

Kniemeyer O, Musat F, Sievert SM, et al. 2007. Anaerobic oxidation of short-chain hydrocarbons by marine sulphate-reducing bacteria. Nature, 449(7164): 898.

Knittel K, Boetius A. 2009. Anaerobic oxidation of methane: progress with an unknown process. Annual Review of Microbiology, 63(1): 311-334.

Knittel K, Lösekann T, Boetius A, et al. 2005. Diversity and distribution of methanotrophic archaea at cold seeps. Applied and Environmental Microbiology, 71(1): 467-479.

Lane N, Allen JF, Martin W. 2010. How did LUCA make a living? Chemiosmosis in the origin of life. Bioessays, 32(4): 271-380.

Laso-Pérez R, Wegener G, Knittel K, et al. 2016. Thermophilic archaea activate butane via alkyl-coenzyme M formation. Nature, 539(7629): 396-401.

Lazar CS, Baker BJ, Seitz K, et al. 2016. Genomic evidence for distinct carbon substrate preferences and ecological niches of Bathyarchaeota in estuarine sediments. Environmental Microbiology, 18(4): 1200-1211.

Lesniewski RA, Jain S, Anantharaman K, et al. 2012. The metatranscriptome of a deep-sea hydrothermal plume is dominated by water column methanotrophs and lithotrophs. The ISME Journal, 6(12): 2257-2268.

Lever MA, Rouxel O, Alt JC, et al. 2013. Evidence for microbial carbon and sulfur cycling in deeply buried ridge flank basalt. Science, 339(6125): 1305-1308.

Lin H-T, Amend JP, LaRowe DE, et al. 2015. Dissolved amino acids in oceanic basaltic basement fluids. Geochimica et Cosmochimica Acta, 164(17): 175-190.

Lin H-T, Cowen JP, Olson EJ, et al. 2012. Inorganic chemistry, gas compositions and dissolved organic carbon in fluids from sedimented young basaltic crust on the Juan de Fuca Ridge flanks. Geochimica et Cosmochimica Acta, 85(10): 213-227.

Lipp JS, Morono Y, Inagaki F, et al. 2008. Significant contribution of Archaea to extant biomass in marine subsurface sediments. Nature, 454(7207): 991-994.

Lloyd KG, Schreiber L, Petersen DG, et al. 2013. Predominant archaea in marine sediments degrade detrital proteins. Nature, 496(7444): 215-218.

Lonsdale P. 1979. A deep-sea hydrothermal site on a strike-slip fault. Nature, 281(5732): 531-534.

Lysnes K, Thorseth IH, Steinsbu BO, et al. 2004. Microbial community diversity in seafloor basalt from the Arctic spreading ridges. FEMS Microbiol Ecol, 50(3): 213-230.

Martin W, Baross J, Kelley D, et al. 2008. Hydrothermal vents and the origin of life. Nature Reviews Microbiology, 6(11): 805-814.

Mason OU, Di Meo-Savoie CA, Van Nostrand JD, et al. 2009. Prokaryotic diversity, distribution, and insights into their role in biogeochemical cycling in marine basalts. The ISME Journal, 3(2): 231-242.

Mason OU, Stingl U, Wilhelm LJ, et al. 2007. The phylogeny of endolithic microbes associated with marine basalts. Environmental Microbiology, 9(10): 2539-2550.

McNichol J, Stryhanyuk H, Sylva SP, et al. 2018. Primary productivity below the seafloor at deep-sea hot springs. Proceedings of the National Academy of Sciences of the United States of America, 115(26): 6756-6761.

Meng J, Xu J, Qin D, et al. 2014. Genetic and functional properties of uncultivated MCG archaea assessed by metagenome and gene expression analyses. The ISME Journal, 8(3): 650-659.

Milkov AV, Sassen R, Apanasovich TV, et al. 2003. Global gas flux from mud volcanoes: a significant source of fossil methane in the atmosphere and the ocean. Geophysical Research Letters, 30(2): 1037-1040.

Muyzer G, Stams AJM. 2008. The ecology and biotechnology of sulphate-reducing bacteria. Nature Reviews Microbiology, 6(6): 441-454.

Newton IL, Woyke T, Auchtung TA, et al. 2007. The Calyptogena magnifica chemoautotrophic symbiont genome. Science, 315(5814): 998-1000.

Nigro LM, Harris K, Orcutt BN, et al.2012. Microbial communities at the borehole observatory on the Costa Rica Rift flank (Ocean Drilling Program Hole 896A). Frontiers in Microbiology, 3(6): 232.

Nisbet EG, Sleep NH. 2001. The habitat and nature of early life. Nature, 409(6823): 1083-1091.

Orcutt BN, Sylvan JB, Knab NJ, et al. 2011. Microbial ecology of the dark ocean above, at, and below the seafloor. Microbiology and Molecular Biology Reviews, 75(2): 361-422.

Ozuolmez D, Na H, Lever M A, et al. 2015. Methanogenic archaea and sulfate reducing bacteria co-cultured on acetate: teamwork or coexistence? Frontiers in Microbiology, 6: 492.

Parkes RJ, Cragg BA, Bale SJ, et al. 1994. Deep bacterial biosphere in Pacific Ocean sediments. Nature, 371(6496): 410-413.

Parkes RJ, Webster G, Cragg BA, et al. 2005. Deep sub-seafloor prokaryotes stimulated at interfaces over geological time. Nature, 436(7049): 390-394.

Paul K, Nonoh JO, Mikulski L, et al. 2012. "Methanoplasmatales, " Thermoplasmatales-related archaea in termite guts and other environments, are the seventh order of methanogens. Applied and Environmental Microbiology, 78(23): 8245-8253.

Paull C, Hecker B, Commeau R, et al. 1984. Biological communities at the florida escarpment resemble hydrothermal vent taxa. Science, 226(4677): 965-968.

Peckmann J, Thiel V. 2004. Carbon cycling at ancient methane-seeps. Chemical Geology, 205(3-4): 443-467.

Raghoebarsing AA, Pol A, Van de Pas-Schoonen KT, et al. 2006. A microbial consortium couples anaerobic methane oxidation to denitrification. Nature, 440(7086): 918-921.

Rathsack K, Stackebrandt E, Reitner J, et al. 2009. Microorganisms isolated from deep sea low-temperature influenced oceanic crust basalts and sediment samples collected along the Mid-atlantic ridge. Geomicrobiology Journal, 26(4): 264-274.

Reeburgh WS. 2007. Oceanic methane biogeochemistry. Chemical Reviews, 107(2): 486-513.

Robidart JC, Bench SR, Feldman RA, et al. 2008. Metabolic versatility of the riftia pachyptila endosymbiont revealed through metagenomics. Environmental Microbiology, 10(3): 727-737.

Roussel EG, Bonavita MA, Querellou J, et al. 2008. Extending the sub-sea-floor biosphere. Science, 320(5879): p1046.

Rueter P, Rabus R, Wilkest H, et al. 1994. Anaerobic oxidation of hydrocarbons in crude oil by new types of sulphate-reducing bacteria. Nature, 372(6505): 455-458.

Ruff SE, Biddle JF, Teske AP, et al. 2015. Global dispersion and local diversification of the methane seep microbiome. Proceedings of the National Academy of Sciences of the United States of America, 112(13): 4015-4020.

Santelli CM, Edgcomb VP, Bach W, et al. 2009. The diversity and abundance of bacteria inhabiting seafloor lavas positively correlate with rock alteration. Environmental Microbiology, 11(1): 86-98.

Santelli CM, Orcutt BN, Banning E, et al. 2008. Abundance and diversity of microbial life in ocean crust. Nature, 453(7195): 653.

Schreiber L, Holler T, Knittel K, et al. 2010. Identification of the dominant sulfate-reducing bacterial partner of anaerobic methanotrophs of the ANME-2 clade. Environmental Microbiology, 12(8): 2327-2340.

Schrenk M O, Huber J A, Edwards K J. 2010. Microbial provinces in the subseafloor. Annual Review of Marine Science, 2(2): 279-304.

Schubert CJ, Coolen MJ, Neretin LN, et al. 2006. Aerobic and anaerobic methanotrophs in the Black Sea water column. Environmental Microbiology, 8(10): 1844-1856.

Shah V, Chang BX, Morris RM. 2017. Cultivation of a chemoautotroph from the SUP05 clade of marine bacteria that produces nitrite and consumes ammonium. The ISME Journal, 11(1): 263-271.

Sleep NH, Meibom A, Fridriksson T, et al. 2004. H_2-rich fluids from serpentinization: geochemical and biotic implications. Proceedings of the National Academy of Sciences of the United States of America, 101(35): 12818-12823.

Stevens TO, McKinley JP. 1995. Lithoautotrophic microbial ecosystems in deep basalt aquifers. Science, 270(5235): 450-455.

Sørensen KB, Teske A. 2006. Stratified communities of active archaea in deep marine subsurface sediments. Applied and Environmental Microbiology, 72(7): 4596-4603.

SØRensen KB, Lauer A, Teske A. 2004. Archaeal phylotypes in a metal-rich and low-activity deep subsurface sediment of the Peru Basin, ODP Leg 201, Site 1231. Geobiology, 2(3): 151-161.

Takai K, Nakamura K, Toki T, et al. 2008. Cell proliferation at 122°C and isotopically heavy CH_4 production by a hyperthermophilic methanogen under high-pressure cultivation. Proceedings of the National Academy of Sciences of America, 105(31): 10949-10954.

Talukder AR. 2012. Review of submarine cold seep plumbing systems: leakage to seepage and venting. Terra Nova, 24(4): 255-272.

Walter SRS, Jaekel U, Osterholz H, et al. 2018. Microbial decomposition of marine dissolved organic matter in cool oceanic crust. Nature Geoscience, 11(5): 334-339.

Weiss MC, Sousa FL, Mrnjavac N, et al. 2016. The physiology and habitat of the last universal common ancestor. Nature Microbiology, 1(9): 16116.

Whitman WB, Coleman DC, Wiebe WJ. 1998. Prokaryotes: the unseen majority.Proceedings of the National Academy of Sciences of the United States of America, 95(12): 6578-6583.

Yan T, Ye Q, Zhou J, et al. 2006. Diversity of functional genes for methanotrophs in sediments associated with gas hydrates and hydrocarbon seeps in the Gulf of Mexico. FEMS Microbiology Ecology, 57(2): 251-259.

Yu T, Wu W, Liang W, et al. 2018. Growth of sedimentary bathyarchaeota on lignin as an energy source. Proceedings of the National Academy of Sciences of the United States of America, 115(23): 6022-6027.

Zhang X, Feng X, Wang F. 2016. Diversity and metabolic potentials of subsurface crustal microorganisms from the western flank of the Mid-Atlantic Ridge. Frontiers in Microbiology, 7: 363.

Zhou Z, Pan J, Wang F, et al. 2018. Bathyarchaeota: globally distributed metabolic generalists in anoxic environments. FEMS Microbiology Review, 42(5): 639-655.

ZoBell CE, Anderson DQ. 1936. Vertical distribution of bacteria in marine sediments. AAPG Bulletin, 20(3): 258-269.

第七章
深地生物圈的能量来源与物质循环

深部地下的物理化学条件与地表环境迥然不同，除具有相对高温和高压特征外，营养来源和活动空间的局限及氧化还原条件变化都对微生物的生长和代谢形成制约，从而导致深地微生物具有不同于地表微生物的代谢特征。除利用沉积物和岩石中的有机质外，微生物－矿物相互作用亦是微生物获取营养和能量的重要方式。尽管微生物的生长代谢通常相对地表微生物缓慢，但比单纯化学过程的反应速率更高也更为复杂。已有大量实验和观测表明，深地微生物参与并改变了多种元素地球化学循环，甚至成为金属矿床和天然气藏形成的驱动力量。

第一节　深地微生物介导的元素生物地球化学过程与循环

一、深部地下生物地球化学过程的若干特点

含氧量是碳、氮和硫等元素的生物地球化学过程的关键控制因素。在氧化状态与还原状态下，生物地球化学过程明显不同。同时，这些元素的生物地球化学循环受控于微生物的驱动，微生物被称为是驱动元素循环的引擎（Falkowski et al.，2008）。自然界含氧量和微生物的变化使得元素循环存在许多耦合过程。与浅部环境相比，深部环境的物理化学条件和生物条件具有明显不同的特征，深地生物圈的元素生物地球化学过程及其循环也表现出一些不同的重要特点。

（1）深部地下的生物地球化学循环以厌氧过程为主要特征。深部地下大多处于缺氧和厌氧环境条件，生物地球化学循环以厌氧过程为主要特征，如碳循

环中的还原性乙酰辅酶固碳作用和 CH_4 厌氧氧化作用、氮循环的反硝化作用和铵厌氧氧化作用及硫循环的硫酸盐还原作用等。硫酸盐还原、硝酸盐还原和 CH_4 厌氧氧化作用是深部地下生物地球化学的主要过程。

（2）深部地下生物地球化学过程受到压力的影响。在高压环境，许多生物地球化学过程会有所加强（Picard and Daniel，2013），包括与元素硫还原耦合的有机质氧化作用、铁还原作用、锰还原作用、硝酸盐还原作用、与 AOM 或有机质氧化耦合的硫酸盐还原作用和产甲烷作用等。压力还会影响生物对碳和硫等同位素的分馏（Wortmann et al.，2001；Fang et al.，2006）。

（3）深部地下生物地球化学过程进行得比较缓慢。尽管许多证据证实，深地环境的大部分生物细胞是活的，而且温度比较高，但因这些细胞的代谢速率很慢，许多生物地球化学过程进行得比较缓慢。这些缓慢的生物地球化学过程主要与深部地下有限的能量有关。

（4）深部地下生物地球化学过程的空间差异很大。深部地下不同地点的生物获得碳源和能量来源的方式和途径均有很大的差异，这是生物地球化学过程空间差异的表现。同时，由于深部地下往往是一个相对封闭的环境，一旦一些地质过程（如深大断裂和地下水流动）将地下与地表贯穿起来，就会影响深部的环境条件与微生物特征，进而影响深部生物地球化学过程。

二、深部地下碳的生物地球化学过程

1. 深地微生物碳代谢速率

深地生物圈的生物量、多样性与功能及物质循环和能量来源是三大研究主题，而这些均与生物地球化学过程密切相关。深部地下的细胞既有活的也有死的。同位素标记研究显示，大部分细胞可能是活的（Morono et al.，2011）。沉积柱样的 RNA 分析（Mills et al.，2012；Orsi et al.，2013）、完整极性脂类研究（Lipp et al.，2008）和底质转化速率的测定（Orcutt et al.，2013）均证实深海底部的微生物是活的，具有新陈代谢功能，尽管速率可能很低。从深海底219m 处沉积物（大约 46 万年前的沉积）分离的微生物研究发现，76% 的微生物均可以同化碳（葡萄糖和氨基酸），证实大部分细胞是活的，同化速率是每个细胞 10×10^{-18} mol / d（Morono et al.，2013）。这比原来估算的海底有机碳同化速率高 1000 倍（Jørgensen，2011）。

深地细菌的代谢速率是每个细胞 $10^{-5} \sim 10^{-3}$ fmol C/ d，相当于每克细胞碳

$10^{-7} \sim 10^{-5}$g C/ h，这要比地球表层土壤、湖水或海水的低 4 个数量级（每个细胞 $0.1 \sim 10$fmol C/ d，相当于每克细胞碳 $10^{-3} \sim 10^{-1}$g C/ h（Jørgensen，2011）。海底微生物群落的转化时间为几百到几千年（Whitman et al.，1998，Biddle et al.，2006；Lomstein et al.，2012）。最近研究显示，古菌完整脂类（IPL）产生速率从沉积物表层的大约 1000pg/（mL 沉积物·a）减少到沉积物 1km 深度处的 0.2pg/（mL 沉积物·a），这相当于古菌产率从每年每毫升沉积物产细胞 7×10^5 个降到 140 个（Xie et al.，2013）。

2. 深部地下碳的来源与固碳途径

经光合作用合成的有机质可以通过沉积和成岩作用保存在深地环境，成为深地生物圈的一种碳源。然而，这种复杂有机质因难以利用，作为深地微生物的碳源是非常有限的。深地微生物可能通过化能自养固定溶解无机碳形式或甲烷氧化产物来获得碳源以供异养微生物利用（Magnabosco et al.，2015）。产甲烷菌和产乙酸菌分别耦合 DIC 还原和氢氧化形成的甲烷或乙酸盐。无机成因的甲烷和烃类化合物也可以为嗜甲烷菌和异养菌提供碳源来维持深地生物圈。

调查发现（Simkus et al.，2016），在大陆深地大约 1km 处，微生物主要利用生物成因的甲烷。再往下至 1.34km，微生物同时利用生物成因的甲烷及由甲烷氧化而来的 DIC；这里产甲烷菌和嗜甲烷菌只占整个微生物群落不到 5%，说明很小一部分原核生物维持了一个很大的细菌群落。向更深处至 3km 以下，甲烷主要是无机成因，但微生物却很少利用这些甲烷；这里二氧化碳固定的主要途径：3-HP/4-HB 循环 > 乙酰辅酶 A 途径 > 还原的磷酸戊糖循环。

然而，美国南达科他州（South Dakota）金矿区地下 1500m 的流体宏基因组学研究显示，最多的固碳机制是还原性的乙酰辅酶 A 途径。在南非威特沃特斯兰德（Witwatersrand）盆地深地生物圈也发现了这种固碳途径（Magnabosco et al.，2015）。生物优先利用这种碳固定途径可能与深部地下的以下三个因素有关：①能量限制。因为这是 5 种固碳途径中最不消耗能量的（Hügler and Ferdelman，2011；Berg，2011）；②厌氧条件。这种途径需要厌氧条件，其中的一些酶尤其是关键的乙酰辅酶 A 合成酶对氧很敏感（Berg，2011）。这种固碳途径还需要高浓度但在氧化或硫化条件下低溶解性的金属（如 Mo、Co、Ni 和 Fe）（Berg，2011），这也需要厌氧条件；③这种古老的途径广泛出现在包括古菌与细菌在内的许多生物中（Berg，2011），这些生物包括产乙酸菌、硫酸盐还原菌、氧化铵的浮霉菌和厌氧发酵自养菌。当然，一些利用一氧化碳脱氢酶和乙酰辅酶 A 合成酶氧化乙酰辅酶 A 的异养菌也具有这种途径（Rabus et al.，2006），还原性乙酰辅酶 A 途径在深地生物圈广泛出现也可能与异养菌有关。

3. 深部地下有机质的消耗

在地球表层，自养微生物光合作用形成了初级生产力，这些有机质被异养微生物降解并矿化，异养微生物首先将氧气作为电子受体。当沉积物表层以下几毫米到几厘米范围内氧气消耗完后，微生物利用其他电子受体在厌氧条件下继续氧化有机质。由地表带入的光合作用有机碳大部分在沉积和成岩过程被消耗掉。其中，大部分在硫酸盐还原带通过 AOM（厌氧甲烷氧化）过程消耗掉。

烃类的厌氧降解是深地生物圈的一个重要特征。在厌氧条件下，降解芳烃与烷烃的微生物主要与反硝化细菌、铁还原细菌、硫酸盐还原细菌及产乙酸细菌和产甲烷古菌的共生体有关（Aitken et al.，2013；Bian et al.，2015）；降解反应可以在这些不同的氧化还原带发生（Agrawal and Gieg，2013）。

有机质矿化形成的甲烷在厌氧条件下被氧化是深地生物圈的另一个重要特征。越来越多的研究发现，甲烷氧化不仅与硫酸盐还原耦合（Boetius et al.，2000；Orphan et al.，2001），还可以与硝酸盐还原（Pernthaler et al.，2008；Ettwig et al.，2010）及铁与锰还原耦合（Beal et al.，2009；Wankel et al.，2012）。也就是说硫酸盐、硝酸盐和铁锰氧化物均可以作为甲烷厌氧氧化过程的电子受体。

三、深部地下氮的生物地球化学过程

人们对深部地下营养物质如氮等的来源了解得很少。这些营养物质的来源与生物地球化学循环密切相关。在氮循环涉及的所有作用中，发生在缺氧和厌氧条件下的主要是反硝化作用和铵的厌氧氧化作用。深地生物圈的氮循环因而主要涉及反硝化作用和铵的厌氧氧化作用。当然，近年发现，深地环境也出现了固氮作用和硝化作用等。因此，通过氮循环过程，微生物不仅为深地环境提供营养物质，而且还改变深地环境条件。

1. 固氮作用和硝化作用

在浅部环境，生物通过固氮作用和硝化作用使得大气中的氮进入生物圈。深部地下环境的 NO_3^- 和 NH_4^+ 等物质主要来自浅表环境的输入，但也有一些是通过深部地下微生物的固氮作用和硝化作用产生的。当然这些固氮生物主要是化能自养型的微生物，而不是浅部环境大量出现的光能自养型固氮微生物。

固氮基因 *nif* H 广泛出现在一些洋中脊热液烟囱硫化物矿体中（Lang et al.，

2013)，而且可能来自硫酸盐还原细菌，而不是古菌。不同地点因温度不同，能进行固氮作用的硫酸盐还原细菌可能也不同。在美国科罗拉多 Henderson 花岗岩钼矿体 3000ft 深的钻孔流体这种低营养和低能量的环境中也出现了固氮作用，固氮基因 $nifH$ 主要出现在含有高浓度 NH_4^+ 的区域，这说明这些 NH_4^+ 是由固氮作用产生。在这个地区还出现了两步硝化过程的重要基因古菌 $amoA$ 和细菌 $nxrB$ 基因，它们分别与泉古菌和硝化螺旋菌（$Nitrospira$）有关。这说明深地固氮作用产生的 NH_4^+ 通过硝化作用进入生物体从而维持着这个深地生物圈。

在一些金矿区地下 320m 的富氧（>38μmol/L）热液系统中，嗜热硝化细菌与嗜氢、嗜硫和嗜甲烷的细菌共生。硝化作用表现为经典的两步模式，即铵氧化与亚硝酸盐氧化（Nishizawa et al.，2013）。在海底热液系统喷流到深海水体过程中，大部分（93%）NH_4^+ 也是被自养细菌（AOB，铵氧化细菌）氧化掉，这个氧化过程与富有机质的颗粒有关（Lam et al.，2008）。在西北太平洋的胡安德富卡洋中脊，氮循环比较复杂，但可以肯定深地微生物群落改变了氮循环过程。与这些热液环境不同的是，在近海和远洋沉积物中，却有更多的 AOA（铵氧化古菌）参与硝化作用，但也有例外情况（Nunoura et al.，2013）。

2. 反硝化作用

地下环境的 NO_3^- 主要通过反硝化作用消耗掉。反硝化作用与三类因素有关。一是硝酸根离子浓度、反硝化细菌和电子供体（如有机碳与还原态的硫和铁等），二是厌氧条件（氧气含量小于 1～2mg/L），三是有利的环境条件（如温度、pH、其他营养盐和微量元素等）（Rivett et al.，2008）。在地下水中，这三类条件又会受农业活动等人类活动、地下水的水位与流速及其水文地球化学特性和岩石的可渗透性与风化作用等条件的影响（McAleer et al.，2016）。这些因素导致了地下水反硝化作用的反应复杂性及时空分布不均一性。

含水层反硝化作用是全球氮收支的重要组成部分，大约是陆地氮年均输入的 16%；但不确定性很大（Seitzinger et al.，2006），这主要与前述提到的反硝化反应的复杂性和时空分布不均一性有关。一些研究显示，反硝化作用可以贡献地下水溶解 N_2 的 25%。还有一些研究显示，不同岩性所在流域的地下水反硝化作用差别很大，页岩流域反硝化作用很低，而砂岩流域反硝化作用最高可达 94%（McAleer et al.，2016）。一些地区研究发现，泉水中的氮主要与地下水的反硝化作用输入的氮有关，可以贡献泉水 32% 的氮输入。

除了地下水系统以外，海洋沉积物也广泛存在反硝化作用。在一些洋中脊热液烟囱硫化物矿体中广泛存在反硝化作用，而且可能与硫氧化或金属氧化细菌有关。在 9000m 水深以下的沉积物里，尽管表层 15cm 以上硝化作用与反硝化作用同时存在，但在表层 15cm 以下主要是反硝化作用（Nunoura et al., 2013）。此外，在深部地下的岩石中也存在反硝化作用。

3. 氨的厌氧氧化作用

除了反硝化作用外，深部地下因缺氧还出现氨的厌氧氧化作用。氨的厌氧氧化作用（anammox）已在深海沉积物与热液喷口系统及油气藏等深地环境发现（Li et al., 2010）。利用基因和生物标志化合物（梯烷）分析，在 Guaymas 盆地的冷泉和热液喷口沉积物中均发现了氨的厌氧氧化作用。在这些富含有机质、NH_4^+、甲烷和硫化物的地方出现氨的厌氧氧化作用是很奇怪的，因为硫化物会抑制这个过程。很可能是硫化物的氧化与反硝化过程耦合，为 anammox 细菌提供了亚硝酸盐，同时硫化物的氧化使 H_2S 在某些局部区域降低从而适合 anammox 细菌的生存。

人们也在油气藏中发现了氨的厌氧氧化作用（Li et al., 2010）。油气藏 anammox 细菌受到油田开采历史和生产过程的影响。油气藏中 anammox 细菌比海洋中要低得多，这可能是由于油气藏的温度比较高的缘故。油气藏中 anammox 细菌丰度随温度升高而降低。油气藏进行水注和化学注也会影响这些微生物的分布，anammox 细菌丰度在化学注的油气藏最低。

四、深部地下硫的生物地球化学过程

硫循环主要涉及硫酸盐与硫化物之间的转化，以及部分有机硫化合物的形成与分解。由于深部地下环境以缺氧环境为主，因此，硫酸盐的微生物还原作用是深部地下的主要硫循环过程。

1. 硫酸盐还原作用

地球化学和分子生物学证据都证实，深部地下存在广泛的硫酸盐还原过程。在深海海底，硫酸盐还原作用大量出现在富含硫酸盐的沉积物中（硫酸盐还原作用带），但也可以出现在更深的缺乏硫酸盐的沉积物（如甲烷生成带）中。自然和人为成因的硫酸盐在地下水中广泛分布，地下水系统也是深部地下发生硫酸盐还原作用的重要场所。微生物硫酸盐还原也是油气藏的一个重要代谢过程。实际上，研究人员对深部地下流体、地下水、矿区深部、油气藏及深海底部沉积物和沉积岩的硫酸盐还原过程均开展了比较广泛的研究。

硫酸盐还原细菌（SRB）在深部地下环境广泛分布。在地下沉积物中，

SRB 变化于每克沉积物 $1 \sim 10^5$ 个细胞。在地下含水层系统，SRB 的分布变化很大，主要受控于氧化还原条件、温度、盐度、底质、电子受体的浓度和介质孔隙等。研究显示，在 $129 \sim 680m$ 深的花岗岩裂隙水中为每毫升 10^5 个细胞。一些油田水嗜热 SRB 为每升 $10^4 \sim 10^5$ 个细胞，而在油气藏中变化可达三个数量级。

深部地下存在各式各样的 SRB，不同 SRB 适应不同的环境条件，从而可以生存在地下不同深度。研究发现，革兰氏阳性（G^+）产孢子的硫酸盐还原菌（SRB）是深部地下主要的 SRB。特别是 *Desulfotomaculum* 这个属，在矿区地下深部（日本和南非等）、油气藏（北海油田、法国、中国和印度等）、地下含水层系统（芬兰和法国等）及深海沉积物中均有发现（Aüllo et al.，2013）。特别值得指出的是，SRB 可出现在海底以下 1276.75m 和 2456.75m 深度 SO_4^{2-} 含量很低的沉积物中；这里的电子供体主要是氢气，这些微生物至少在这里生存了 20Ma（Glombitza et al.，2016）。

在深部地下，细菌硫酸盐还原（BSR）速率变化很大。在含水层系统，细菌硫酸盐还原（BSR）速率还未有明确而统一的数据，而且地球化学模型计算的与实地测量的也相差一个数量级以上。地球化学计算的速率为 $0.7 \times 10^{-5} \sim 2.3 \times 10^{-2} mmol\ SO_4^{2-} / (L \cdot a)$，而目前的实际测量值为 $0.5 \times 10^{-1} \sim 4.5 mmol\ SO_4^{2-} / (L \cdot a)$。

2. 硫化物氧化作用与隐形硫循环

深部地下硫化物的氧化作用主要发生在受浅部氧气影响的沉积物中。在一些矿区，因受人类扰动的影响，会导致硫化物的氧化作用。在德国冰期含沙沉积物的 10m 深处、美国得克萨斯州始新世海岸带沉积物和美国南卡罗来纳州海岸带 $0 \sim 259m$ 深的沉积物中，均发现了因受地表氧气的影响而发生的硫化物氧化作用。

近年来，硫循环的一个重大进展是发现了隐形（有时候叫隐秘）硫循环（cryptic sulfur cycle）。这种硫循环主要出现在水体中（如最小缺氧带 OMZ），由微生物把硫酸盐还原成的 H_2S 很快又氧化成硫酸盐，从而监测不到 H_2S 的产生过程，故称之为隐形硫循环。但最近在沉积物深处（甲烷生成带）也发现了这种硫循环。而且，这种隐形的硫循环可能在沉积物深部普遍存在（Holmkvist et al.，2011；Treude et al.，2014）。这个过程很像水体 OMZ 的隐形硫循环，只是水体中产生的 H_2S 主要被别的氧化剂氧化成硫酸盐。

第二节　深地微生物 – 矿物相互作用

一、深地微生物 – 矿物相互作用概念与影响

深部地下沉积物和岩石是深地微生物的主要栖息地，微生物 – 矿物相互作用控制着诸多地球化学过程，是矿物发生溶解、沉淀与转化的关键因素。由于深地微生物分布于岩石圈、水圈、生物圈和大气圈的交汇带，深地微生物活动影响着多种界面的形成和动态变化，界面上的能量和物质的流动与交换制约着地表的地貌和生态系统质量，也改变着元素的释放、运移、转化、富集和矿化等一系列地球化学循环环节。因此，深刻理解沉积物和浅部岩石中的微生物 – 矿物相互作用是理解元素地球化学循环和地球环境演变的重要方面。

1. 深地微生物 – 矿物相互作用的特征

在深地相对高温高压的极端条件下，微生物 – 矿物相互作用可以促进矿物的分解和转化，促进效应的强度取决于微生物量、微生物群落组成、代谢强度和矿物类型。一般来说，深地微生物的代谢速度比地表微生物更为缓慢，但微生物 – 矿物相互作用的化学机制与地表或近地表过程具有很多的相似性。

深地微生物分解矿物会导致次生孔隙的形成，在碳酸盐岩分布区尤为显著。微生物新陈代谢过程通常会产生各种有机酸，引发岩石或沉积物中碳酸盐矿物分解，这可以显著增大岩石的孔隙度，甚至促进孔穴和溶洞的形成。深地微生物还可以导致硅酸盐矿物分解，除分泌的有机酸侵蚀矿物外，微生物还可以通过分泌的有机配体络合矿物表面金属元素，导致硅酸盐矿物（如长石和黏土矿物）溶蚀或转化（Balland et al.，2010）。在这些矿物被溶蚀的过程中，硅酸盐和铝离子在孔隙水中逐步积累，直至过饱和而沉淀下来，导致岩石孔隙度降低，从而影响岩石的输运性质和相关的地球化学作用。岩石次生孔隙的形成和变化对于地下流体传输和油气成藏有着重要意义。

在深地环境中，游离氧和溶解氧缺乏，孔隙流体多呈还原状态。厌氧还原菌是深地微生物的主要类型，影响矿物分解和转变最为显著的微生物主要为铁还原菌和硫酸盐还原菌（Urrutia et al.，1999；Ouyang et al.，2014）。由于地表岩石露头长期风化形成的产物多为稳定的铁锰氧化物和石英与黏土等稳定矿

物，当进入深地还原环境后，在存在电子供体的情况下高价态的铁锰元素会被还原；其间还原菌发挥着显著的促进作用，从而导致铁锰氧化物（如针铁矿与赤铁矿）分解和含 Fe（Ⅲ）矿物（如黏土矿物）转化（Kim et al., 2004; Dong et al., 2009; Dong, 2012; Ouyang et al., 2014; Liu et al., 2016）。与此同时，孔隙水中的硫酸根会被硫酸盐还原菌还原生成 S^{2-} 或 S_2^{2-}，这为进一步形成金属硫化物提供了配体。另外，还有多种变价元素（如 As 和 U 等）的载体矿物亦被还原菌还原分解。

2. 深地微生物成因矿物

深地微生物往往赋存于碎屑岩孔隙和结晶岩裂隙中，与之相互作用的矿物除常见的黏土矿物、铁锰矿物与长石等碎屑矿物和碳酸盐矿物与硫酸盐矿物等自生矿物外，还有多种形式的有机质参与。与微生物活动有关的自生矿物形成时间短而沉淀速率快，往往以微纳米矿物的形式形成于孔隙或裂隙中。已经报道的纳米矿物往往呈系列出现，如微生物成因的铁矿物包括针铁矿、磁铁矿、磁黄铁矿、黄铁矿和菱铁矿等，在特定条件下，还可能出现蓝铁矿和亚稳定的绿锈等矿物（van de Velde et al., 2016）；锰矿物包括软锰矿、水钠锰矿、黑锰矿和菱锰矿与含锰方解石等，这些矿物的形成往往由自然环境的氧化还原电位（Eh）控制。在沉积物浅埋深条件下形成的黄铁矿、磁黄铁矿和纤铁矿等矿物因其重要的磁学效应而得到高度重视；同时，铁锰氧化物往往具有很强的重金属（As、Zn 和 Pb 等）固定能力；这些重金属随着铁锰氧化物被微生物还原而分解转化为其他矿物，部分重金属会释放至孔隙水和裂隙水，造成潜在的重金属污染。最近甚至在湖泊沉积物中发现了纳米级的类似水磷铀矿的自生矿物和铜的磷酸盐（Schindler et al., 2015），揭示了放射性元素铀在沉积物中除沥青铀矿形式外还可以形成磷酸盐。由矿物的化学组成可知，这些自生矿物的形成往往是伴随着硫酸盐微生物还原作用和有机物分解转化的过程（Sun et al., 2016）。

二、微生物–矿物间电子传递

微生物–矿物相互作用的微观机制十分复杂，除微生物分泌的有机酸具有侵蚀矿物的能力外，微生物–矿物间的电子传递是重要而关键的方式。含铁锰等变价金属元素的矿物称为氧化还原活性矿物，这类矿物在土壤、地表沉积物及深地环境中分布广泛，它们可通过多种电子传递形式影响微生物的生长和代谢。微生物－含铁矿物之间的相互作用包括以下四种形式（图 7-1）。①在没有氧气和其他电子受体的情况下，如深地环境，Fe（Ⅲ）矿物可作为微生物厌养呼吸的末端电子受体，接受微生物氧化有机物和 / 或氢气后释放的电子。②矿物表面和结构中的二价铁作为微生物自养生长的能量及电子来源，固定 CO_2 和还原硝酸盐。③具导电性的含铁矿物（如磁铁矿和赤铁矿）作为微生物细胞之间电子传导的中间体，将电子由一个细胞传导到另外一个细胞。④含铁矿物（如磁铁矿和黏土矿物）作为电子储存介质，在没有其他电子受体条件下，接受铁还原微生物提供的电子，当环境变化后，可将接受的电子传导给铁氧化微生物（Shi et al.，2016）。需要特别强调的是，微生物与含铁矿物之间以电子传导直接影响到矿物的形成和风化，是一种十分重要的生物地球化学反应，驱动着铁、碳、氮和硫等元素的地球化学循环（Weber et al.，2006）。

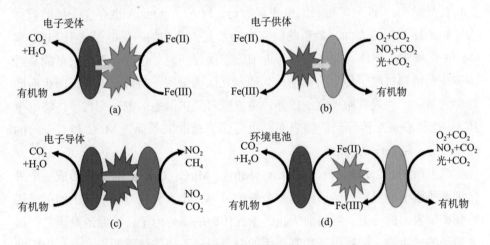

图 7-1　微生物与矿物之间的电子相互作用（邱轩和石良，2017）

微生物利用矿物中的金属离子作为厌氧呼吸末端电子受体［见（a）］，为微生物生长提供电子供体和能量来源［见（b）］，作为电子导体允许电子在同种或异种微生物细胞之间传导［见（c）］，作为电子存储材料或者电池，维持微生物代谢活动［见（d）］

1. 微生物厌氧呼吸的电子受体

金属还原地杆菌（*Geobacter metallireducens* GS-15）和希瓦氏菌（*Shewanella oneidensis* MR-1）是两种最早分离出的能够利用 Fe（Ⅲ）矿物为厌氧呼吸电子末端受体的微生物（Lovley et al.，1987；Lovley and Phillips，1988；Myers and Nealson，1988；Lovley et al.，1989）。它们均可氧化有机质或者氢气，然后将释放的电子传导给 Fe（Ⅲ）矿物，实现厌氧呼吸代谢。金属还原地杆菌是严格厌氧菌，而希瓦氏菌则是兼性厌氧菌，即在有氧和无氧条件下均可生长。需要指出的是，希瓦氏菌和硫还原地杆菌（*Geobacter sulfurreducens*）已成为研究微生物与 Fe（Ⅲ）矿物之间电子传导分子机理的模式菌株，而微生物 – 铁矿物之间的电子交流也被统称为微生物的胞外电子传导（Shi et al.，2007；Shi et al.，2009；Shi et al.，2012a；Shi et al.，2016；邱轩和石良，2017）。

1）希瓦氏菌胞外电子传导的分子机理

目前已知参与希瓦氏菌到 Fe（Ⅲ）矿物胞外电子传导的蛋白质包括六个细胞色素，即 CymA、Fcc$_3$、MtrA、MtrC、OmcA 和 STC 及一个孔状外膜蛋白 MtrB。CymA 是细胞质膜上的氢醌氧化酶，并可将氧化氢醌后释放的电子传导给周质空间的 Fcc$_3$ 和 STC。Fcc$_3$ 和 STC 然后将电子从 CymA 传导给 MtrA。MtrA、MtrB 和 MtrC 形成的跨外膜蛋白复合体将电子从周质蛋白传导到细胞表面。最后，在细胞表面，MtrC 和 OmcA 通过其暴露在溶剂中的血红素将电子直接传导给 Fe（Ⅲ）矿物。值得注意的是，MtrC 和 OmcA 也存在于早前被称为"纳米导线"的表面。最新的研究表明希瓦氏菌的纳米导线是含有 MtrC 和 OmcA 的外膜延伸体，能将其与邻近细胞连接在一起。这些外膜蛋白可能通过多步跳跃机制将电子传导给矿物及其他希瓦氏菌细胞。另外，希瓦氏菌也向胞外释放黄素，促进其胞外电子传导；黄素既可是扩散态的电子穿梭体，将电子从 MtrC 和 OmcA 传导到矿物表面，也可作为辅助因子促进 MtrC 和 OmcA 的电子传导（Shi et al.，2016）。

综上所述，CymA、Fcc$_3$、MtrA、MtrB、MtrC、OmcA 和 STC 形成一个氧化细胞质膜上的氢醌，然后跨越整个细胞被膜，作为氧化过程中释出的电子传导到矿物表面的通道。到目前为止，希瓦氏菌的胞外电子传导通道是研究得最为透彻的微生物 – 矿物电子相互作用的分子机理。值得注意的是，希瓦氏菌的胞外电子传导通道同源物存在于所有已测序的铁还原希瓦氏菌及其他一些铁还原菌和铁氧化菌中，如铁还原红育菌（*Rhodoferax ferrireducens*）、沼泽红假单胞菌（*Rhodopseudomonos palustris*）和 *Sideroxydans lithotroohicus* ES-1（Shi et al.，2016）。

2）硫还原地杆菌胞外电子传导的分子机理

与希瓦氏菌相似，硫还原地杆菌也有许多细胞色素。目前已知参与胞外电子传导的蛋白质包括位于质膜上的细胞色素 CbcL 和 ImcH（Levar et al.，2014；Levar et al.，2017）；它们假设的功能是将质膜中的氢醌氧化为醌，然后将释放出的电子传导给位于周质空间的氧化还原蛋白。已知的周质空间氧化还原蛋白包括细胞色素 PpcA 和 PpcD。PpcA 和 PpcD 很可能是将电子由 CbcL 和 ImcH

传导给位于细胞外膜上的由孔蛋白和细胞色素组成的复合体。已确认的复合体由孔蛋白 OmbB、OmbC 和 ExtC/GSU2644，周质细胞色素 OmaB、OmaC 和 ExtA/GSU2643，以及外膜表面细胞色素 OmcB、OmcC 和 ExtD/GSU2642 组成，这些复合体的功能是将电子由周质空间跨越外膜传导到细胞表面（Liu et al.，2015b；Chan et al.，2017）。因此，与希瓦氏菌相似，这些蛋白质也可形成通道将电子由细胞质膜穿过周质空间和细胞外膜传导到细胞表面。虽然，表面细胞色素可直接还原含铁矿物，但地杆菌主要用纳米导线将电子传导到矿物表面。

地杆菌的纳米导线能将电子由一个细胞直接传导到邻近的属同一种或不同种的另外一个细胞，也可将电子由微生物细胞表面传导到远离细胞表面的矿物（Reguera et al.，2005）。因为它们能将电子传导出常规的细胞边界，纳米导线极大地延伸了地杆菌的胞外电子传导能力，使得这些微生物更好适应其所在的环境。地杆菌纳米导线实质是锚定在细胞外膜上的菌毛，它由菌毛蛋白 PilA 组成（Reguera et al.，2005）。在地杆菌 PilA 多肽非保守区有多个芳香族氨基酸（Vargas et al.，2013；Malvankar et al.，2015）。用丙氨酸替代 PilA 中的芳香族氨基酸后，地杆菌纳米导线不再导电，同时地杆菌也不能还原含铁矿物（Vargas et al.，2013）。另外，地杆菌纳米导线的导电性与其芳香族氨基酸的数量成正比，即芳香族氨基酸的数量越多，导电性越强（Tan et al.，2017）。因此，PilA 中的芳香族氨基酸对地杆菌纳米导线的导电性非常重要。类金属型电子传导机制假说认为，PilA 紧密堆叠（约 3.2Å）的芳香族氨基酸形成芳香化合物–芳香化合物作用链，从而促进电子的离域作用，形成地杆菌纳米导线的导电性（Malvankar et al.，2011；Malvankar et al.，2014；Malvankar et al.，2015）。而多步跳跃机制假说则认为，地杆菌纳米导线上的芳香族氨基酸分子间距为 3.5～8.5Å，这个距离对于类金属型电子传导机制而言过大，电子可能通过多步跳跃机制在地杆菌纳米导线上的芳香族氨基酸之间传导（Yan et al.，2015）。由于缺乏对地杆菌纳米导线原子分辨率结构的实验测定，其芳香族氨基酸在纳米线上的间距仍未确定。因此，地杆菌纳米线的导电机理也未定论。另外，地杆菌如何将电子传导给纳米导线，以及纳米导线如何将电子传导给含铁矿物的过程仍不清楚。

2. 微生物生长代谢的能量和电子来源

在近中性 pH 条件下，铁氧化微生物披毛菌科（Gallionellaceae）的 *Sideroxydans lithotroohicus* ES-1 从氧化 Fe（Ⅱ）过程中获得能量，实现自养生长。*S. lithotrophicus* ES-1 的基因组上有一个金属还原基因簇，这个簇包括 *cym*A、*mto*A（*mtr*A 的

一个同源基因）、*mto*B（*mtr*B 的一个同源基因）和 *mto*D（一个周质细胞色素基因）（Liu et al., 2012b; Shi et al., 2012b）。实验结果表明 MtoA 可以直接氧化 Fe^{2+} 和矿物结构 Fe（Ⅱ），为二价铁氧化酶。而 MtoD 则是一周质细胞色素，可将电子从外膜的 MtoA 传导到细胞质膜 CymA（Liu et al., 2012b; Beckwith et al., 2015）。因此，*S. lithotrophicus* ES-1 的 MtoA、MtoB、MtoD 和 CymA 可能形成一条通道，将胞外 Fe（Ⅱ）的氧化释放的电子，经周质空间，传导给质膜上的 CymA，CymA 再利用获得的电子将质膜中的醌还原成氢醌（Shi et al., 2012b; Beckwith et al., 2015）。需要特别指出的是 *S. lithotrophicus* 常见于深地环境，人类活动（如 CO_2 深地封存）极大地改变了深地环境，也会影响 *S. lithotrophicus* 的丰度（Trias et al., 2017）。

3. 微生物细胞之间的电子导体

赤铁矿和磁铁矿等半导体矿物既可将硫还原地杆菌氧化乙酸盐过程中产生的电子转移给脱氮硫杆菌（*Thiobacillus denitrificans*）（后者利用接收的电子将硝酸盐还原成亚硝酸盐）（Kato et al., 2012b），也可促进金属还原地杆菌到硫还原地杆菌及地杆菌到产甲烷古菌的电子传导（Kato et al., 2012a; Liu et al., 2012a），这种类型的电子传导通常被称为微生物种间电子直接传导（Lovley, 2017）。在地杆菌种间电子直接传导的过程中，磁铁矿吸附在纳米导线上，它可替换原来吸附在纳米导线上的细胞色素 OmcS，起到改善纳米导线导电性的功能，因此，磁铁矿和纳米导线共同将金属还原地杆菌介导的己醇氧化和硫还原地杆菌介导的富马酸还原耦合起来（Liu et al., 2015a）。而在地杆菌与产甲烷古菌之间种间电子传导的过程中，磁铁矿则不依赖纳米导线将电子由地杆菌传导给产甲烷古菌，直接把地杆菌介导的有机物氧化和产甲烷古菌介导的甲烷合成耦合在一起（Kato et al., 2012a; Rotaru et al., 2018）。

4. 微生物生长代谢的“环境电池”

磁铁矿和黏土矿物等含 Fe（Ⅱ）/Fe（Ⅲ）矿物能作为电子储存的“环境电池”。例如，从研究氧化还原磁铁矿的过程中发现，硫还原地杆菌可将磁铁矿中的 Fe（Ⅲ）还原为 Fe（Ⅱ），而铁氧化菌沼泽红假单胞菌（*Rhodopseudomonos palustris*）则可将磁铁矿中的 Fe（Ⅱ）氧化为 Fe（Ⅲ），在这个氧化还原循环中，这两种微生物菌均能获得生长代谢所需的能量（Byrne et al., 2015）。同样，黏土矿结构中的铁原子可反复分别被假高炳根氏菌（*Pseudogulbenkiania* sp. strain 2002）氧化和希瓦氏菌还原，在这个氧化还原循环过程中，铁原子稳定存在于黏土矿种结构，没有被溶解释放出来。需要特别强调的是，微生物介导的铁氧化还原循环通常是一个不易观察到的隐蔽循环，广泛存在于地表之下，并与碳、氮和硫等其他元素的地球化学循环紧密地耦合在一起（Schaedler et al.，2018）。

5. 小结

含铁矿物以多种电子交换形式支持微生物的生长代谢，这些交换过程是双向的，电子既可由微生物传导到矿物，也可由矿物传导到微生物。目前，人们对微生物将电子由细胞内传到矿物表面的分子机理有较深入的理解；但对电子由矿物表面传递到微生物细胞内的过程知之甚少，这应当是未来研究的侧重点。人们对矿物-微生物之间电子传导方面的认识主要是基于实验室与地表环境，这一过程在深地环境的具体形式与作用还有待于进一步研究。

第三节　深地微生物的成矿成藏作用

一、微生物成矿作用

微生物在金属元素地球化学循环过程中发挥着十分重要的作用。近年来的研究表明，除了油和气等可燃矿床外，微生物参与了某些砂岩铀矿、微细粒浸染状金矿和红层铜矿及磷块岩等非金属矿床的成矿过程；微生物成矿研究已成为当今矿床学研究的重要前沿领域之一（Lovley et al.，1990）。微生物成矿作用是指微生物或其代谢产物参与形成矿床的地质作用，既包括微生物代谢导致有用元素富集并形成矿石和矿体的过程，也包括矿化菌体直接堆积形成矿床的过程。微生物成矿作用在矿床学领域已经得到重视，但是，已报道的微生物成矿作用研究大多关注地表或近地表的微生物矿化现象，关于深地微生物成矿作用的专门研究还鲜有报道。

1. 微生物成因铀矿床

放射性元素铀的表生地球化学循环主要受控于氧化还原条件：$U(VI)$还原为$U(IV)$时，会形成晶质铀矿和沥青铀矿等矿物沉淀，当规模达到开采水平时即可形成铀矿床；而在相反的氧化条件下，$U(IV)$被氧化成$U(VI)$，铀呈离子态而散失或形成铀酰矿物沉淀（闵茂中等，2003）。自然界中存在多种厌氧和好氧微生物可以控制铀的氧化还原状态（Newsome et al.，2014），包括硫杆菌、硫酸盐还原菌、铁还原细菌、硝化细菌和反硝化细菌等（冯晓异等，2007；Ekramul et al.，2014），其中研究较多的微生物有 *Shewanella putrefaciens*、*Desulfovibrio desulfuricans* 和 *Geobacter metallireducens* 等。经过大量实验研究发现，微生物可通过代谢性和非代谢性两种途径富集铀（Suzuki and Banfield，1999）。一方面，微生物代谢产生的有机物作为络合剂富集铀酰并在细胞周边相对富集，微生物还原 U（Ⅵ）并获取能量，同时形成晶质铀矿和沥青铀矿等矿物；另一方面，微生物细胞可以通过吸附和吸收的途径在细胞表面和胞内富集铀，前人利用细菌、真菌和藻类等开展了大量吸附实验研究，发现铀主要分布于细胞壁（约 60%）和细胞内（约 40%），而在胞外聚合物上较少检测到。在自然界中，微生物吸附作用对铀矿形成的贡献更大。

在沉积成因铀矿床中的微生物矿化现象多有报道。我国新疆十红滩和蒙其古尔两个典型砂岩型铀矿床中微生物类群的分布特征严格受控于氧化还原条件，各带细菌的分布受矿层中有机碳含量、铁的含量和化学形态、溶解氧和硫酸盐含量等的制约，微生物之间也存在着共生、互生、竞争和拮抗的关系，从而影响着矿床的发育（Yung and Jiao，2014；张玉燕等，2016）。闵茂中等（2004）实验研究了微生物富集形成铀矿的机制，模拟了广泛存在的层间氧化带砂岩型铀矿床成矿条件，采用 *Shewanella putrefaciens* 实验还原 U（Ⅵ）。他们根据实验结果认为铀的生物成矿作用是一个复杂的过程：初期以微生物的代谢性还原和富集作用为主，U（Ⅳ）仅沉淀于菌胞的外壁；随着 U（Ⅳ）在细胞表面积累而导致细胞死亡，此后死亡细胞以非代谢性方式吸附富集 U（Ⅵ），随后在砂岩层间发生化学还原形成 U（Ⅳ）矿物，直至富集铀的细胞全部死亡并堆积形成矿石。这与报道的铀矿化古菌藻类化石具有一致性。之后利用 *Desulfovibrio desulfuricans* DSM 642 等菌株开展的研究亦有相似的发现。

2. 硫化物次生富集带矿床

富含金属硫化物的岩石和矿石出露地表后会经地表氧化而形成铁帽，与此同时，有用金属和硫酸盐被部分释放至流体，随着流体的下渗进入还原带，有用金属会以硫化物的形式再次沉淀。由于次生硫化物的形成受控于氧化还原分带，所以通常呈带状展布，埋藏深度从几十米到数百米不等。众所周知，硫化物矿床次生富集作用可以成倍提高原生矿石的品位，从而经济价值大大提升，因此，前人在成矿理论研究和找矿勘探中均对硫化物次生富集带予以高度关注。

硫化物次生富集带的形成包括地表矿体风化淋滤和地下硫化物的形成。前者以铁帽的形成为标志。大量研究表明，微生物在金属硫化物地表氧化过程中发挥着关键作用，使硫化物的风化速率比单纯的化学风化提高 1 个至 2 个数量级。但是，微生物在深地硫化物形成过程中的作用并没有得到充分的认识，往往认为是富含有用金属的硫酸盐流体渗透到缺氧环境交代深部的原生硫化物生成次生硫化物，交代顺序遵照修曼序列。事实上，近年来的实验模拟发现，含金属的硫酸盐流体在深部地下经微生物还原作用即可形成硫化物，不一定需要交代原生硫化物，这类硫化物的硫同位素更轻（Drake et al.，2018）。一方面，异化铁还原菌可以将针铁矿、赤铁矿和铁矾矿物还原形成 Fe^{2+}，另一方面，SO_4^{2-} 被硫酸盐还原菌作用而形成 S^{2-}（Glombitza et al.，2016）；这为形成多种形式的金属硫化物提供了物质基础。事实上也有次生富集带的矿石矿物无法用修曼序列解释，可能就是微生物作用的结果。但是，相关的研究尚未起步，微生物对金属硫化物次生富集带形成的调控作用和相对贡献还没有得到系统研究。

除金属硫化物富集带之外，还有一些金属的次生富集成矿与微生物有着密切的联系。铁和锰在沉积物中具有相似的地球化学行为，在特定环境中会高度富集甚至形成矿床（如湖沼型铁矿）。早在 1928 年，Butkevich 就从伯绍拉河现代沉积物中分离出了可以沉淀铁的微生物，微生物矿化被作为湖沼型铁矿的成因机制（Zakharova et al.，2010）。在微生物活动活跃和营养物质丰富的湖泊沉积物中，微生物活动对铁和锰矿化的直接和间接影响不容忽视；苏必利尔湖沉积物中存在多层富铁结壳（Li et al.，2012；Li and Katsev，2014）和铁锰层（Sly and Thomas，1974；Li et al.，2012；Richardson and Nealson，1998），针铁矿、菱铁矿和水钠锰矿和软锰矿为主要矿物，这些均为赤铁矿或黄钾铁矾等高铁矿物经微生物还原作用形成的次生矿物（Ouyang et al.，2014）。这些金属的沉淀和有机碳的微生物代谢密切相关，反硝化作用亦有少量贡献（Li and Katsev，2014）。

二、生物成因天然气的形成和成藏

生物成因天然气在全世界范围内具有广阔的勘探前景。生物成因天然气主要指烃源岩中以产甲烷菌为主的微生物分解沉积有机质而形成的天然气，主要由甲烷组成，在良好的圈闭和保存条件下可以形成天然气藏。据统计，生物成因天然气的资源总量占全球天然气资源量的 20% 左右。

盆地沉积物中的产甲烷菌还原带位于硝酸盐还原带、金属氧化物还原带和硫酸盐还原带之下。在相对较浅部的微生物还原作用过程中，沉积有机物被各种还原菌分解转化成产甲烷菌能利用的有机底物（如 CO_2、甲酸盐、乙酸盐、甲醇和甲氨等），产甲烷菌利用乙酸发酵和氢还原 CO_2 形成甲烷。通常认为乙酸盐微生物还原作用主要发生于低盐度孔隙水的环境中，这种形式生成的甲烷可占总生成量的 70%；而 CO_2 的微生物还原作用则在海相地层或孔隙水盐度较高的条件下贡献更大。形成甲烷的过程是加氢的过程，甲烷杆菌依赖氢把 CO_2 还原成甲烷；氢主要来源自地球化学和生物化学反应，产氢的反应包括微生物－矿物相互作用、有机质微生物降解及有机质中无环和环烷芳烃的芳构化等（Aitken et al.，2013），更深部的地球化学过程亦有可能提供部分氢源（Head et al.，2003）。在深度剖面上，乙酸的微生物降解和 CO_2 还原可同时出现；但随埋深增加，CO_2 还原作用的贡献逐渐增大，因此，世界上大部分商业性生物气藏都以 CO_2 还原成因为主。需要说明的是，除天然气之外，微生物还可以降解有机质形成石油甚至重油（Head et al.，2003）。

生物成因天然气具有标志性的地球化学特征。相对于热裂解成因天然气，生物成因天然气的甲烷含量更高且碳同位素组成更轻（$\delta^{13}C$ 为 -85‰～-55‰），CO_2 还原成因甲烷的碳同位素甚至可轻至 -110‰。生物成因甲烷的氢同位素（δD 值）还与地层同生水有成因联系，存在分馏平衡关系；而热成因天然气的 δD 值主要受控于母源同位素组成和有机质成熟度。同时，产甲烷菌的存在还会在烃源岩中留下许多特殊的生物标记物；其中古细菌起源的类脂生物标记物尤为重要，主要包括不规则头对头类异戊二烯和类异戊二烯基丙三醇二醚等（Thiel et al.，2001）。随着对古生菌和产甲烷菌研究的深入，会有更多的生物标志化合物被发现。

有经济价值的生物成因天然气藏的形成依赖于有利的地质地球化学条件。研究发现，烃源岩合适的温度（80℃左右）和孔隙流体较高的盐度有利甲烷的生成；Ⅲ型干酪根是生物成因气形成的主要来源，但有机质丰度不是制约生物成因天然气藏形成的关键条件，总有机碳含量低至 0.5% 的烃源岩亦可形成具开发规模的天然气藏（张水昌等，2005）。生物成因气的形成是一个持续的过程，形成的甲烷以水溶态或游离态向上运移，运移方向主要受重力和压实体系控制，同时受岩石渗透率和气饱和砂岩的空间展布控制；随着压力下降游离态甲烷所占比例上升，并聚集于各类构造圈闭中。岩性圈闭对生物成因天然气聚集的贡献不大，因其埋深小、岩石孔隙度相对较高，天然气易于散失。在生物气藏的保存方面，地层水的流动十分重要，缓慢上涌的地下水可将深部形成的甲烷携带迁移至浅部；构造断层和岩石裂缝是主要的运移通道，因此在构造发育和地下水活跃的地区，生物成因甲烷气难以长期保存。

本章参考文献

冯晓异，黄建新，王士艳，等.2007.铀的生物成矿作用及成矿过程中矿质元素循环.微生物学杂志，27（3）:77-82.

闵茂中，彭新建，王金平，等.2003.铀的微生物成矿作用研究进展.铀矿地质，19（5）：257-263.

闵茂中，Xu HF，Barton LL，等.2004.厌氧菌 *Shewanella putrefaciens* 还原 U（Ⅵ）的实验研究：应用于中国层间氧化带砂岩型铀矿.中国科学 D 辑地球科学，34（2）：125-129.

邱轩，石良.2017.微生物和含铁矿物之间的电子交换.化学学报，75（75）：583-593.

张水昌，赵文智，李先奇，等.2005.生物气研究新进展与勘探策略.石油勘探与开发，32（4）：90-96.

张玉燕，刘红旭，修晓茜.2016.我国北西部地区层间氧化带砂岩型铀矿床微生物与铀成矿作用研究初探.地质学报，90（12）：3508-3518.

Agrawal A, Gieg L M.2013. In situ detection of anaerobic alkane metabolites in subsurface environments. Frontiers in Microbiology, 4: 140.

Aitken CM, Jones DM, Maguire MJ, et al. 2013. Evidence that crude oil alkane activation proceeds by different mechanisms under sulfate-reducing and methanogenic conditions. Geochimica et Cosmochimica Acta, 109: 162-174.

Aüllo T, Ranchou-Peyruse A, Ollivier B, et al. 2013. *Desulfotomaculum* spp. and related gram-positive sulfate-reducing bacteria in deep subsurface environments. Frontiers in Microbiology, 4: 362.

Balland C, Poszwa A, Leyval C, et al. 2010. Dissolution rates of phyllosilicates as a function of bacterial metabolic diversity. Geochimica et Cosmochimica Acta, 74(19): 5478-5493.

Beal E J, House C H, Orphan V J.2009. Manganese- and iron-dependent marine methane oxidation. Science, 325(5937): 184-187.

Beckwith C, Edwards MJ, Lawes M, et al. 2015. Characterization of MtoD from *Sideroxydans lithotrophicus*: a cytochrome c electron shuttle used in lithoautotrophic growth. Frontiers in

Microbiology, 6: 332.

Berg I A. 2011. Ecological aspects of the distribution of different autotrophic CO_2 fixation pathways. Applied and Environmental Microbiology, 77(6): 1925-1936.

Bian XY, Mbadinga SM, Liu YF, et al. 2015. Insights into the anaerobic biodegradation pathway of n-alkanes in oil reservoirs by detection of signature metabolites. Scientific Reports, 5: 9801.

Biddle JF, LippJ S, LeverM A, et al. 2006. Heterotrophic archaea dominate sedimentary subsurface ecosystems off peru. Proceedings of the National Academy of Sciences of the United States of America, 103(10): 3846-3851.

Boetius A, Ravenschlag K, Schubert C J, et al. 2000. A marine microbial consortium apparently mediating anaerobic oxidation of methane. Nature, 407(6804): 623-626.

Byrne JM, Klueglein N, Pearce C, et al. 2015. Redox cycling of Fe(II)and Fe(III)in magnetite by Fe-metabolizing bacteria. Science, 347(6229): 1473-1476.

Chan CH, Levar CE, Jimenez-Otero F, et al. 2017. Genome scale mutational analysis of geobacter sulfurreducens reveals distinct molecular mechanisms for respiration and sensing of poised electrodes versus Fe(III)oxides. journal of Bacteriology, 199(19): e00340-17.

Dong H. 2012. Clay-microbe interactions and implications for environmental mitigation. Elements, 8(2): 113-118.

Dong H, Jaisi DP, Kim JW, et al. 2009. Microbe-clay mineral interactions. American Mineralogist, 94(11-12): 1505-1519.

Drake H, Whitehouse MJ, Heim C, et al. 2018. Unprecedented 34S - enrichment of pyrite formed following microbial sulfate reduction in fractured crystalline rocks. Geobiology, 16(5): 556-574.

Ekramul I, Dhiraj P, Pinaki S. 2014. Microbial diversity in uranium deposits from jaduguda and bagjata uranium mines, india as revealed by clone library and denaturing gradient gel electrophoresis analyses. Geomicrobiology Journal, 31(10): 862-874.

Ettwig K, Butler M, Le Paslier D, et al. 2010. Nitritedriven anaerobic methane oxidation by oxygenic bacteria. Nature, 464(7288): 543-548.

Falkowski P G, Fenchel T, Delong E F. 2008. The microbial engines that drive Earth's biogeochemical cycles. Science, 320(5879): 1034-1039.

Fang J, Uhle M, Billmark K, et al. 2006. Fractionation of carbon isotopes in biosynthesis of fatty acids by a piezophilic bacterium moritella japonica strain DSK1. Geochimica et Cosmochimica Acta, 70(7): 1753-1760.

Glombitza C, Adhikari R R, Riedinger N, et al. 2016. Microbial sulfate reduction potential in coal-bearing sediments down to ~2.5 km below the seafloor off shimokita peninsula, Japan. Frontiers in Microbiology, 7: 1576.

Head IM, Jones DM, Larter SR. 2003. Biological activity in the deep subsurface and the origin of heavy oil. Nature, 426(6964): 344-352.

Holmkvist L, Ferdelman T G, JØrgensen B B. 2011. A cryptic sulfur cycle driven by iron in the methane zone of marine sediment(Aarhus Bay, Denmark). Geochimica et Cosmochimica Acta, 75(12): 3581-3599.

Hügler M, Sievert SM. 2011. Beyond the calvin cycle: autotrophic carbon fixation in the ocean. Annual Review of Marine Science, 3(1): 261-289.

Jørgensen B B. 2011. Deep subseafloor microbial cells on physiological standby. Proceedings of the National Academy of Sciences of the United States of America, 108(45): 18193-18194.

Kato S, Hashimoto K, Watanabe K. 2012a. Methanogenesis facilitated by electric syntrophy via(semi)conductive iron-oxide minerals. Environmental Microbiology, 14(7): 1646-1654.

Kato S, Hashimoto K, Watanabe K. 2012b. Microbial interspecies electron transfer via electric currents through conductive minerals. Proceedings of the National Academy of Sciences of the United States of America, 109(25): 10042-10046.

Kim J, Dong HL, Seabaugh J, et al. 2004. Role of microbes in the smectite-to-illite reaction. Science, 303(5659): 830-832.

Lam P, Cowen J P, Popp B N, et al. 2008. Microbial ammonia oxidation and enhanced nitrogen cycling in the endeavour hydrothermal plume. Geochimica et Cosmochimica Acta, 72(9): 2268-2286.

Lang S Q, Früh-Green G L, Bernasconi S M, et al. 2013. Sources of organic nitrogen at the serpentinite-hosted lost city hydrothermal field. Geobiology, 11(2): 154-169.

Levar CE, Chan CH, Mehta-Kolte MG, et al. 2014. An inner membrane cytochrome required only for reduction of high redox potential extracellular electron acceptors. mBio, 5(6): e02034-14.

Levar CE, Hoffman CL, Dunshee AJ, et al. 2017. Redox potential as a master variable controlling pathways of metal reduction by geobacter sulfurreducens. The ISME Journal, 11(3): 741-752.

Li H, Chen S, Mu BZ, et al. 2010. Molecular detection of anaerobic ammonium-oxidizing (anammox) bacteria in high-temperature petroleum reservoirs. Microbial Ecology, 60: 771-783.

Li J, Crowe SA, Miklesh D, et al. 2012. Carbon mineralization and oxygen dynamics in sediments with deep oxygen penetration, lake superior. Limnol Oceanogr, 57(6): 1634-1650.

Li J, Katsev S. 2014. Nitrogen cycling in deeply oxygenated sediments: results in lake superior and implications for marine sediments. Limnol Oceanogr, 59(2): 465-481.

Lipp JS, Morono Y, Inagaki F, et al. 2008. Significant contribution of archaea to extant biomass in marine subsurface sediments. Nature, 454(7207): 991-994.

Liu CY, Chen CL, Lee YC, et al. 2016. First observation of physically capturing and maneuvering bacteria using magnetic clays. ACS Appl Mater Interfaces, 8: 411-418.

Liu F, Rotaru AE, Shrestha PM, et al. 2012a. Promoting direct interspecies electron transfer with activated carbon. Energy and Environmental Science, 5(10): 8982-8989.

Liu F, Rotaru AE, Shrestha PM, et al. 2015a. Magnetite compensates for the lack of a pilin - associated c-type cytochrome in extracellular electron exchange. Environmental Microbiology, 17(3): 648-655.

Liu J, Wang Z, Belchik SM, et al. 2012b. Identification and characterization of MtoA: a decaheme c-type cytochrome of the neutrophilic Fe(II)-oxidizing bacterium *Sideroxydans lithotrophicus* ES-1. Frontiers in Microbiology, 3: 37.

Liu Y, Fredrickson JK, Zachara JM, et al. 2015b. Direct involvement of *omb*B, *oma*B, and *omc*B genes in extracellular reduction of Fe(III)by *Geobacter sulfurreducens* PCA. Frontiers in Microbiology, 6: 1075.

Lomstein B, Langerhuus A, D'Hondt S, et al. 2012. Endospore abundance, microbial growth and necromass turnover in deep sub-seafloor sediment. Nature, 484(7392): 101-104.

Lovley DR. 2017. Syntrophy goes electric: direct interspecies electron transfer. Annual Review of Microbiology, 71: 643-664.

Lovley DR, Phillips EJ. 1988. Novel mode of microbial energy metabolism: organic carbon oxidation coupled to dissimilatory reduction of iron or manganese. Applied and Environmental Microbiology, 54(6): 1472-1480.

Lovley DR, Phillips EJ, Lonergan DJ. 1989. Hydrogen and formate oxidation coupled to dissimilatory reduction of iron or manganese by *Alteromonas putrefaciens*. Applied and Environmental Microbiology, 55(3): 700-706.

Lovley DR, Phillips EJP, Chapelle FH. 1990. Fe(III)-reducing bacteria in deeply buried sediments of the atlantic coastal plain. Geology, 18(10): 954-957.

Lovley DR, Stolz JF, Nord GL, et al. 1987. Anaerobic production of magnetite by a dissimilatory iron-reducing microorganism. Nature, 330(6145): 252-254.

Magnabosco C, Ryan K, Lau MC, et al. 2015. A metagenomic window into carbon metabolism at 3 km depth in Precambrian continental crust. The ISME Journal, 10(3): 730-741.

Malvankar NS, Vargas M, Nevin K, et al. 2015. Structural basis for metallic-like conductivity in microbial nanowires. mBio, 6(2): e00084-15.

Malvankar NS, Vargas M, Nevin KP, et al. 2011. Tunable metallic-like conductivity in microbial nanowire networks. Nature Nanotechnol, 6(9): 573-579.

Malvankar NS, Yalcin SE, Tuominen MT, et al. 2014. Visualization of charge propagation along individual pili proteins using ambient electrostatic force microscopy. Nature Nanotechnology, 9(12): 1012-1017.

McAleer EB, Coxon CE, Richards KG, et al. 2016. Groundwater nitrate reduction versus dissolved gas production: a tale of two catchments. Science of the Total Environment, 586: 372-389.

Mills HJ, Reese BK, Shepard AK, et al. 2012. Characterization of metabolically active bacterial populations in subseafloor nankai trough sediments above, within, and below the sulfate-methane transition zone. Frontiers in Microbiology, 3: 113.

Morono Y, Terada T, Kallmeyer J, et al. 2013. An improved cell separation technique for marine subsurface sediments: applications for high-throughput analysis using flow cytometry and cell sorting. Environmental Microbiology, 15(10): 2841-2849.

Morono Y, Terada T, Nishizawa M, et al. 2011. Carbon and nitrogen assimilation in deep subseafloor microbial cells. Proceedings of the National Academy of Sciences of the United States of America, 108(45): 18295-18300.

Myers CR, Nealson KH. 1988. Bacterial manganese reduction and growth with manganese oxide as the sole electron acceptor. Science, 240(4857): 1319-1321.

Newsome L, Morris K, Trivedi D, et al. 2014. Microbial reduction of uranium(VI) in sediments of different lithologies collected from Sellafield. Appl Geochem, 51: 55-64.

Nishizawa M, Koba K, Makabe A, et al. 2013. Nitrification-driven forms of nitrogen metabolism in microbial mat communities thriving along an ammonium-enriched subsurface geothermal stream. Geochimica et Cosmochimica Acta, 113(4): 152-173.

Nunoura T, Nishizawa M, Kikuchi T, et al. 2013. Molecular biological and isotopic biogeochemical prognoses of the nitrification - driven dynamic microbial nitrogen cycle in hadopelagic sediments. Environmental Microbiology, 15(11): 3087-3107.

Orcutt BN, LaRowe DE, Biddle JF, et al. 2013. Microbial activity in the marine deep biosphere: progress and prospects. Frontiers in Microbiology, 4: 189.

Orphan VJ, House CH, Hinrichs KU, et al. 2001. Methane-consuming archaea revealed by directly coupled isotopic and phylogenetic analysis. Science, 293(5529): 484-487.

Orsi W D, Edgcomb V P, Christman G D, et al. 2013. Gene expression in the deep biosphere. Nature, 499(7547): 205-208.

Ouyang B, Lu X, Liu H, et al. 2014. Reduction of jarosite by *Shewanella oneidensis* MR-1 and secondary mineralization. Geochimica et Cosmochimica Acta, 124: 54-71.

Pernthaler A, Dekas AE, Brown CT, et al. 2008. Diverse syntrophic partnerships from deep-sea methane vents revealed by direct cell capture and metagenomics. Proceedings of the National Academy of Sciences of the United States of America, 105(19): 7052-7057.

Picard A, Daniel I. 2013. Pressure as an environmental parameter for microbial life — A review. Biophysical Chemistry, 183(24): 30-41.

Rabus R, Hansen TA, Widdel F. 2006. Dissimilatory sulfate- and sulfur-reducing prokaryotes. The Prokaryotes. New York: Springer, 659-768.

Reguera G, McCarthy KD, Mehta T, et al. 2005. Extracellular electron transfer via microbial nanowires. Nature, 435(7045): 1098-1101.

Richardson LL, Nealson KH. 1998. Distributions of manganese, iron, and manganese-oxidizing bacteria in Lake Superior sediments of different organic carbon content. J Great Lakes Res, 15: 123-132.

Rivett M O, Buss S R, Morgan P, et al. 2008. Nitrate attenuation in groundwater: a review of biogeochemical controlling processes. Water Research, 42(16): 4215-4232.

Rotaru AE, Calabrese F, Stryhanyuk H, et al. 2018. Conductive particles enable syntrophic acetate oxidation between geobacter and methanosarcina from coastal sediments. mBio, 9(3): e00226-18.

Schaedler F, Lockwood C, Lueder U, et al. 2018. Microbially mediated coupling of Fe and N cycles by nitrate-reducing Fe(II)-oxidizing bacteria in littoral freshwater sediments. Applied and Environmental Microbiology, 84(2): e02013-17.

Schindler M, Legrand CA, Hochella Jr MF. 2015. Alteration, adsorption and nucleation processes on clay–water interfaces: mechanisms for the retention of uranium by altered clay surfaces on the nanometer scale. Geochimica et Cosmochimica Acta, 153: 15-36.

Seitzinger S, Harrison J A, Bohlke J K, et al. 2006. Denitrification across landscapes and waterscapes. Ecological Applications, 16(6): 2064-2090.

Shi L, Dong H, Reguera G, et al. 2016. Extracellular electron transfer mechanisms between microorganisms and minerals. Nature Reviews Microbiology, 14(10): 651-662.

Shi L, Richardson DJ, Wang Z, et al. 2009. The roles of outer membrane cytochromes of *Shewanella* and *Geobacter* in extracellular electron transfer. Environmental Microbiology

Reports, 1(4): 220-227.

Shi L, Rosso KM, Clarke TA, et al. 2012a. Molecular underpinnings of Fe(III)oxide reduction by
Shewanella oneidensis MR-1. Frontiers in Microbiology, 3(50): 50.

Shi L, Rosso KM, Zachara JM, et al. 2012b. Mtr extracellular electron-transfer pathways in Fe(III)-
reducing or Fe(II)-oxidizing bacteria: a genomic perspective. Biochem Soc Trans, 40(40): 1261-
1267.

Shi L, Squier TC, Zachara JM, et al. 2007. Respiration of metal(hydr)oxides by Shewanella and
Geobacter: a key role for multihaem c-type cytochromes. Molecular Microbiology, 65(1): 12-20.

Simkus D N, Slater G F, Lollar B S, et al. 2016, Variations in microbial carbon sources and cycling
in the deep continental subsurface. Geochimica et Cosmochimica Acta, 173: 264-283.

Sly PG, Thomas RL. 1974. Review of geological research as it relates to an understanding of great
lakes limnology. J Fish Res Board Can, 31(5): 795-825.

Sun J, Chillrud SN, Mailloux BJ, et al. 2016. Enhanced and stabilized arsenic retention in
microcosms through the microbial oxidation of ferrous iron by nitrate. Chemosphere, 144(3-4):
1106-1115.

Suzuki Y, Banfield JF. 1999. Geomicrobiology of uranium. Reviews in Mineralogy and
Geochemistry, 38(1): 393-432.

Tan Y, Adhikari RY, Malvankar NS, et al. 2017. Expressing the Geobacter metallireducens pilA in
Geobacter sulfurreducens yields pili with exceptional conductivity. mBio, 8(1): e02203-16.

Thiel V, Peckmann J, Richnow HH, et al. 2001. Molecular signals for anaerobic methane oxidation
in Black Sea seep carbonates and a microbial mat. Marine Chemistry, 73(2): 97-112.

Treude T, Krause S, Maltby J, et al. 2014. Sulfate reduction and methane oxidation activity below
the sulfate-methane transition zone in Alaskan Beaufort Sea continental margin sediments:
implications for deep sulfur cycling. Geochimica et Cosmochimica Acta, 144: 217-237.

Trias R, Menez B, Le Campion P, et al. 2017. High reactivity of deep biota under anthropogenic
CO_2 injection into basalt. Nature Communications, 8(1): 1063.

Urrutia MM, Roden EE, Zachara JM, 1999. Influence of aqueous and solid-phase Fe(II)
complexants on microbial reduction of crystalline iron(III) oxides. Environmental Science &
Technology, 33(22): 4022-4028.

van de Velde S, Lesven L, Burdorf LDW, et al. 2016. The impact of electrogenic sulfur oxidation
on the biogeochemistry of coastal sediments: a field study. Geochimica et Cosmochimica Acta,
194: 211-232.

Vargas M, Malvankar NS, Tremblay PL, et al. 2013. Aromatic amino acids required for pili conductivity and long-range extracellular electron transport in *Geobacter sulfurreducens*.mBio, 4(2): e00105-13.

Wankel SD, Adams MM, Johnston DT, et al. 2012. Anaerobic methane oxidation in metalliferous hydrothermal sediments: influence on carbon flux and decoupling from sulfate reduction. Environmental Microbiology, 14(10): 2726-2740.

Weber KA, Achenbach LA, Coates JD. 2006. Microorganisms pumping iron: anaerobic microbial iron oxidation and reduction. Nature Reviews Microbiology, 4(10): 752-764.

Whitman WB, Coleman DC, Wiebe WJ. 1998. Prokaryotes: the unseen majority. Proceedings of the National Academy of Sciences of the United States of America, 95(12): 6578-6583.

Wortmann UG, Bernasconi SM, Böttcher ME. 2001. Hypersulfidic deep biosphere indicates extreme sulfur isotope fractionation during single-step microbial sulfate reduction. Geology, 29: 647-650.

Xie S, Lipp J S, Wegener G, et al. 2013. Turnover of microbial lipids in the deep biosphere and growth of benthic archaeal populations. Proceedings of the National Academy of Sciences of the United States of America, 110(15): 6010-6014.

Yan H, Catania C, Bazan GC. 2015. Membrane-intercalating conjugated oligoelectrolytes: impact on bioelectrochemical systems. Advanced Materials, 27(19): 2958-2973.

Yung M, Jiao Y. 2014. Biomineralization of uranium by PhoY phosphatase activity aids cell survival in *Caulobacter crescentus*. Applied and Environmental Microbiology, 80(16): 4795-4804.

Zakharova YR, Parfenova VV, Granina LZ, et al. 2010. Distribution of iron and manganese oxidizing bacteria in the bottom sediments of Lake Baikal. Inland Water Biology, 3(4): 313-321.

第八章
深地微生物资源的开发与应用

深地环境生活着数量巨大及多样性丰富的微生物,由于其环境的特殊性(如高温、低温、高压、厌氧和寡营养等),这些微生物常具有独特的生命特征,其代谢活动和产物可能具有重要的应用价值。但是,受技术手段的限制,目前对深地微生物的研究相对较少,这些潜在的生物资源至今在很大程度上依然处于待认识和待开发状态。近年来,随着新知识的获得和新技术的应用,深地生物圈的神秘面纱正在逐渐揭开。可以预计,作为这个星球上最后一个待开发的生物资源宝库,深地微生物资源将会在国民经济和社会发展中得到日益广泛的应用。本章介绍深地微生物及其在不同领域的应用潜力。

第一节 深地微生物在生物技术中的应用

含铁矿物常见于深地环境中,在这种环境中,含三价铁[Fe(Ⅲ)]的矿物可作为微生物厌氧呼吸的末端电子受体,而含二价铁[Fe(Ⅱ)]的矿物可作为微生物自养生长的能量和电子来源。例如,富含细胞色素 c 的甲烷氧化古菌(HGW-Methanoperedenaceae-1)在深地环境中很可能通过还原含 Fe(Ⅲ)的矿物来氧化甲烷(Hernsdorf et al., 2017)。同样,向 400～800m 深的橄榄玄武岩–拉斑玄武岩中注入 CO_2 后,会引起地下水酸化,酸化的地下水会加快矿物的溶解,从而提高水相中二价铁离子的浓度,最终促进二价铁氧化微生物披毛菌(Gallionellaceae)的生长(Trias et al., 2017)。因此,铁氧化还原微生物是深地中常见的微生物。

微生物介导的铁氧化还原反应通常发生在微生物与矿物界面的微环境中,这主要是因为 Fe(Ⅲ)在近中性的条件下几乎不溶于水(Shi et al., 2007)。大部分铁氧化还原微生物均具有胞外电子传导能力，能够将细胞内的代谢反应和细胞外铁的氧化还原反应耦合在一起（Shi et al., 2016a；邱轩和石良，2017）。具有胞外电子传导能力的地下微生物可以用于生物修复地下污染物、生产新型纳米材料及生物能源。

一、污染物的生物修复

Fe（Ⅲ）还原微生物可以将水溶性的六价铬［Cr（Ⅵ）］、四价/六价硒［Se（Ⅳ）/Se（Ⅵ）］、七价锝［Tc（Ⅶ）］和六价铀［U（Ⅵ）］等金属离子污染物分别还原成水溶性较低的 Cr（Ⅲ）、Se（0）、Tc（Ⅳ）和 U（Ⅳ），从而将这些污染物从水相中沉淀出来。这些还原反应可以用于重金属污染的生物修复（Watts and Lloyd, 2013）［图 8-1（a）］。例如，向含铀污染物的地下注入乙酸盐［Fe（Ⅲ）还原微生物的一种电子供体］，能降低污染区域地下水中 U（Ⅵ）的含量。这可能是通过地杆菌（*Geobacter* sp.）直接将 U（Ⅵ）还原成 U（Ⅳ）来实现的（Anderson et al., 2003）。另外，地杆菌还原含 Fe（Ⅲ）矿物所产生的 Fe（Ⅱ）也能将 Cr（Ⅵ）和 Tc（Ⅶ）分别还原成 Cr（Ⅳ）和 Tc（Ⅳ）［图8-1（b）］，在此过程中，一部分 Tc（Ⅳ）会被固化入矿物中（Brookshaw et al., 2014）。因此，原位促进地杆菌的活性，有利于 Cr（Ⅵ）和 Tc（Ⅶ）污染的修复。另外，深地环境中 Fe（Ⅲ）还原微生物的活动也有利于核废料的长期地质储存（Hernsdorf et al., 2017）。

Fe（Ⅲ）还原微生物还可直接或间接地降解有机污染。例如，金属还原地杆菌（*Geobacter metallireducens*）能够将苯甲酸、甲苯、苯酚和对苯酚等芳烃污染物的氧化降解反应与 Fe（Ⅲ）的还原过程偶联起来（Lovley et al., 1989）［图 8-1（c）］。金属还原地杆菌和地杆菌的 Ben 菌株可分别以柠檬酸铁和含 Fe（Ⅲ）矿物作为电子受体，降解苯基芳香族污染物（Zhang et al., 2012）。进一步的研究表明，金属还原地杆菌通过羟基化将苯转变成苯酚，再氧化成 CO_2，实现对苯的氧化降解（Zhang et al., 2013）。金属还原地杆菌将苯氧化成苯酚的基因与之前认为的苯羟基化基因没有同源性，表明该菌株采用了新的苯厌氧降解机制。此外，硫还原地杆菌（*Geobacter sulfurreducens*）氧化乙酸盐的过程也是通过导电矿物与脱亚硫酸菌（*Desulfitobacterium*）菌和脱卤拟球菌还原降解三氯乙烯的过程耦合［图 8-1（d）］。值得注意的是，希瓦氏菌（*Shewanella* sp.）在厌氧条件下还原 Fe（Ⅲ）生成 Fe（Ⅱ），而在有氧条

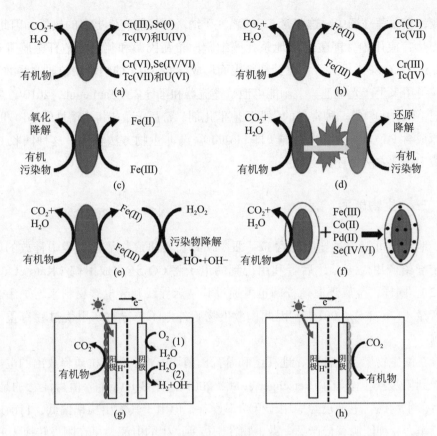

图 8-1　地下微生物在生物技术中的应用（邱轩和石良，2017）

红色、蓝色和绿色椭圆代表不同的微生物；紫色爆炸代表导电的矿物；黄色箭头代表电子传导方向

件下产生过氧化氢（H_2O_2）。Fe（Ⅱ）与 H_2O_2 可经芬顿反应 ［Fenton reaction，Fe（Ⅱ）+ H_2O_2 ⟶ Fe（Ⅲ）+ OH− + HO· ］产生羟自由基（HO·）。形成的 HO· 能降解包括 1，4- 二噁烷在内的多种有机污染物。因此，轮换希瓦氏菌的厌氧生长与有氧生长条件，就能氧化降解包括 1，4- 二噁烷在内的多种污染物 ［图 8-1（e）］。需要强调的是，希瓦氏菌和地杆菌常见于地下环境（Lin et al.，2012）。

二、新型纳米材料

金属还原微生物在胞外还原含 Fe（Ⅲ）矿物的过程中，通常会在细胞表面形成磁铁矿纳米颗粒 ［图 8-1（f）］。例如，地杆菌胞外还原 Co（Ⅱ）-Fe（Ⅲ）氢氧化合物后，可形成含 Co 的磁铁矿纳米颗粒。与不含 Co 的磁铁矿纳米颗粒比较，在振荡磁场中，这些含 Co 的磁铁矿纳米颗粒能产生更多的热量，因此，在磁热疗应用中，能更有效地杀死癌细胞。希瓦氏菌和硫还原地杆菌胞外还原 Se（Ⅳ）/Se（Ⅵ）后，在其细胞表面形成含 Se（0）的纳米颗粒。这些纳米颗粒可用来生产光电池、太阳能电池、整流器和半导体（Tam et al., 2010）。零价钯［Pd（0）］是一种常见的化学反应催化剂。希瓦氏菌能将水溶性的 Pd（Ⅱ）还原成含 Pd（0）的纳米颗粒（即 bio-Pd）。与非生物方法相比，这种回收 Pd 的微生物学方法更环保更经济。

三、生物能源

地杆菌可能通过导电的含 Fe（Ⅲ）矿物将有机底物氧化过程中释放的电子传导给产甲烷古菌，后者利用得到的电子将 CO_2 还原成甲烷（Kato et al., 2012）。同样，金属还原地杆菌也可通过其纳米导线和导电碳材料来增加甲烷的产量（Liu et al., 2015）。因此，微生物胞外电子传导对产甲烷过程有重要影响。

在微生物燃料电池中，地杆菌和希瓦氏菌均能将氧化有机质释放出的电子传导到阳极产生电流（Bretschger et al., 2007）［图 8-1（g）］。值得注意的是，虽然微生物燃料电池已经应用于低功率设备，但由于其输出功率偏低，目前还不能作为一种能源替代产品。微生物在阳极所产生的电流，可在阴极转换为 H_2 ［图 8-1（g）］。相关的装置也被称作微生物电解电池。

微生物电合成有机物是生物技术应用领域的新方向。与上述的微生物电解电池相反，在微生物电合成过程中，微生物从阴极接受电子作为能源，并以 CO_2 作为原料合成有机物，包括生物燃料［图 8-1（h）］。不过，目前微生物电合成技术还处于初期，尚未达到大规模生产阶段（Rabaey and Rozendal, 2010）。另外，光照赤铁矿和希瓦氏菌或硫还原地杆菌组成的微生物燃料电池能增加电流的产出。因此，这类微生物燃料电池能将光能转换成电能［图 8-1（g）］。同样，在以维生素 C 作为电子供体、锐钛矿为阳极、石墨为阴极、水溶 Fe（Ⅲ）为电子介质、嗜酸氧化亚铁硫杆菌为电子受体的系统里，光照能增加电子由维生素 C 到锐钛矿阳极的传导。这些光激活的电子（即光电子）在阴极将 Fe（Ⅲ）还原成 Fe（Ⅱ），随后嗜酸氧化亚铁硫杆菌胞外氧化 Fe（Ⅱ），并将获得的电子传入细胞内用于固定 CO_2 及细胞生长（Lu et al., 2012）。该系统代表了一种将光能转换成化学能的全新方法［图 8-1（h）］。

目前，制约深地微生物在生物技术中应用的主要障碍之一是缺乏对这些微生物介导的氧化还原反应过程的分子机理的认识。例如，目前人们对微生物将电子由细胞内传导到细胞外电极的过程已比较了解，但电子从细胞外电极传导到细胞内受体的机理仍不清楚，这就限制了微生物电合成技术的发展。在分子水平上认识这些电子传导过程的机理，能够为利用微生物电合成技术，将温室气体 CO_2 转化成各种化合物包括新型生物燃料提供理论指导。因此，开展深地微生物介导地球生物化学过程分子机理的研究不仅能够促进深地微生物在上述生物技术中的应用，也会有效地推动深地微生物在金属锈蚀的防治、页岩气开采、核废料地质储存和 CO_2 深地封存等其他领域中的应用。

第二节　深地微生物对页岩气开采的影响

页岩气是指主体位于致密页岩中，以吸附或游离状态为主要存在方式的天然气聚集体（张金川等，2004）。全球页岩气资源储量约占天然气能源的 1/3。勘探数据表明，中国、俄罗斯、美国、加拿大、巴西、阿根廷、澳大利亚，以及一些非洲和欧洲国家均拥有极为丰富的页岩气资源。中国是世界上第三个成功实现页岩气开发的国家（邹才能等，2016），全国页岩气地质资源潜力为 134.42 万亿 m^3（不含青藏区），可采资源潜力为 25.08 万亿 m^3（不含青藏区）。页岩气的开采主要采用水力压裂法，即在高压下注入大量液体到地层中，迫使断裂的页岩形成人工裂缝，从而增加并扩大油气渗流通道，使油气以最佳流速进入井筒。水力压裂后，泵压降低，地层中的水通过井管返流到地面，这种水被称为"回流水"（Gregory et al.，2011）。通过研究返排水中的微生物组成可以间接地认识深地微生物群落的结构和变化。

目前，与页岩气开采有关的深地微生物类群变化的研究报道不多，对页岩中微生物多样性也知之甚少（Colwell and D'Hondt，2013）。与大多数深地环境不同，黑色页岩富含有机碳，可作为微生物生长的能源、电子供体和碳源。另外，微生物生活在页岩相互连通的气孔和裂缝中，因此裂缝孔隙大小和孔隙之间的连通情况是制约页岩微生物生存的最重要因素，水力压裂造成的页岩孔隙度的增加会增大微生物生长的空间。

在页岩中已发现的微生物主要类群包括发酵或互养共生细菌、产甲烷古

菌、硫酸盐还原细菌、多聚乙酰细菌及三价铁还原微生物（Schlegel et al.,
2011；Darrah et al., 2015）。另外，因为钻井液和压裂液含有水、沙、化学试
剂和地表微生物，钻井液和压裂液也会为页岩中引入地表微生物和各种化学
物质。

分析美国马塞勒斯页岩井回流水发现，与注入液中的微生物相比，初始
返排水和后期产出水微生物的多样性降低，但后期产出水微生物的数量显著
增高。因为后期产出水中的盐浓度可高达170g/L，所以后期产出水中的微
生物以盐厌氧菌属（Halanaerobium）、盐单胞菌科（Halomonadaceae）、海
杆菌（Marinobacter）、甲烷嗜盐菌属（Methanohalophilus）、甲烷叶菌属
（Methanolobus）和一个候选的新菌属"压裂杆菌属"（Candidatus Frackibacter）
六个类型为主。在这些微生物中，除了盐单胞菌科的一个属以外，其他微
生物均属于地表微生物，它们随注入液进入页岩，并能在高温（65℃）、高
压（5000psi）和高盐条件下生存。微生物也会在页岩裂隙内形成生物被膜
（Biofilm），堵塞裂隙，对页岩气的产出造成负面影响（Daly et al., 2016）。

宏基因组分析结果显示，这些能在页岩高盐环境下生存的微生物均可摄取
或合成渗透保护剂甘氨酸三甲胺内盐。另外，在初始返排水及后期产出水中检
查到甘氨酸三甲胺内盐，但在注入液中检测不到。这是因为，在地下病毒侵染
微生物后，导致微生物细胞破裂，细胞内的甘氨酸三甲胺内盐释放到返排水和
产出水中。需要指出的是，注入液化学物质包括甲胺、乙二醇、甲醇、胆碱、
二甲胺和蔗糖（Daly et al., 2016）。

海杆菌具有降解烷烃等有机物的功能，能够在有氧条件下或者以硝酸盐作
为电子受体，降解烷烃或葡萄糖等有机物。盐单胞菌则能够降解烷烃、安息香
酸盐和苯邻二酚，并通过还原硝酸盐和氧气来氧化纤维素、葡萄糖和乙酸盐。
盐单胞菌和盐厌氧菌可将硫代硫酸盐分别转化为亚硫酸盐和硫化物，引起金属
腐蚀和储层酸化，影响页岩气开采效果。盐厌氧菌也可将甘氨酸三甲胺内盐等
有机物发酵成乙醇、氢气和乙酸盐。压裂杆菌除了能利用氢气将 CO_2 转化为乙
酸盐外，也可将甘氨酸三甲胺内盐发酵成乙酸盐。甲烷嗜盐菌和甲烷叶菌利用
其他微生物生产的乙酸盐，以及注入液中的甲醇、二甲胺和甲胺合成甲烷，促
进页岩气的产出（Daly et al., 2016）。

人们对深地微生物在页岩气开采中影响的认识才刚刚开始，目前的结果均
显示，深地微生物对页岩气开采有正面和负面的双重影响。因此，进一步研究
页岩气开采与深地微生物的相互影响，将有助于促进页岩气的有效开采。

第三节 深地微生物与油气开采

油藏区域，蕴含着丰富的微生物类群；油藏微生物群落结构多样，功能各异，形成了深部地下一个独特的微生物生态系统（Hallmann et al.，2008）。油藏区域富含烃类，烃降解微生物以烃类化合物为碳源/能源生长繁殖，其代谢产物又为下游微生物（如产甲烷古菌）提供营养物质并产生甲烷，从而维持烃降解－产甲烷微生物系统的运行（Jones et al.，2008）；在这个过程中，微生物自身生长的同时自然地改变了油藏原位原油的组成、性质及其在多孔介质孔隙中的流动性（Dolfing et al.，2008）。基于这一特殊功能，将油藏微生物进一步应用于枯竭油藏残余油的生物开采（Gieg et al.，2008）、复杂油藏生物改造（Bachmann et al.，2014），以及油藏环境 CO_2 生物转化与资源化利用，是油藏微生物一个崭新的应用领域（见第五章图 5-3 和图 5-4 及相关文字）。

近 20 多年来，人们在油藏微生物群落结构与功能及油藏微生物应用方面开展了一系列研究工作，取得了许多宝贵的经验（Safdel et al.，2017）。然而，将油藏微生物用于复杂油藏生物改造和枯竭油藏残余油的生物开采，目前仍存在诸多科学认识和技术策略方面的难题（王立影等，2010）。其中需要解决的关键科学问题主要有三个：①藏多孔介质中微生物生长运移的规律，即在地面注入工艺等不同的外界干扰条件下，微生物在目标油藏中迁移与波及范围及其原位活性的表达模式；②石油烃厌氧生物降解反应动力学特征与反应限制步骤，即烃降解反应进行的方向和限度及反应速率等热力学与动力学特征；③ CO_2 生物转化与甲烷生成途径和电子供体，即电子供体来源，以及电子供体与所对应的反应途径之间的相互关系，这是提高生物转化速率的基础与关键。而面临的技术瓶颈主要也有三个：①油藏微生物群落结构与功能解析技术和油藏评价技术；②目标油藏功能微生物菌系结构调控技术；③油藏生物开采与跟踪评价技术，即解决如何筛选目标油藏、如何构建注入体系及如何调整注入方案等关键技术问题。

我国目前面临能源短缺与大量石油资源未能有效开发利用的突出问题。由于开采技术的制约，常规油藏平均采收率目前尚不及 35%；而对占已探明储量约 50% 的复杂低品位油气资源，采出程度更低。据预测，采用现有开采技术，到 2030 年，我国石油供应年缺口将超过 3 亿 t，对外依存度将超过 60%，面临重大经济安全问题（邱中建等，2011）。显然，传统的工艺技术已经难以满足这类油藏开发的需要，生物开采将是提高枯竭油藏与复杂油藏采出程度一个新的技术突破口。

第四节　深地微生物与 CO_2 的地质封存

在大气 CO_2 浓度升高极有可能导致全球气候异常和极端天气事件频发的大背景下，固定和封存大气 CO_2 成为维持人类社会可持续发展的紧迫任务。在多种 CO_2 封存策略中，将 CO_2 注入地下岩石构造以实现 CO_2 长期与大气隔绝的过程称为地质封存。因其较低的成本和潜在封存地点的广泛分布，地质封存被认为是最具工业应用潜力的 CO_2 封存方法（Lackner，2003）。

一、深地生物圈在 CO_2 地质封存中的潜在作用

在深部地层中 CO_2 与围岩反应生成碳酸盐是有效封存 CO_2 的方式之一，这样可以避免 CO_2 的后期泄漏而降低地质封存的环境风险，在这个过程中，CO_2 矿化反应的热力学与动力学过程是封存与固定的关键。深地生物圈参与 CO_2 地质封存的研究还不多。但从已完成的 CO_2 地质封存看，深地生物圈可能成为提高 CO_2 封存效率的因素。一方面，深地微生物活动有可能直接转化 CO_2 形成碳酸盐矿物，从而实现 CO_2 地质封存与固定。已有研究报道，在微生物降解有机质的过程中会形成大量碳酸盐矿物，从而固定由成岩阶段释放的 CO_2；与此同时，近地表岩石的微生物风化也与地表玄武岩风化表面类似，出现大量包括方解石和高岭石的次生矿物。另一方面，CO_2 碳酸盐化速率受限于地质体中 Mg、Ca 和 Fe 等元素的释放速率；大量野外和室内实验研究表明，微生物可以显著地加快岩石和矿物的分解，释放其中所含的这些元素。在夏威夷地区，地衣（真菌 + 藻类）对玄武岩的风化速率是无菌玄武岩风化速率的 12～72 倍；类似作用的最大深度还没有确定，但其影响不容忽视。此外，在微观机制上，微生物细胞及其代谢产物还有利于碳酸盐矿物的成核和生长（Zhu et al.，2017）。综上所述，虽然深地的微生物活动较地表要慢很多（Lovley and Chapelle，1995），但是其生理生化过程对碳酸盐矿物形成的促进作用不容忽视。若能够有目的地

调控地下微生物群落的结构和干预地球化学环境，则有可能显著提高碳酸盐矿物形成速率和 CO_2 地质封存效率。

深地微生物群落也可能干扰 CO_2 地质封存工程，在试验场中已发现微生物被膜可以堵塞 CO_2 注入管体（Morozova et al.，2010）及腐蚀管壁（Pitonzo et al.，2004），降低注入速率。在注入地层中还存在一些微生物及其衍生物（如内生孢子、有机聚合物、酶和溶解的细胞）会影响 CO_2 生物地球化学转化过程。因此，科学调控和运用深地生物圈的微生物群落可优化提高 CO_2 地质封存效率和处置安全，同时也可避免微生物群落的工程危害，相关课题应当成为深地生物圈研究的重要内容。

二、CO_2 地质封存对深地生物圈的影响

历经长期的地球化学演变，地层中的微生物群落结构具有稳定性，往往存在大量硫酸盐还原菌、铁还原菌、产乙酸菌和产甲烷菌（Lovley and Chapelle，1995）。CO_2 地质封存会改变地球深部环境的物理和化学条件，进而影响原位土著微生物的功能群组成。从理论上看，注入岩层的超临界 CO_2 会在地层流体中经历水解反应，导致 pH 降低 1.5～4.0 个单位；超临界 CO_2 会降低微生物被膜的电位结构和被膜的完整性，甚至有可能杀死储层中的微生物。但是，CO_2 试验场观察到的情况并非如此，注入地层的 CO_2 会在储库内扩散，形成羽毛状分布特征，在空间上存在 CO_2 浓度梯度，浓度较低的区域可以作为自养型微生物的碳源和电子受体；异养型微生物可以利用储层中砂岩超临界 CO_2 作用形成的有机质（如有机酸和甲基烷烃）（Scherf et al.，2011）。在 CO_2 浓度高的区域，注入的 CO_2 可以加快矿物溶解，为微生物提供营养元素和电子受体；同时，嗜好高 CO_2 浓度的微生物生理生化活动得到增强，进而形成新的微生境（Morozova et al.，2010）。但是，目前在注入 CO_2 对深地生物圈的影响方面还知之甚少，需要开展更为深入的实验研究和场地观测，为评估 CO_2 地质封存的工程安全和环境影响提供理论借鉴。

第五节　深地微生物与核废料的地质储存

核废料，也称放射性废物，是指任何含有放射性核素或被其污染的物质。核废料主要来自与核电站运营和核武器制造相关的两个过程（Fredrickson et al.，2004）。按放射性水平不同，核废料可被划分为高、中和低放射性三类。另外，按半衰期不同，放射性核废料也可分为长、中等和短寿命放射性核废料（郝卿，2013）。核废料的安全处置已成为决定核工业和核能的和平利用能否持续发展的关键因素。

核废料是一种难以再循环利用且具有长期危害的物质。其中，半衰期短的核废料危害时间相对较短，处置较易；而半衰期长的核废料造成的危害持续时间长，处理更为困难（郝卿，2013）。对低和中放核废料，目前采用的方法主要有陆地浅埋法和非矿井处置法；此外，还有海底处置法及海岛处置法等。高放核废料含有较多寿命长的辐射体，对处置方法及处置地点的要求相对较高。地质储存是目前公认的唯一可行的长期安全处置半衰期长和高放射性核废料的方法（Fredrickson et al.，2004；Hernsdorf et al.，2017）。正是这个原因，多国政府在可用于核废料储存的地质构造中建立地下实验室，评估核废料地质储存的可靠性和安全性，包括加拿大 Whiteshell 地下研究实验室、瑞典 Stripa 和 Aspö 地下研究实验室、瑞士 Mont Terri 地下实验室及日本幌延地下实验室等。

深地微生物会影响核废料储存库的可靠性和安全性（Lopezfernandez et al.，2015）。例如，金属在缺氧条件下的锈蚀过程中会释放氢气，从而增加封闭储存库中的压力，危及储存库结构的完整性；氢气是某些微生物的能源和电子来源，在其生长代谢过程中的作用是不可替代的。因此，相关研究重点不是核废料储存库中是否存在活性微生物，而是微生物是否会对核废料储存库的长期性能产生影响。

瑞士联邦政府在 Mont Terri 的硬泥黏土岩地质构造中建立了一个地下实验室。该硬泥黏土岩的平均孔隙为 10～20nm，并含菱铁矿和黄铁矿，其孔隙水中含有 10～25mm 的硫酸盐。对该硬泥黏土岩孔隙水中微生物的宏基因组分析结果表明，该硬泥黏土岩存在一个以氢气氧化–硫酸盐还原为主的微生物群落。在这个微生物群落里，首先，自养微生物硫酸盐还原细菌

Desulfobulbaceae c16a 和红螺菌科（Rhodospirillaceae c57）利用氢气作为电子和能量来源固定 CO_2。因此，通过氧化氢气，这两类微生物能减少氢气在储存库中的累积，避免氢气超压，有利于核废料长期安全性存储。其次，生丝单胞菌（*Hyphomonas* c22）将自养微生物合成的有机大分子发酵成乙酸盐。最后，消化球菌科（Peptococcaceae c4a，c8a，c23）及 *Desulfatitalea* c12 的硫酸盐还原细菌将发酵产生的乙酸盐氧化为 CO_2（Bagnoud et al.，2016）。需要强调的是，硫酸盐还原微生物可引发金属锈蚀，降低核废料长期存储的安全性。

同样，为了评估核废料地质储存的可靠性和安全性，日本原子能机构在北海道建立了幌延地下实验室。与瑞士 Mont Terri 地下实验室不同，幌延实验室建在沉积岩中，沉积岩主要是软硅藻泥岩，包括蛋白石 -A 及少量的石英、长石、黏土矿物、黄铁矿、方解石和菱铁矿。其地下水水温为 14～18℃，并含盐和氢气，地下水的 pH 条件接近中性。沉积岩孔隙水中微生物的宏基因组分析结果表明，沉积岩中也存在复杂的微生物群落。首先，在软硅藻泥岩中有机碳为呼吸和发酵微生物提供碳、能量和电子来源；其次，水中的氢气可作为三价铁和硫酸盐还原微生物的能量和电子来源。硫酸盐来自于石膏和黄铁矿。在原始状态下地下水中的硫酸盐含量很低，但是，在建造地质储存库的过程中，会带入大量氧气，加速硫酸盐释放。储存库建好后，氧气会被逐渐消耗掉，硫酸盐还原微生物就会利用建造储库过程中释放的硫酸盐为厌氧呼吸的末端电子受体。如上所述，硫酸盐还原微生物会对储存库的金属结构造成锈蚀，这对核废料长期存储的安全性有负面影响。另外，自养微生物可用氢气将 CO_2 固定为有机碳。同时，产甲烷古菌则可利用氢气合成甲烷。最后，厌氧甲烷氧化古菌可将甲烷氧化和三价铁还原耦合在一起。需要强调的是，这三种类型的微生物均可减少氢气和甲烷在储存库的累积，有利于核废料的长期存储（Hernsdorf et al.，2017）。另外，三价铁还原微生物可直接或通过二价铁间接地将水溶性的核污染物 U（Ⅵ）和 Tc（Ⅶ）还原成不溶于水的 U（Ⅳ）和 Tc（Ⅳ），有效地阻滞核污染物在地下水中的迁移，也有利于核废料的长期存储（Dong，2012；Shi et al.，2016b；Hernsdorf et al.，2017；邱轩和石良，2017）。

综上所述，深地微生物对核废料的地质储存也有正反两个方面的影响，包括降低储存库气压及诱导储存库金属结构的锈蚀等。所以，在核废料长期管理的规划设计中，除了物理和化学过程外，也需要详细了解可能发生的生物过程。因此，开展深地微生物的研究对深入认识核废料地质长期储存中可能发生的生物过程至关重要。

第六节 深海极端环境微生物资源的开发应用

深海海底构成了地球上最大的深地生物圈，涵盖了海底沉积物层和岩石圈层，以及洋中脊热液系统和海底冷泉系统。2003 年启动的综合大洋钻探计划（IODP）为探索深地生物圈提供了机会，推动了海底微生物的研究。2012 年，Expedition 337 航次重点调查了西太平洋深埋藏煤层中的深地生物圈，发现海底下 2500m 深的沉积物中也存在活的微生物（Inagaki et al.，2015）。Expedition 347 的海底钻探，发现了波罗的海海底沉积物中微生物的新种及多样性特征（Zinke et al.，2017）。可以预计，随着对地幔流及地壳构造的地质探索，微生物的生存极限预期将随之刷新。这将为海洋深地极端微生物资源获取提供机会，也为窥探深地生命过程带来机遇。

深海热液区温度、pH 和 Eh 等环境参数变化快且梯度大，甲烷、硫化物及各类金属离子等浓度高，独特的环境条件支撑着独特的（微）生物群落结构和生态系统。化能自养微生物是热液区生态系统的主要初级生产者，为整个热液生态系统提供有机物和能量，它们以还原性气体如 H_2S、H_2、CH_4 和 NH_3 乃至金属离子 Fe^{2+} 和 Mn^{2+} 为电子供体，并以 O_2、NO_3^-、SO_4^{2-} 和 CO_2 等为电子受体，固定 CO_2 合成有机物。对各种化能自养微生物，以及包括嗜热古菌在内的各种厌氧菌的分离培养将是一个长期艰巨的任务。

深海各类极端微生物，包括嗜（耐）热、嗜（耐）冷、嗜（耐）酸、嗜（耐）碱、嗜（耐）压和嗜（耐）盐微生物，在工业、农业、食品、医药、环保和冶金等领域有重要应用前景。但是，由于调查成本高、研究历史短、样品获取困难及微生物培养困难等多种障碍，真正进入实际应用阶段的深海微生物是凤毛麟角。据文献报道，目前国际上只有三种深海微生物的产物被实际应用，包括广泛用作工具酶的热液口嗜热古菌 DNA 聚合酶、可用于生产化妆品的热液区来源的细菌胞外多糖和用于生物燃料行业的一种酶。

自 2001 年以来，在中国大洋协会组织下，我国启动了深海基因资源勘探工作。2005 年，在科技部科技条件平台计划的支持下，建立了中国海洋微生物菌种保藏管理中心（Marine Culture Collection of China，MCCC）。目前库藏海洋微生物菌种 2 万余株，物种多样性丰富，有大量新物种。其中，从西南印度洋、西北印度洋、南大西洋中脊、北大西洋中脊及东太平洋海隆和弧后盆地热液区等洋中脊环境分离的有 3000 余株。

在国家及地方有关部门的大力支持下，在深海微生物资源的应用潜力评价方面也取得了明显进展，为深海活性物质与药物、深海生物环保、深海工业酶与多糖及深海生物农药等深海生物制品研发与应用打下了良好基础。在大洋协会深海（微）生物勘探与资源评价项目的支持下，"十一五"到"十二五"期间，申请深海基因资源相关专利 130 余项。推动了深海生物知识产权保护，快速提升了我国深海生物专利的拥有量。开展了深海微生物天然产物及其生物功能研究，获得了 300 余个新颖结构化合物，获得了一系列深海微生物酶，包括蛋白酶、酯酶、卤化酶、过氧化物酶、纤维素酶、琼胶酶、DNA 聚合酶和核酸酶等，为进一步产业化应用打下了良好基础。

未来十年，我国的"深海进入"能力将显著提升，特别是在深海钻探船、深海调查与原位观测技术装备方面将有重要突破。我国"深海进入"能力的提升，必将推动"深海开发"。在国家深海战略实施过程中，深海生物调查与深海生命过程研究水平将会明显提升。在获得高质量海洋深地样品的基础上，采用微生物组学技术和单细胞操作技术等手段，获得难培养微生物的基因组信息、重要功能基因与代谢途径。通过原位观测、实验室环境模拟与微生物组学分析，海洋深地生物圈及生物资源探测将有突破性进展。

深海基因资源是国际社会关注的热点问题。联合国将研究出台有关"国家管辖范围以外海域的生物多样性养护和可持续利用"（Biological biodiversity beyond national jurisdiction，BBNJ）的新国际协定，规范和限制国际海底等公海海洋生物基因资源的自由获取（高岩和李波，2018）。为保障深海资源勘探开发，我国已经出台了《中华人民共和国深海海底区域资源勘探开发法》，并于 2016 年 5 月 1 日起实施；这标志着我国进入了依法治海和依法用海的新时代。

本章参考文献

高岩，李波 . 2018. 我国深海微生物资源研发现状、挑战与对策 . 生物资源，40（1）：13-17.

郝卿 . 2013. 核废料处理方法及管理策略研究 . 保定：华北电力大学（硕士学位论文）.

邱轩，石良 . 2017. 微生物和含铁矿物之间的电子交换 . 化学学报，75：583-593.

邱中建，赵文智，胡素云，等 . 2011. 我国油气中长期发展趋势与战略选择 . 中国工程科学，13（6）：75-80.

王立影，Mbadinga，Serge，等 . 2010. 石油烃的厌氧生物降解对油藏残余油气化开采的启示 . 微生物学通报，37（1）：96-102.

张金川，金之钧，袁明生 . 2004. 页岩气成藏机理和分布 . 天然气工业，24（7）：15-18.

邹才能，董大忠，王玉满，等 . 2016. 中国页岩气特征，挑战及前景（二）. 石油勘探与开发，43（2）：166-178.

Anderson RT, Vrionis HA, Ortiz-Bernad I, et al. 2003. Stimulating the in situ activity of *Geobacter* species to remove uranium from the groundwater of a uranium-contaminated aquifer. Applied and Environmental Microbiology, 69(10): 5884-5891.

Bachmann RT, Johnson AC, Edyvean RGJ. 2014. Biotechnology in the petroleum industry: an overview. International Biodeterioration and Biodegradation, 86(Part C): 225-237.

Bagnoud A, Chourey K, Hettich R L, et al. 2016. Reconstructing a hydrogen-driven microbial metabolic 405 network in Opalinus Clay rock. Nature Communications, 7: 12770.

Bishop ME, Dong H, Kukkadapu RK, et al. 2011. Bioreduction of Fe-bearing clay minerals and their reactivity toward pertechnetate(Tc-99). Geochimicaet Cosmochimica Acta, 75(18): 5229-5246.

Bretschger O, Obraztsova A, Sturm CA, et al. 2007. Current production and metal oxide reduction by *Shewanella oneidensis* MR-1 wild type and mutants. Applied and Environmental Microbiology, 73(21): 7003-7012.

Brookshaw DR, Coker VS, Lloyd JR, et al. 2014. Redox interactions between Cr(VI)and Fe(II)in bioreduced biotite and chlorite. Environmental Science and Technology, 48(19): 11337-11342.

Colwell FS, D'Hondt S. 2013. Nature and extent of the deep biosphere. Reviews in Mineralogy and Geochemistry, 75(1): 547-574.

Daly R, Borton M, Wilkins M, et al. 2016. Microbial metabolisms in a 2.5-km-deep ecosystem created by hydraulic fracturing in shales. Nature Microbiology, 1: 16146.

Darrah TH, Jackson RB, Vengosh A, et al. 2015. The evolution of devonian hydrocarbon gases in shallow aquifers of the northern appalachian basin: insights from integrating noble gas and hydrocarbon geochemistry. Geochìmica et Cosmochimica Acta, 170: 321-355.

Dolfing J, Larter SR, Head IM. 2008. Thermodynamic constraints on methanogenic crude oil biodegradation. The ISME Journal, 2(4): 442-452.

Dong H. 2012 Clay-microbe interactions and implications for environmental mitigation. Elements,

8(2): 113-118.

Fredrickson JK, Zachara JM, Balkwill DL, et al. 2004. Geomicrobiology of high-level nuclear waste- contaminated vadose sediments at the hanford site, washington state. Applied and Environmental Microbiology, 70(7): 4230-4241.

Gieg LM, Duncan KE, Suflita JM. 2008. Bioenergy production via microbial conversion of residual oil to natural gas. Applied and Environmental Microbiology, 74(10): 3022-3029.

Gregory KB, Vidic RD, Dzombak DA. 2011. Water management challenges associated with the production of shale gas by hydraulic fracturing. Elements, 7(3): 181-186.

Hallmann C, Schwark L, Grice K. 2008. Community dynamics of anaerobic bacteria in deep petroleum reservoirs. Nature Geoscience, 1(9): 588-591.

Hernsdorf AW, Amano Y, Miyakawa K, et al. 2017. Potential for microbial H_2 and metal transformations associated with novel bacteria and archaea in deep terrestrial subsurface sediments. ISME J, 11(8): 1915-1929.

Inagaki F, Hinrichs KU, Kubo Y, et al. 2015. Deep biosphere. Exploring deep microbial life in coal-bearing sediment down to ~2.5 km below the ocean floor. Science, 349(6246): 420-424.

Jones DM, Head IM, Gray ND, et al. 2008. Crude-oil biodegradation via methanogenesis in subsurface petroleum reservoirs. Nature, 451(7175): 176-180.

Kato S, Hashimoto K, Watanabe K. 2012. Methanogenesis facilitated by electric syntrophy via(semi)conductive iron-oxide minerals. Environmental Microbiology, 14(7): 1646-1654.

Lackner KS. 2003. A guide to CO_2 sequestration. Science, 300(5626): 1677-1678.

Lin X, Kennedy D, Peacock A, et al. 2012. Distribution of microbial biomass and potential for anaerobic respiration in hanford site 300 area subsurface sediment. Applied and Environmental Microbiology, 78(3): 759-767.

Liu F, Rotaru AE, Shrestha PM, et al. 2015. Magnetite compensates for the lack of a pilin-associated c-type cytochrome in extracellular electron exchange. Environmental Microbiology, 17(3): 648-655.

Lopezfernandez M, Cherkouk A, Vilchezvargas R, et al. 2015. Bacterial diversity in bentonites, engineered barrier for deep geological disposal of radioactive wastes. Microbial Ecology, 70(4): 922-935.

Lovley DR, Baedecker MJ, Lonergan DJ, et al. 1989. Oxidation of aromatic contaminants coupled to microbial iron reduction. Nature, 339(6222): 297-300.

Lovley DR, Chapelle FH. 1995. Deep subsurface microbial processes. Reviews of Geophysics,

33(3): 365-381.

Lu A, Li Y, Jin S, et al. 2012. Growth of non-phototrophic microorganisms using solar energy through mineral photocatalysis. Nature Communications, 3: 768.

Morozova D, Wandrey M, Alawi M, et al. 2010. Monitoring of the microbial community composition in saline aquifers during CO_2 storage by fluorescence in situ hybridisation. International Journal of Greenhouse Gas Control, 4(6): 981-989.

Pitonzo BJ, Castro P, Amy P, et al. 2004. Microbiologically influenced corrosion capability of bacteria isolated from yucca mountain. Corrosion, 60: 64-74.

Rabaey K, Rozendal RA. 2010. Microbial electrosynthesis - revisiting the electrical route for microbial production. Nature Reviews Microbiology, 8(10): 706-716.

Safdel M, Anbaz MA, Daryasafar A, et al. 2017. Microbial enhanced oil recovery, a critical review on worldwide implemented field trials in different countries. Renewable and Sustainable Energy Reviews, 74: 159-172.

Scherf A-K, Zetazl C, Smirnova I, et al. 2011. Mobilisation of organic compounds from reservoir rocks through the injection of CO_2 - Comparison of baseline characterization and laboratory experiments. Energy Procedia, 4: 4524-4531.

Schlegel ME, Zhou Z, McIntosh JC, et al. 2011. Constraining the timing of microbial methane generation in an organic-rich shale using noble gases, Illinois Basin, USA. Chemical Geology, 287(1): 27-40.

Shi L, Dong H, Reguera G, et al. 2016a. Extracellular electron transfer mechanisms between microorganisms and minerals. Nature Reviews Microbiology, 14(10): 651-662.

Shi L, Dong H, Reguera G, et al. 2016b. Extracellular electron transfer mechanisms between microorganisms and minerals. Nature Reviews Microbiology, 14(10): 651-662.

Shi L, Squier TC, Zachara JM, et al. 2007. Respiration of metal(hydr)oxides by *Shewanella* and *Geobacter*: a key role for multihaem *c*-type cytochromes. Molecular Microbiology, 65(1): 12-20.

Tam K, Ho CT, Lee JH, et al. 2010. Growth mechanism of amorphous selenium nanoparticles synthesized by *Shewanella* sp. HN-41. Bioscience, Biotechnology, and Biochemistry, 74(4): 696-700.

Trembath-Reichert E, Morono Y, Ijiri A, et al. 2017. Methyl-compound use and slow growth characterize microbial life in 2-km-deep subseafloor coal and shale beds. Proceedings of the National Academy of Sciences of the United States of America, 114(44): E9206-E9215.

Trias R, Menez B, le Campion P, et al. 2017. High reactivity of deep biota under anthropogenic CO_2

injection into basalt. Nature Communications, 8: 1063.

Watts MP, Lloyd JR. 2013. Bioremediation via microbial metal redution//Microbial metal respiration, Berling Heidelberg: Springer-Verlag: 161-202.

Zhang T, Bain TS, Nevin KP, et al. 2012. Anaerobic benzene oxidation by *Geobacter* species. Applied and Environmental Microbiology, 78(23): 8304-8310.

Zhang T, Tremblay PL, Chaurasia AK, et al. 2013. Anaerobic benzene oxidation via phenol in *Geobacter metallireducens*. Applied and Environmental Microbiology, 79(24): 7800-7806.

Zhu T, Lu X, Dittrich M. 2017. Calcification on mortar by live and UV-killed biofilm-forming cyanobacterial Gloeocapsa PCC73106. Construction and Building Materials, 146: 43-53.

Zinke LA, Mullis MM, Bird JT, et al. 2017. Thriving or surviving? Evaluating active microbial guilds in Baltic Sea sediment. Environmental Microbiology Reports, 9(5): 528-536.

第九章
展望与建议

第一节 创建支撑国家深地战略的深地生物圈科学技术

一、国家深地探测计划为深地生物圈研究提供的机遇

习主席在 2016 年全国科技大会的讲话中指出："向地球深部进军是我们必须解决的战略科技问题"。我国已经把向地球深部进军定为科技战略。科技部建立了国家重点研发计划"深地资源勘查开采"重点专项 (2017 年)，自然资源部实施了"一核两深 (深地、深海) 三系"为主体的重大科技创新战略 (2018 年)，国家自然科学基金委员会地球科学部实行了"三深（深地、深海、深空）一系统"发展战略 (2019 年)。最近，根据习主席指示，生物安全已列入国家安全体系，要系统规划和建设国家生物安全风险防控和治理体系。这些无疑将大大推动深地生物圈的研究。

我国地球深部探测担负着透视地球、探采资源、拓展空间和绿色利用四大任务。目前我国的城市地下空间开发一般仅 30～50m，至多 100m，远不能满足城市发展和备战的需要。从支撑深地资源空间来说，要求形成 3000m 以浅的矿产资源勘探成套技术能力和 2000m 以浅的矿产资源开采成套技术能力，储备一批 5000m 以深的资源勘查前沿技术，6500～10 000m 的油气勘查技术；另外，"透明地球"技术体系建设，也要求达到 4000m 深度。上述各方面的要求，大部分都在深地生物圈范围之内，也就是说深地生物圈是向地球深部进军的重要组成部分。而我们目前对其知之甚少，不知道这个潘多拉魔盒打开之后，对国家深地战略会产生什么样的正面或负面的影响。因此，国家深地科技战略对深地生物圈的研究提出了迫切的挑战。同时，深地科技战略必然会向深地微生物

研究提供绝佳的发展机会，能够向它提出许多科学问题，获取许多难能可贵的样品和技术，使这门交叉学科通过承担重要任务迅速发展起来。预计我国深地生物圈科技可能有以下特色。

1. 突出陆地深地生物圈研究

相对于国际上海洋起步早、研究方法先进和成果突出的情况，我国陆地深地生物圈在以下几方面有可能做出突出成果。

（1）科学考察超深钻工程。它将包括数口万米超深钻和 1.5 万 m 超深钻，其目的之一是探测深地生物圈（如它的底界）。迄今，获得深地微生物样品的最深地点是我国东海大陆科学钻探工程 CCSD 科考钻：孔深 5158m，获样品深 4803.71m，达每克 10^3 个细胞（DAPI 法，即 Diamidino-2-phenylindole 染色法；Dong et al.，2009）。松辽盆地大陆科学钻探工程 "松科二井" 于 2018 年完井，入地 7018m，穿透整个白垩系，将为我国地球深部包括生物圈的探测提供关键技术和装备并有可能发现深地生物圈新的底界深度。

（2）深部地下实验室。中国锦屏地下实验室（CJPL），2010 年在四川雅砻江锦屏水电站投入使用，锦屏实验室垂直岩石覆盖达 2400m，是目前世界岩石覆盖最深的实验室。四川大学等在此开展深地生物圈研究，已在水样及岩石样品中发现几种微生物。后续将对采样地进行地球物理化学环境的研究，探索微生物多样性与地球环境间的关系，为研究极端微生物能量溯源奠定基础。此外我国还有许多煤炭、金属、石膏和岩盐矿井可用于核废料或 CO_2 储存，并进行深地生物圈研究。

（3）陆地深地生物圈的特点。陆地深地生物圈与海洋深地生物圈的地质环境不同，因此其碳源、能源、组成和演化等应有区别（Coleman et al.，2017）。例如，支持海洋异养微生物的碳源有大量光合有机碳；而大陆较缺此种微生物碳源，其能源以非生源的 H_2、CO_2 或 SO_4^{2-} 较多。海洋钻井样品的温度多低于 50℃，而陆地钻井要高些。陆地深地生物圈的研究，将是我们的特色之一。

2. 紧密结合极端地质环境微生物研究

深地生物圈研究的一大瓶颈在于对它们的直接观测、采样和研究需要具有地下深部环境，依靠无氧及耐高压与高温等特殊技术进行，十分费钱费力，只能限于数量较少且有高额经费和技术保障的研究群体，因而限制了它的发展。为此，今后应同时发展与之相辅相成而经费及技术门槛相对较低的学科，即极端地质环境的微生物研究。

深地生物圈与地表极端地质环境（沙漠、热泉、冰雪和酸性矿坑水等）微生物，地球早期微生物（深时微生物），以及外太空和外星体微生物之间存在密切联系，它们都属于极端地质环境微生物，因此它们具有一些共性：①生物的生活环境条件比较恶劣或极端，如高温、高压、低能量、寡营养和抗放射性等；②新陈代谢缓慢乃至处于休眠状态，生物多样性较低，代表了比较原始的生物类型。对这些极端地质环境微生物的研究与深地微生物研究不是相互割裂，而是相互关联与相互借鉴的。另外，对地表极端地质环境及深时微生物有一批研究群体，其研究结果对深地微生物有重要启示。我国在深时微生物方面有很好的基础，可以形成特色。例如，由于深时微生物与深地微生物在组成、多样性和环境适应等有高度相似性，现在一般都认为，深地生物圈代表着地球最早期极端环境下的生命，并且很可能与地球外类似星体可能存在的微生物可以类比。反过来，深地微生物对于生命起源及火星等外星体的生命探索有重大意义。极端地质环境微生物研究与深地计划结合，可以了解这些微生物对深地环境的改造作用，了解一些特殊微生物的生态环境功能，为人类宜居地下深部环境提供服务。这样，几个不同学科可以组合成更大的研究群体，采用更适宜的技术方法，借鉴更创新的科学思想，以加快发展各自学科。

除了上述我国大陆未来地球深部探测计划以外，各研究单位还对陆地油气藏、矿山坑道、岩体、洞穴和深部流体等进行了深地生物圈研究，详见第五章和第八章。我国涉海单位在国家深海科技战略的指引和规划下，也在深海海底沉积物、岩石和深部流体（还包括黑烟囱及冷泉）中进行了大量深地生物圈研究，这些在第六章已述及，不再赘述。

二、需要解决的重大科学技术问题

1. 深地生物圈的生物量、多样性及年产率（活性）

深地生物圈的生物量、多样性及活性这三个因素宏观地决定了深地生物圈的规模、范围及其对地球系统的影响能力，是一重大科学问题。

1）生物量

对深地生物圈的细胞数量，各种估计还有很大差异（表9-1）。其占全球生物量之比，可从0.6%到47%不等。近年（2014年以来）的统计，则为2.3%到19%。这还未计入病毒数量（每立方厘米$10^5 \sim 10^7$个类似病毒个体）（Kyle et al., 2008）和内生孢子数量（估计至少与细胞处于同一量级）。尤其是（从第二章和第五章可见），目前对陆地深地微生物的监测只覆盖了大陆的很少部分，主要是欧美的井孔及少数深矿坑。大部分井位只有几百米，是利用现有的

表 9-1　不同文献对深地总生物量及海洋和陆地深地生物量的估计

文献	深地总生物量			海洋深地生物量			陆地深地生物量		
	10^{30}个细胞	C含量/Pg	占全球生物量比例/%	10^{30}个细胞	C含量/Pg	占全球生物量比例/%	10^{30}个细胞	C含量/Pg	占全球生物量比例/%
Parkes et al., 1994					56	10			
Whitman et al., 1998	4~6	353~546	35~47	3.55	303			0.25~2.5	22~215
Lipp et al., 2008					90				
Kallmeyer et al., 2012				0.29	4.1	0.6（0.2~35）			
McMahon and Parnell, 2014							0.5~5	14~135	2~19
Bar-On et al., 2018		70	12.8						
Magnabosco et al., 2018	0.7~1.1		约3~4.5	0.5			0.2~0.6		

或正在打的石油钻井的资料。深地生物量数据也非常缺乏，亟须建立全球性的生物量数据库。因此，目前对深地生物圈的生物量还没有一个较确切的估计。

2）物种多样性

关于深地微生物的物种多样性见第一章第四节及第四章第一节。图 4-1显示了深地微生物支系；当然这些微生物并不是深地所特有，在其他环境也可以出现，真正属于深地独有的微生物，迄今判明的仅 *Ca. D. audaxviator* 等少数几种。古菌以产甲烷菌 – 甲烷微菌纲（Methanomicrobia）或者奇古菌门（Thaumarchaeota）较常见。细菌中，厚壁菌门（Firmicutes）在深地环境深部比较常见，可能与深部的极端环境有关；另外，这一个门的一些微生物会产生内生孢子，比较适合于深部环境。变形菌门（Proteobacteria）往往在低温、较浅且厌氧程度较低的深地环境（Lerm et al., 2013；Chivian et al., 2008）。

用分子方法研究微生物多样性时，人们往往采用不同分类级别的可操作分类单位（operational taxonomic units，OTU）。不同环境中微生物的 OTU 有明显的多样性差异。例如，在东太平洋隆起的玄武岩中获 60 多个 OTU，而在黑烟囱中只有十几个 OTU（Santelli et al., 2008）（图 9-1）。在南非金矿井的 2.8km深处，只有一个统治性菌种。

总的看来，相对于已知物种数占总种数比已达百分之几十的植物和高等动物，深地生物圈的分类多样性远未探明（≪1%），需要更多的实例作为数据基础，更需要将多个尺度的多样性分别予以估算。

3）年产率（活性）

已经取得的共识是，由于深地微生物生存于低能量、寡营养、低密度（每

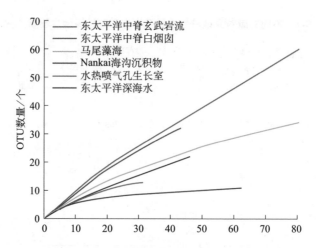

图 9-1　不同环境样品中微生物多样性差异（Santelli et al.，2008）

纵坐标以 OTU 表示；横坐标为所测定的 16SrRNA 基因序列（近于全长）的数量

克 $10^3 \sim 10^7$ 个细胞，正常细胞比其个体大 1000 倍）和极其恶劣的环境中，它的新陈代谢速率极低（几个世纪或者更长），能存活几百万年。异养微生物的 CO_2 年产率可以用来指示其活性。深部岩石中微生物的 CO_2 的年产率为 10^{-12} mol/（L·a），低于土壤和湖泊沉积物 10 个数量级（Kieft and Phelps，1997）。其细胞年产率为 0.03×10^{29} 个细胞，分别为浅海异养微生物（8.2×10^{29} 个细胞）和土壤微生物（1.0×10^{29} 个细胞）的约 1/300 和 1/30（Whitman et al.，1998）。另外有大量深地微生物处于休眠的芽孢状态。

我们所不知道的是，一旦它们进入适宜的环境，其活性会有怎样的变化。据伊比利安半岛西南大西洋 1000m 深处的取样实验结果，当压力从 1MPa 提高到 8MPa，硫酸盐还原 – 甲烷的厌氧氧化过程（SR-AOM）的代谢产品硫化物产生速率可从 3.46μmol/（g_{dw}·d）增至 9.22μmol/（g_{dw}·d）（Zhang et al.，2010）。许多嗜热菌在温度提高时亦有类似表现。了解这些方面的正负面影响具有重要的理论和应用意义（参看第四章第一节）。

综上所述，对于深地微生物的数量、多样性及活性这三个因素决定其对地球系统作用大小的要素的了解，目前尚存在很大的不确定性，这是今后要解决的重大科学问题之一。

2. 深地生物圈的主要代谢机制

目前关于深地生物圈的代谢机制有以下主要观点。

1）氢驱动的自养过程

传统的"地质气体"（geogas）假设：地下岩石自养微生物生态系统

（SLiME，subsurface lithoautotrophic microbial ecosystems）依靠地质成因的氢气与普遍存在的无机碳（CO_2 和 CO）混合，为自养的产甲烷菌、产乙酸菌、硫酸盐还原菌、铁还原菌、硝酸盐还原菌和厌氧甲烷氧化古菌提供能量、碳源和氧化剂，构成深地生物圈的生态系统（Pedersen，2000，2010；Kieft，2016）（图 9-2）。这一观点得到许多研究者的支持（Newby et al.，2004；Spear et al.，2005）。H_2 的来源：岩浆中 C、H、O 和 S 气体的反应，大于 600℃时甲烷分解为 C 及 H_2，高温蒸汽中 CO_2、水与 CH_4 的反应，U、Th 和 K 对水的放射裂解，蛇纹石化作用，基性与超基性岩中 Fe^{++} 矿物的水解等（董海良，2011）。

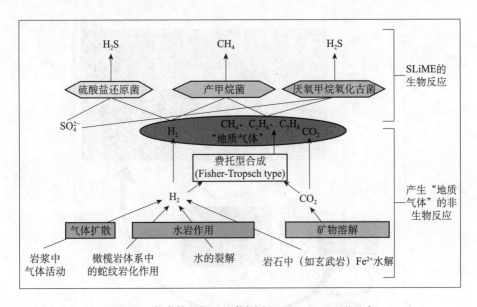

图 9-2 氢支撑的深地生物圈［据 Kieft（2016）修改］

图中自养产甲烷菌、硫酸盐还原菌和厌氧甲烷氧化古菌构成深地生物圈生态系统的基础，不是全部

2）硫驱动的反硝化作用

近来有人根据南非深部地下金矿坑的深地生物圈研究，提出了另一种观点，认为深地生物圈的主要代谢过程是硫驱动的反硝化作用。硫驱动的自养反硝化菌作为主体代谢过程（占 1/3）驱动了 N、S 和 C 循环，而氢驱动的自养过程只占 1%（Lau et al.，2016；图 9-3）。这种代谢过程以前亦报道过（Zhang et al.，2005；Orsi et al.，2013），但被忽视了。

3）Fe 的氧化还原过程

近来有人发现（Emerson et al.，2016；Probst et al.，2017），在 CO_2 较高的地区（如碳酸盐溶解而来），铁的氧化细菌丰度很高；这一类自养微生物有可能通过铁的氧化来进行 CO_2 的固定，提供了另一种能量和碳源。

4）共营养（syntrophy）代谢

近年研究还发现，共营养代谢可能是深地微生物代谢的重要机制（Lau et al.，2016）。例如，甲烷厌氧氧化（AOM）过程就是由两种深地微生物 MOA（甲烷厌氧氧化古菌）和 SRB（硫酸盐还原菌）的共存体，在无氧的条件下通过共营养代谢的方式将海底 75% 的甲烷转化为大量碳酸盐沉积（$CH_4+SO_4^{2-}+Ca^{2+} \longrightarrow CaCO_3+H_2S+H_2O$）。这一发现回答了人们对海底大量甲烷去向不明的疑问，也解释了大量自生碳酸盐岩的成因（Boetius et al.，2000）。

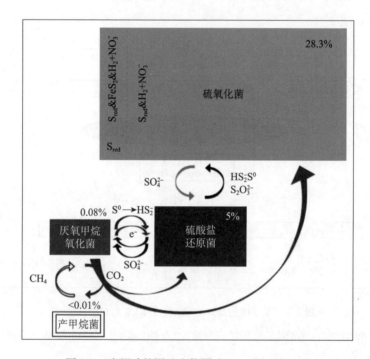

图 9-3　硫驱动的深地生物圈（Lau et al.，2016）

各框的右上角为该作用所占的百分比。图中氢驱动过程只占 0.08% 和不到 0.01%，而硫驱动的反硝化过程占 1/3（28.3%+5%），其中硫氧化菌（金色框）占比远大于硫酸盐还原菌（黑色框）。金色框中竖排的外文字是硫驱动的反硝化过程，其中 S_{red} 指硫酸盐还原菌

可能氢驱动过程、S-N 耦合过程和共营养代谢过程等相交织，构成了地下生物圈的主要代谢过程。亦可能在不同地下环境中，不同的过程占主导地位。最近的研究显示（Probst et al.，2018），深地微生物的种类与功能和地下能量的多少直接有关。在浅部的地下环境，细菌（特别是 *Sulfurimonas*）占主导，这些细菌可能从硫与氢气的氧化和反硝化耦合过程中获取能量；但是在中部环

境，以铁氧化细菌为主；在更深的地下水，微生物群落以全新的古菌为主，其能量代谢尚不清楚。由上可见，深地生物圈代谢过程的能源是一个重要的科学问题，其具体的机制与地质环境之间的关系还有待于进一步研究。

3. 深地生物圈的生物地球化学循环的过程、通量及与全球变化的关系

对深地生物圈的生物地球化学过程的研究起步较晚，了解甚少。这是因为深地生物地球化学过程的原位观测和实验及模拟比较困难；过程缓慢，不易定量评估；过程空间差异很大，相同的群落在不同环境条件下可以有不同的功能；来自浅部的规律性认识不一定适用于深地生物圈等。但是生物地球化学循环主要是氧化还原过程，而深地生物圈参与了除产氧光合作用以外几乎所有的氧化还原过程，在这些化学反应中，通过其复杂的生物途径获取能量，从而调节深地环境的元素氧化还原平衡，并进而影响全球变化。因此对其过程、通量及与全球变化关系的了解，是重要的科学问题。

以碳为例，深地微生物活动能连接地球深部和表层的碳循环。在海洋中，地球表层来源的有机碳有 0.1%～0.5% 被埋藏到地下，被深地微生物利用。最后埋藏的有机碳比较难以降解，很难被地下微生物利用。最新研究揭示，某些深海微生物能利用很难降解的木质素（Yu et al.，2018），但是其利用的效率与程度需要进一步研究。碳也可以从深部的地壳与地幔进入深地生物圈。根据氧化还原条件的不同，可能以 CO_2 和 CH_4 形式进入深地生物圈。深部化学过程合成的长链有机物也可能给深地生物圈提供有机碳。这些深部来源的碳的成分和通量可能会影响微生物的生理多样性和群落结构。研究微生物的种类与群落结构、生理生态特征和功能多样性对不同碳源的响应是重要的科学问题。其中有关地下异养生物如何利用非生物合成的有机碳进行新陈代谢是一个重要方向，这一点在沉积盆地尤其重要；因为在富含有机质的沉积盆地（如中国的松辽盆地），地下深处许多有机碳是非生物成因的，这些有机物可能会造就一批与地表微生物完全不同的微生物群落与新的新陈代谢途径。

除碳之外，深地的生物圈同时还需要其他的元素（如 H、N、P、S 与 O，）和过渡金属元素。例如，深地微生物群可以消耗由光合作用产生的氧气从而调节大气中氧气的浓度。又如，洋底玄武岩环境微生物组研究发现，那里存在着微生物侵蚀作用。这些深地微生物进行着地壳中 C、N 和 Fe 的循环（Bach and Edwards，2003）。海洋占地球面积的 70%，洋底几乎全部由玄武岩组成，所以这种作用的通量对地球 C、N 和 Fe 循环的影响，及与全球变化的关系，就成为一个重要问题。因此，将来深地微生物的生物地球化学研究工作主要集中于：

①可支撑地下生命的所有元素的种类和化学组成；②它们的生物可利用性（可溶解的还是与固体矿物紧密结合的）；③调控这些元素丰度的生物地球化学过程。

4. 深地生物圈研究的技术装备与观察模拟

1）成套的研究方法、技术装备及典型研究

深地生物圈目前已有成套的研究方法、技术装备及典型研究（表9-2）。

为服务我国"海洋强国"的战略目标，我国正在不断壮大海洋科考船队规模，并逐步整合深潜器和水下机器人等各类重大海洋科研设施和数据资源，打造海洋资源共享平台，组成自近岸、近海至深远海并辐射到极地的海上综合流动实验室，逐步形成一流的系统化现场观测能力。中国地质调查局和青岛市人民政府、青岛海洋科学与技术国家实验室三方于 2016 年签署了共建"梦想号"大洋钻探船的战略合作协议。它建成后将是继美国和日本之后的世界第三艘大洋钻探船。科学家希望借"梦想号"钻探船实现人类"打穿地壳，进入地幔，把地球本身的能量物质循环搞清楚"的梦想。该船设计排水量为 3 万 t，能在海底以下钻井 10 000m。目前我国已经加快大洋钻探船"梦想号"的设计和建造工作，力争 2021 年下水。

表 9-2　深地生物圈已有的研究方法、技术装备及典型研究（Colwell and D'Hondt，2013）

方法	技术装备	典型研究
样品采集	钻井船，矿井，观测站，U 型管，CORKs，SCIMPIs	IODP 航次，南非金矿，长期观测点
野外分析与掌控	稳定同位素，"标记与回收"生物地球物理学方法	嗜甲烷性，去硝化作用，生物降解，输送情况
分子生物学装备及研究	核酸、类脂及蛋白质提取，核酸扩增、测序及比较，质谱仪测试，流态细胞计数，单细胞技术	组学（如基因组学、转录组学和蛋白组学），极端环境微生物群落研究
培养	新生物反应器设计：微型化，高通量	氨厌氧氧化，SARII clade 与 *Pelaglbacter*，加州 Iron Mountain
成像	荧光原位杂交，纳米二次离子质谱，电子计算机断层扫描，同步辐射	甲烷厌氧氧化，氨厌氧氧化
计算机模拟	生物信息学，反应途径模型，热力学模型	黄石公园热泉微生物群落，Umill 铀尾矿修复
数据化	互联网	海洋生物普查，无限世界星座（the Tetherless World Constellation）
可视化、规范化	互联网	国际海洋微生物普查

2）陆地深地生物圈的监测采样原位实验技术

表 9-2 所列的研究方法和技术装备基本上是在深海研究中发展起来的。当

前为适应我国的深地科研战略，需要发展陆地深地生物圈的研究方法、技术装备与观察模拟。第三章详述了国内外深地微生物研究（主要是海洋）的研究方法和装备技术。在即将开展的深地研究重大专项大陆钻探计划中，应注意发展以下与陆地有关的深地微生物的研究方法和装备技术。

（1）CORK 原位观测系统在陆地的使用。经研究改装适用于陆地钻井的 CORK 原位观测系统可检测与微生物代谢活动相关的温度、Eh、pH、DO、Fe^{2+}、NH_4^+、SO_4^{2-} 和 NO_3^- 等指标，从而推测深地微生物的活动。

（2）光纤传感器用于原位微生物监测。光纤传感器具有体积小、重量轻、抗干扰能力强、实时、高效和准确等优点，已应用于石油测井。它能在地球深部长期测量生物培养基溶液的光学和电学性质，推测微生物生长的状况，并对其环境因素（流体流量、温度、压力、含水 / 气率和密度等）进行测量。

（3）深地微生物的保真采样方法。深地微生物保真采样的关键是要避免地表生物的污染，尽量保持地下深部的原位条件（温度、压力和氧化还原条件等）。因此需要采用无菌、封闭和低压的泥浆循环系统进行岩心的采样。检测所采样品是否受到泥浆污染：①在循环泥浆中加入荧光小球或 Br 离子作为示踪剂（Phelps and Fredrickson，2002）；②野外分子微生物实验室（包括 DNA 扩增仪和测序仪等），用以实时检测泥浆中的微生物丰度或种类。如果突然检测到微生物的丰度、多样性或成分有变化，那么有地下流体加入泥浆或地表生物污染带入泥浆的可能。

（4）建立深地空腔微生物原位实验系统。深地流体往往含有丰富的营养成分，是微生物活动的"热点区"。地下原位的微生物实验主要是将地下流体直接用来培养，或者对地下微生物进行一定程度的扰动以观察微生物的响应。相关内容见第三章的第二节。

3）建立深地微生物数据库 / 资源库

在可预见的将来，深地生物圈研究将会产生大量地质、生物、物理和化学等领域的数据和样品。数据管理备受国外资助机构的重视。例如，美国国家航空航天局、美国国家科学基金会、欧盟委员会及欧洲研究协会等非常重视数据的管理。良好的数据管理是项目本身成功的重要因素，非常有必要在深地生物圈的早期研究阶段，规划好数据管理工作和数据共享平台。借鉴国内外现有的数据管理政策，我们可以统筹制定出有关地球深地生物圈数据与样品的管理方法，其中包括数据管理（包括实验数据和模拟数据）、材料实物（包括所采集的原始样品或后产生的中间样品）、数据的保护（如数据处理、质量检验与保证、存档和安全保障等），以及数据在国内外学术界和社会大众范围的传播与共享；数据库可以为研究者提供数据管理模板，在申请项目时可以要求有数据管理方面的内容。具体可参考"https：//dmptool.org"。

除了制定清晰的数据管理指南以外，集中的信息平台可以促进研究者自发进行数据管理，以便有助于将来大规模数据的综合集成。因此，值得投入人力与物力资源，创建和维护信息检索平台，以便将所有各式各样的数据进行互联。与此同时，也应该利用现有的各类公共数据平台或样本库，如美国国立生物技术信息中心（NCBI GenBank）、美国能源部联合基因组研究所/整合微生物基因组与微生物组（DOE-JGI/IMG）和VAMPS（"深碳"观测中心DCO进行深地生物调查时所建的数据服务器）等。深地生物圈专有的网站需要提供义务性（和选择性）上传的中间数据，而网站端口可以连接到公共数据库，为我国及国际研究者提供海量数据资源。

第二节　政策建议和资助机制

一、政策建议——走创新、交叉、支撑和联合的道路

我国科学总体上处于从跟跑转到并跑，且局部领跑的阶段。但不同学科情况各异。我国深地生物圈研究起步晚而人才少，与国际差距不小，总体还处于跟跑阶段。但是发展速度很快。以近两年为例，除本项目组织和参与组织了3次国际学术会议和1次国内学术会议外，我国科学家先后成立了中国微生物学会地质微生物分会、中国深部地下生物圈观测研究委员会（DSB）和微生物组计划，参加了IODP、ICDP和DCO的多项活动，国内深地生物圈研究势头前所未有。

为了实现并跑以致最后领跑，需要政策指导正确的途径，并支持长期努力的方向。正确途径意味着，与中国经济需要转型以免掉入"中等国家陷阱"一样，中国科学也需要转型走上正路。这包括从论文驱动和功利驱动转向问题驱动；从实用研究为主转向基础研究和应用研究并重；从科技原料产出（出版）转向高科技产出；从小农经济式研究转向立足实践着眼全局的研究。我国科技发展到现在，原始创新已成为科技发展的瓶颈，而国力已足以支撑纯基础研究

的发展；中华民族建成世界强国和引领人类命运共同体的伟大任务，使我们同时注重基础研究和应用研究成为必要与可能。深地生物圈的研究大部分属于基础研究。与暗能量及暗物质一样，黑暗世界生物的研究成果具有很大的不确定性和不实用性。但这个占生物圈很大份额的生物界研究也同样有原始创新的巨大潜力。它们将大大增加我们对地球和生命科学的认识，并在长期产生重大的实用效应。

有了正确的途径后，需要确定努力的方向。今后的努力方向是发扬科学研究的创新思维和平台创建的工匠精神，推动地球科学与生命科学的交叉，加速人才培养与平台建设，联合国内力量，加强国际联系，服务和支撑国家深地战略，即走创新、交叉、支撑和联合的道路。

1. 发扬创新思维和工匠精神

深地战略所涉及的地球圈层中，岩石圈和水圈（地下水）都具有相对较长的研究历史和较深厚的研究基础。深地生物圈的研究只是近几十年的事，然而其不可或缺性并不减少，于是其研究必要性与基础薄弱性构成了明显的矛盾。从第二章叙述的研究现状和本章的需要解决的科技问题可以看出，深地生物圈大部分属于未知的领域。研究它既需要踏踏实实的科学实践，又特别需要具有创新思维的人才。而且每一步科学实践往往都是史无前例，具有创新的内涵。深地生物圈是一个复杂的生态系统，深部地下处于厌氧、高温、高压、寡营养、低孔隙度、高盐度和高或低 pH 等极端条件（Rothschild and Mancinelli, 2001），只有通过深地钻探或建立深地实验室才能接触到这些极端环境，而创建深地技术和平台本身也都是无例可循，每一步都需要具备既创新又严谨的工匠精神。

2. 推动地球科学与生命科学的交叉

深地生物圈的研究属于地球科学与生命科学的交叉学科，需要地质、地球物理、地球化学、有机化学、生物化学与分子微生物等综合手段，才能对其丰度、分布、多样性和生态功能等进行综合研究。然而，在当前的人才培养体制下，要培养出既具有地球科学知识又了解生命科学领域知识的人才十分困难。这是因为一方面在中等教育阶段，地理学中涉及地质学的内容和生物学中涉及微生物的内容都偏少；与数理化相比，地质和微生物的科普率是小众的，公众和学生并不了解存在两者交叉的迫切需求。另一方面，高等院校没有真正设立地球科学与生命科学的交叉专业（如地球生物学专业），两者又缺乏与其他领域交流合作的平台和学术组织。地球科学的专家对生命科学的成果不能深入理解和应用且用其共同解决瓶颈问题，反之亦然。所以"交叉"提倡了多年，真正突破不多。如果不进行人才培养体系的创新，这样的局面还将持续一段时间。

为了促进地球科学与生命科学的交叉专业的教学和科学研究，建议组织和建立地球科学与生命科学的交叉研究平台，在有条件的高等院校设立国家级科研平台乃至国际研究中心，提升高等院校和研究所在解决国家重大科学问题上的科研创新能力和空间，使我国成为国际上这方面的一支中坚力量。

3. 加强国内外的联合

知识分享本质上是共赢的，不仅弱者通过共享获得迅速的提高，强者亦通过共享完善自己。它的敌人不是信仰、国籍或宗教的差异，而是滥用知识分享为不正当利益服务。政策引导应鼓励在长期和双赢的前提下，加强国内外的联合。

1）鼓励国内学术组织的组建和联合

学术组织是学科发展过程中进行学术交流的重要媒介，也是凝聚不同学科领域科学家进行联合攻关的关键平台。深地生物圈研究的优点在于其是个多学科交叉的新兴学科，缺点是学术圈子不大，缺乏各类平台。需要扬长避短，积极参与相关的学术组织与研究计划，在条件成熟时鼓励组建以深地生物圈或极端地质环境微生物研究为主的学术组织。目前已成立的有关学术组织及平台如下。

（1）中国微生物学会地质微生物分会，董海良为分会主席。

（2）中国古生物学会地球生物学分会，谢树成为分会主席。

（3）中国深部碳观测研究委员会（China DCO research group），张立飞为主任，下设"中国深部地下生物圈观测研究委员会"。

除了东亚多井深部地下观测与实验系统之外，国内许多院所设有涉及深地微生物研究的平台。我们应通过上述学术组织和研究计划，把它们联合起来，分工合作，形成有影响的成果。

2）加强国际联系

关于国际上的研究计划、学术组织、专业会议和各种出版物等，第二章有关段落已有详细叙述。国际上尤其是美国对地下生物圈的研究起步早，研究深入；我国对深地生物圈的研究基础，无论从开展研究时间、研究深度和广度来说，都与国际上有较大距离，基本上还是在追赶阶段。因此加强国际联系、取长补短、缩短差距及实现赶超，是现阶段必须做的工作。下面举例说明需要加强的几方面国际联系。

（1）国际科学深钻计划。

目前海洋方面由 IODP 实施，邀请微生物学家们参加 IODP 航次，研究对象主要是深海沉积物中的微生物。从 2010 年到目前为止，已经完成了 6 个聚焦于深地生物圈的 IODP 航次。其中 201 航次是首次实现大规模探究深部沉积物中生物圈的大洋钻探航次，近十几年来，ICDP 资助了一些综合性钻探计划，深地微生物作为其中的一部分展开了一些研究，如中国大陆科学深钻项目（CCSD）（地下约 5200m 深，高压和超高压变质岩），以上详情见第二章有关章节。

（2）国际深部地下实验室。

许多国家的地下实验室具有深地生物圈研究功能。例如，瑞典 Äspö 地下实验室，或哥德堡大学深地生物圈实验室（The Deep Biosphere Laboratory）建于 Oskarshamn 核电站附近（陈璋如，2004；Pedersen et al.，2010），是世界上研究地质微生物学最早也是最好的实验室之一，从 1987 年就开始运行。该实验室位于 Äspö 火成岩基岩中，深度约为 450m，各种钻孔累计达 1700m（Pedersen，2000），基础研究集中于深地微生物的生物量、多样性、活度、分布，以及微生物和金属（尤其是含放射性的）的相互作用；目的是对未来深处置库区实际且未扰动的岩石环境进行研究，其中之一是研究核废料存储处微生物对高放射性物质渗漏的影响。试验证明微生物介导的隐性 S 循环强烈侵蚀核废料存储的铜管，对核废料的泄漏有重大影响。

南非盆地的兰德金矿坑是开挖时间最早的陆地深地生物圈研究最多的地下实验室，矿井坑道纵深延伸 5km，地质条件相当极端（高温、高压、高盐度、强辐射、贫营养及缺少能源和水分）。近年来实行了 Witwatersrand Deep Microbiology Project 计划，进行了大量的地质微生物学研究，分离出了一些新的"极端微生物"，发现深地微生物可达 3.7km 以深，其丰度与深度负相关，而新特征随深度而增加；极限温度值可达 121℃；深地地下水年龄达 1~100 百万年（DeFlaun et al.，2007；Takai et al.，2001）。

此外英国（350m）、法国（Modan）、意大利（格兰萨索国家实验室 Gran Sasso 隧道）、瑞士（Mont Terri）、加拿大（安大略 SnoLab，深 2300m，由镍矿改建）和日本（XMASS，岐阜县飞䭶市神冈矿山）等均建有地下实验室，但是否从事深地生物圈研究不明。

（3）城市地下空间生态学。

地下科技战略要解决的不仅是较深部位的人类活动产物储存（核废料或

CO_2 储存）及能源和资源勘探开采问题，还要解决浅部（100m 以内）的地下城市空间开发利用问题。当前城市化发展面临土地资源紧张的严峻挑战，地下空间是除地表外比海洋和宇宙空间更易实现的人类宜居空间，对城市化与国防有重大战略意义，日本在这方面居世界领先地位，其他如美国（波士顿与纽约）、加拿大（蒙特利尔与多伦多）、瑞典（斯德哥尔摩）和芬兰（赫尔辛基）及法国（巴黎）、俄罗斯（莫斯科）和新加坡等已有大规模建设。地下空间开发首先要解决好地下空间生态学（underground space ecology）问题，也就是搞清地下生态系统的能源、空气、水、土和生物等生态要素的结构、功能、演化及与地上部分的关系，实现可持续化发展。了解国外城市地下空间的开发对地下微生物的影响及地下微生物在地下空间生态的作用将是重要的研究内容。

4. 服务和支撑国家深地战略，加速人才培养与平台建设

向地球深部进军已是我们必须解决的战略科技问题，我国就此开展学科发展战略研究也符合国际前沿学科发展的要求。因此，目前对深地生物圈领域提前做出战略规划和部署，引领和指导该领域的科学研究，并推动深地微生物观测技术的发展，就显得十分必要和迫切。一条重要的政策建议是由科学技术部、国家自然科学基金委员会、教育部及国防部等有关部委采取有力资助措施，解决目前的瓶颈——人才培养与平台建设问题，推动深地生物学学科的发展。

二、资助措施

建议上述部委采取三方面的资助措施：加速深地生物圈研究平台和观测网建设，设立独立的资助领域，加强人才培养和科普工作。

1. 关于深地生物圈研究平台和观测网建设

关于深地生物圈研究平台和观测网建设已详述于本章第一节（需要解决的重大科学技术问题）。这里只列举一个问题，即东亚多井深部地下观测与实验系统（multi-well deep underground observation and experimental system in eastern Asia）。这个系统的目的是了解从地质到人类时间尺度的地球内部过程。计划在我国东部依靠松科二井和东海 CCSD 科考钻等 4 口深钻，在西部依靠川西及龙门山前 4 口深钻建立这一系统，其中包括深地生物圈长期观测和原位采样、分离、培养与研究。2016 年 6 月在长春召开了中国东部多井深部地下实验室国际学术讨论会；2018 年 1 月，由王成善院士和本项目工作组长董海良领衔的国

内外专家向 ICDP 提交了建立东亚多井孔深部地下观察与实验系统的建议书。目前，深度大于 6000m 的深部流体取样设备和深度超过 3000m 的高精度和多参数井中综合观测系统已初步研制成功。上一建议如付诸实施，将大大增加深地生物的研究机会，提高我国以至全球陆地深地生物圈的研究水平。

　　2. 设立独立的资助领域，特别是大型研究计划

　　目前微生物学方面已有这种计划：①自然科学基金管理委员会的"水圈微生物驱动地球元素循环的机制"重大研究计划，2017 年启动，黄力牵头。②中国科学院的中国微生物组计划，首席科学家赵国屏和刘双江。与深地微生物有关的学科发展战略研究项目也已有两项，即中国科学院地学部的"中国地下深部生物圈"项目（2017～2018）及自然科学基金管理委员会与中国科学院地学部"极端地质环境的微生物"项目（2019～2020）。但是，深地生物圈目前还没有独立的资助领域，而是分散在科学技术部和国家自然科学基金管理委员会等部委的资助项目中，因此缺乏资助方面的统计资料。国家自然科学基金管理委员会地学部的"生物地质学"名下及生物学部的"地质微生物"、"深海微生物"和"地微生物学"名下有相关的项目，但因为从项目名称上不易确定其是否有深地生物圈的研究内容，只能笼统地提供地质微生物及类似方向的资助情况。

　　2003～2019 年，向国家自然科学基金管理委员会地学部及生物学部申报的地质微生物学及类似方向项目约 400 项，受资助的项目 117 项（地学部 92 项，生物学部 25 项）。其中重点项目 2 项，国家杰出青年科学基金项目 2 项，国家优秀青年科学基金项目 4 项，重大研究计划下的项目 8 项。深地生物圈的项目只占其中的一部分，无论与兄弟学科方向比还是与发达国家比都明显落后，主要原因是其起步晚了几十年。但是 2010 年及以后的资助项目数较之前有跃进式的增长，这种增长趋势估计还将延续（表 9-3）。

表 9-3　国家自然科学基金管理委员会资助地质微生物学及类似方向的项目数

项目	2003年	2007年	2008年	2009年	2010年	2011年	2012年	2013年	2014年	2015年	2016年	2017年	2018年	2019年	合计
地学部			1	0	7	9	11	6	6	7	12	12	12	9	92
生物学部	1	1	1	0	3	3	1	2	0	2	3	0	6	2	25
合计	1	1	2	0	10	12	12	8	6	9	15	12	18	11	117

　　鉴于目前对深地生物圈和地质微生物研究的资助力度明显不足，我们的建

议如下。

（1）国家有关深地、深海和深空的科技重大专项把深地、深海和空间生物圈研究作为其重要研究内容，给以支持。在研究中，最好把这三个维度的生物圈与地球上的深时（前寒武纪）与极端环境的生物圈联系起来研究，因为它们之间很可能同源、同类或有相似功能，联系研究能起到互相启示和一举多得的作用。把国际上开展的"微生物地球"作为地学－生物学交叉的重大科学技术问题，列入科学技术部重点研发计划。

（2）国家自然科学基金管理委员会的地学部和生物学部联合设立"地球生物学"的资助方向，重点资助地质微生物学及类似方向的地学－生物学交叉学科项目；或者在地学部和生物学部分别把地质微生物作为一个独立的资助方向，或目前重点领域（如地球环境演化与生命过程领域）中的一个资助方向。建议基金管理委员会在国际合作项目中，优先鼓励美国和瑞典等深地微生物研究比较前沿国家的国际合作项目。

（3）建议中国地质调查局把地质微生物区域调查列为环境地质工作的调查内容。建立地质微生物调查的工作方法与标准规范，提供不同层次地质微生物功能群与不同生态环境参数之间关系的一系列图件，提交可应用于不同政府部门环境治理与保护的地质微生物调查评价报告。

3. 加强人才培养和科普工作

为了尽快解决目前我国深地生物学人才培养方面的问题，推动深地生物学学科的发展，建议采取如下措施。

（1）基地和人才计划。基地和人才是科研活动的重要保障，建议对从事深地生物圈和地质微生物研究的国家重点实验室及相关平台进行适当聚焦，加强相关人才和基地建设计划的顶层设计和相互衔接。在此基础上调整相关财政专项资金，给以支持。

（2）设置地球生物学专业。深地生物学学科面较窄，不宜于设置为大学生的一般专业，但可以设置为研究生专业。其上的一级学科为地球生物学（中国科学院，2015）。目前已在少数研究生专业中［如中国科学院大学和中国地质大学（武汉）等］设置有地球生物学的系或招生方向，并已出版了地球生物学的教科书。根据学科发展国际趋势，建议在大学阶段建立地球生物学的学科专业，鼓励我国有条件的高校大力发展地球生物学学科。对于设立了地球生物学博士点和硕士点的中国科学院和高等院校，应鼓励它们在地球生物学博士点和硕士点下设置深地生物圈或极端地质环境的微生物的研究方向，逐步形成地球生物学的二级学科。

（3）加强科学普及。相关领域我国科学普及率较低，科普工作日益迫切。深地生物圈或极端地质环境的微生物的研究不仅能够为地下空间开发、矿产和资源提供基础理论和技术方法，而且对保护我们赖以生存的环境十分重要，还为我们了解生命起源与生物演化及地外生命探索提供理论依据。但是要使公众和青年学生了解其重大意义，重要的是对地球科学（特别是地质学）及生命科学（特别是微生物学）有较大众化的科学普及面。我们呼吁在中学的地理课和生物课中，加强对地质学和微生物学的教学。使大家对这两门与人类生活环境有重要关系的知识得到更广泛的普及。我们高兴地看到，我国地质微生物学术会议的参加者，已从第一届（2003年）的数十人增至第七届（2018年）的六百人。我们需要以地球与生物协同演化的知识为科普主题，普及深地生物圈和极端地质环境的微生物的重要性，吸引更多的人了解并参与这一事业。

三、结语

深部地下生物圈生物量巨大、种类繁多且代谢途径多样，对地球系统过程起着重要的调控作用；同时它们也是潜在的生物资源，有望在医学、环保和能源资源等领域发挥重要作用。因此，深地微生物研究是国家深地科技战略的重要组成部分，也是生命科学和地球科学的重要交叉学科。

但是，目前人们对深地生物圈知之甚少，对其生物量、多样性、时空分布及功能的了解还十分有限，对深地生命的生存方式、繁殖和进化及能量代谢和物质循环等根本问题还知之甚微。黑暗世界生物圈和暗物质与暗能量一样，是一个很大程度上未知的科技宝藏，我们不知道里面藏着什么，打开后的正面和负面影响多大。因此，我国亟须在深地生物圈领域提前做出战略规划和部署，亟须建设深地生物圈的研究队伍、平台和技术，对其基本科学问题进行迫切的研究，并推动深地微生物观测技术的发展。我们就此开展学科发展战略研究，希望能对决策部门和社会公众有所启示，这就是本书出版的目的所在。

本章参考文献

陈璋如 . 2004. MRS 2003 年会及瑞典 Äspö 地下实验室概况 . 世界核地质科学期刊，21（1）：60-62.

董海良 . 2011. 若干极端环境微生物的一般特征 . 地球生物学 – 生命与地球环境的相互作用和协同演化 . 北京：科学出版社，114-121.

中国科学院 . 2015. 中国学科发展战略 · 地球生物学 . 北京：科学出版社 .

Bach W, Edwards KJ. 2003. Iron and sulfide oxidation within the basaltic ocean crust: Implications forchemolithoautotrophic microbial biomass production. Geochimica et Cosmochimica Acta, 67(20): 3871-3887.

Bar-On YM, Phillips R, Milo R. 2018. The biomass distribution on Earth. Proceedings of the National Academy of Sciences of the United States of America, 115(25): 6506-6511.

Boetius A, Ravenschlag K, Schubert CJ, et al. 2000. A marine microbial consortium apparently mediating anaerobic oxidation of methane. Nature, 407(6804): 623-626.

Chivian D, Brodie EL, Alm EJ, et al. 2008. Environmental genomics reveals a single-species ecosystem deep within earth. Science, 322(5899): 275-278.

Coleman DR, Poudel S, Stamps B W, et al. 2017. The deep hot biosphere: twenty-five years of retrospection. Proceedings of the National Academy of Sciences of the United States of America, 114(27): 6895-6903.

Colwell FS, D'Hondt S. 2013. Nature and extent of the deep biosphere. Reviews in Mineralogy and Geochemistry, 75(1): 547-574.

DeFlaun MF, Fredrickson JK, Dong H, et al. 2007. Isolation and characterization of a *Geobacillus thermoleovorans* species from an ultra-deep South African gold mine. Systematic and Applied Microbiology, 30(2): 152-164.

Dong H, Zhang G, Huang L, et al. 2009. The deep subsurface microbiology research in China: results from Chinese continental scientific drilling project, AGU fall meeting, San Francisco: American Geophysical union.

Emerson JB, Thomas BC, Alvarez W, et al. 2016. Metagenomic analysis of a high carbon dioxide subsurface microbial community populated by chemolithoautotrophs and bacteria and archaea from candidate phyla. Environmental Microbiology, 18(6): 1686-1703.

Kallmeyer J, Pockalny R, Adhikari RR, et al. 2012. Global distribution of microbial abundance and biomass in subseafloor sediment. Proceedings of the National Academy of Sciences of the United States of America, 109(40): 16213-16216.

Kieft TL. 2016. Chapter 6, microbiology of the deep continental biosphere. // C J Hurst, Their world: diversity of microbial environments. Berlin: Springer, 225-249.

Kieft TL, Phelps TJ. 1997. Life in the slow lane: activities of microorganisms in the subsurface. // The microbiology of the terrestrial subsurface. Boca Raton: CRC, 137-163.

Kyle JE, Eydal H S, Ferris F G, et al. 2008. Viruses in granitic groundwater from 69 to 450 m depth of the Äspö hard rock laboratory, Sweden. The ISME Journal, 2(5): 571-574.

Lau MC, Kieft TL, Kuloyoc K, et al. 2016. An oligotrophic deep-subsurface community dependent on syntrophy is dominated by sulfur-driven autotrophic denitrifiers. Proceedings of the National Academy of Sciences of the United States of America, 113(49): 7927-7936.

Lerm S, Westphal A, Miethling-Graff R, et al. 2013. Thermal effects on microbial composition and microbiologically induced corrosion and mineral precipitation affecting operation of a geothermal plant in a deep saline aquifer. Extremophiles, 17(2): 311-327.

Lipp JS, Morono Y, Inagaki F, et al. 2008. Significant contribution of Archaea to extant biomass in marine subsurface sediments. Nature, 454(7207): 991-994.

Magnabosco C, Lin LH, Dong H, et al. 2018. The biomass and biodiversity of the continental subsurface. Nature Geoscience, 11(10): 707-717.

McMahon S, Parnell J. 2014. Weighing the deep continental biospher. FEMS Microbial Ecology, 87(1): 113-120.

Newby DT, Reed DW, Petzke LM, et al. 2004. Diversity of methanotroph communities in a basalt aquifer. FEMS Microbial Ecology, 48(3): 333-344.

Orsi WD, Edgcomb VP, Christman GD, et al. 2013. Gene expression in the deep biosphere. Nature, 499(7457): 205-208.

Parkes RJ, Cragg BA, Bale SJ, et al. 1994. Deep bacterial biosphere in Pacific Ocean sediments. Nature, 371(6496): 410-413.

Pedersen K. 2000. Exploration of deep intraterrestrial life - current perspectives. FEMS Microbiology Letters, 185(1): 9-16.

Pedersen K. 2010. The deep biosphere. GFF, 132: 93-94.

Phelps TJ, Fredrickson JK. 2002. Drilling, coring, and sampling the subsurface environment. Manual of Environmental Microbiology. Washington, D.C: ASM Press: 121-134.

Probst AJ, Castelle CJ, Singh A, et al. 2017. Genomic resolution of a cold subsurface aquifer community provides metabolic insights for novel microbes adapted to high CO_2 concentrations. Environmental Microbiology, 19(2): 459-474.

Probst AJ, Ladd B, Jarett JK, et al. 2018. Differential depth distribution of microbial function and putative symbionts through sediment-hosted aquifers in the deep terrestrial subsurface. Nature Microbiology, 3(3): 328-336.

Rothschild LJ, Mancinelli RL. 2001. Life in extreme environments. Nature, 409(6823): 1092-1101.

Santelli CM, Orcutt BN, Banning E, et al. 2008. Abundance and diversity of microbial life in ocean crust. Nature, 453(7195): 653-656.

Spear JR, Walker JJ, McCollom TM, et al. 2005. Hydrogen and bioenergetics in the yellowstone geothermal ecosystem. Proceedings of the National Academy of Sciences of the United States of America, 102(7): 2555-2560.

Takai K, Moser DP, Onstott TC, et al. 2001. *Alkaliphilustransvaalensis* gen. nov., sp. nov., an extremely alkaliphilicbacterium isolated from a deep South African gold mine. International Journal of Systematic and Evolutionary Microbiology, 51(4): 1245-1256.

Whitman WB, Coleman DC, Wiebe WJ. 1998. Prokaryotes: the unseen majority. Proceedings of National Academy of Science of the United States of America, 95(12): 6578-6583.

Yu T, Wu W, Liang W, et al. 2018. Growth of sedimentary bathyarchaeota on lignin as an energy source. Proceedings of the National Academy of Sciences of the United States of America, 115(23): 6022-6027.

Zhang G, Dong H, Xu Z, et al. 2005. Bacterial diversity in ultra-high pressure rocks and fluids from the Chinese continental scientific drilling in China. Applied and Environmental Microbiology, 71(6): 3213-3227.

Zhang Y, Henriet JP, Bursens J, et al. 2010. Stimulation of in vitro anaerobic oxidation of methane rate in a continuous high-pressure bioreactor. Bioresource Technology, 101(9): 3132-3138.

关键词索引

B

胞外电子传导　16，17，222，223，238，240

胞外电子传递　122，123

保真采样　49，51，52，57，60，263

吡啶二羧酸　111，113

变质岩　2，3，149，150，152

病毒　xi，xii，xx，66，69，77，79，81，114，115，116，117，118，119，125，126，153

C

CCSD　34，35，255，268

CO_2 地质封存　138，244，245

CORK 观测站　54

产甲烷菌　121，123，124，135，145，146，147，148，153，197，227，228

产甲烷菌还原带　227

超高分辨率同位素质谱仪　71

沉积环境　3，5，62，133

沉积物　4，108，110，111，115，123，161，176，178，179，180，181，195，196，200，201，202，217，218，219，227，248

D

大洋钻探船　45，48，49，262

代谢机制　190，191，258

单细胞基因组测序　16，78，79

单细胞微区分析　60

低阶煤　145

地杆菌　17，122，221，222，223，224，238，239，240

地壳　2，55，188，248，261，262

地球极端环境　33，34

地下　ix，xii，xiv，xv，xvii，xviii，2，4，8，10，11，12，29，90，91，105，106

地下岩石自养微生物生态系统　11，258

地质微生物　11，33，37，61，267，269，270

电子穿梭体　222

洞穴　xx，2，66，133，149，157，158，159，160，161，162，163，164，165

多步跳跃机制 222，223

F

反硝化作用 110，213，215，216，217，227，259

G

高通量纯培养 81

共生 xi，13，16，18，61，62，66，119，121，122，135，156，185，190，191，196，200，202，215，216，226，241

共营养 260

古菌 105，106，107，108，109，110，115，116，117，119，120，135，136，137，152，153，154，155，156，160，161，162，178，180，181，182，197，198，199，201，202

固氮作用 156，185，215，216

固碳途径 214

观察模拟 262，263

国家深地探测计划 254

H

还原反应 xv，xvi，9，10，11，13，15，16，17，78，84，87，122，183，237，238，241

海底观测站 54

海底冷泉 5，123，248

海洋 4，7，8，12，32，35，54，106，108，109，112，123，176，178，179，180，182，184，189，192，193，196，200，203，255，257，261，262，

核废料储存 xvi，246

互作 4，11，33，39，83，105，114，117，121，123，125，126，142，150，157，182，187，189，203，212，219，220，222，228，267

环境电池 224

活性 xvii，xviii，9，31，39，58，70，105，109，110，112，118，123，124，125，163，164，187，220，238，256，257，258

I

ICDP x，xx，xxii，xxiii，xxxix，31，34，35，124，264，267，269

IODP x，xx，xxiii，xxxix，32，33，35，36，48，61，112，115，120，124，177，178，183，185，193，248，262，264，267

J

甲烷厌氧氧化 17，123，196，199，201，215，260

甲烷氧化 13，15，16，17，18，61，62，90，121，123，124，150，153，155，156，159，162，163，180，189，190，191，193，196，199，202，214，215，237，247，259

掘进技术 45，47，48

L

拉曼光谱技术　59，70

冷泉生态系统　5，195，198，201，202

硫化物次生富集带　226，227

硫酸盐还原　14，16，62，87，138，152，155，186，192，213，217，218，225，228，246，247，258，259，277

硫酸盐还原菌　xii，14，87，88，121，123，124，135，138，139，144，146，148，150，154，155，179，180，185，186，193，196，200，202，214，218，219，220，225，227，245，259，260

硫酸盐还原微生物　17，247

硫酸盐还原作用　138，192，213，217

M

煤层气　145，146，149

N

纳米导线　16，222，223，224，240

纳米二次离子质谱　60

内生孢子　110，111，112，113，114，245，256，257

能量转换　9

Q

氢气氧化　13，14，15，152，190，246

R

染色鉴别　113

热液区　36，53，187，188，189，190，191，192，193，194，203，248，249

热液生态系统　5，187，188，189，190，191，248

S

深部地下实验室　xvx，255，267，268

深部断裂带流体　133

深部生物圈　x，xiii，xv，32，124，176，178，180，192

深地生物圈　1，4，6，12，14，29，40，45，47，54，61，69，73，105，133，150，156，177，183，191，202，212，215，244，256，258，261，262，268

深地微生物　x，xiii，xvi，5，10，13，29，32，45，49，53，56，73，76，108，109，149，151，154，157，212，219，220，225，237，241，243，244，246

深海基因资源　248，249

深海极端环境微生物　248

深海热液　15，36，51，52，53，70，119，187，188，189，191，192，193，194，203，248

深海生物圈　37

渗透压流体采样器　51，55

生态功能　x，xvii，xviii，xx，62，63，115，117，119，120，155，

159，162，177，196，200，203，265

生物成因气　145，228

生物地球化学循环　38，55，70，73，78，105，114，120，123，125，126，155，176，191，212，215，261

生物地球物理学技术　83

生物量　xi，5，84，105，108，109，111，116，117，120，150，177，178，203，213，256，257

生物修复　29，90，142，238

实验室模拟培养　56

数据库　60，74，77，82，115，188，257，263，264

水岩反应　ix，xi，xv，4，29，188，189，191

宿主　xii，xiv，62，77，80，81，114，115，116，117，118，119，121，125，126，190

T

铁氧化还原微生物　237，238

石油烃厌氧生物降解　139，140，142，243

W

微生物　2，4，7，9，12，15，29，45，49，55，56，60，62，73，78，83，105，108，110，121，134，145，149，157，182，219

微生物成矿作用　225

微生物代谢　xv，8，11，55，62，105，109，137，143，155，179，190，203，221，225，226，227，260，263

微生物多样性　xvii，37，73，74，105，106，134，135，136，159，161，177，178，179，184，187，192，196，197，241，255，257，258

微生物驱油　142，143

微生物群落　10，11，15，17，74，77，106，145，149，150，151，152，154，159，161，183，185，186，192，214，243，245

微生物燃料电池　240

微生物资源　v，xvii，37，40，73，158，164，237，248，249

X

希瓦氏菌　17，221，222，223，224，238，239，240

细菌　12，13，14，15，16，17，18，61，62，63，82，105，106，107，108，109，110，111，112，113，121，122，123，125，134，135，136，137，145，146，151，152，153，159，160，161，163

显微镜　57，58，60，63，64，65，66，67，68，69，70，114

硝化作用　xi，110，161，162，185，213，215，216，217，227，259

硝酸盐还原　13，15，17，122，123，137，138，156，213，215，224，227，259

循环式渗透压培养系统　56

Y

芽孢活化　125

岩浆岩　2，3，4，31，133，149，150，
183

岩心　7，14，32，35，45，46，47，49，
50，60，153，156，263

厌氧发酵　147，148，192，214

洋壳　x，2，4，6，7，32，33，36，
54，55，109，176，181，182，
183，184，185，186，187，203

洋壳生态系统　176，182，183

页岩气　x，xvi，31，33，117，241，
242

隐形硫循环　218

油藏微生物　133，134，135，136，
137，138，139，142，144，243

元素循环　ix，xiv，xvi，xviii，29，
36，63，78，117，118，122，
126，134，137，154，155，165，
178，180，183，185，186，187，
191，201，212

原位保真采样　57

原位观测　45，53，54，55，57，183，
185，203，249，261，263

原位监测　54

原位实验　45，54，55，56，262，263

Z

真菌　xi，13，33，34，36，105，110，
115，119，120，121，124，126，
145，147，153，158，159，160，
161，163，226，244

资源库　263

钻井技术　45，46，47